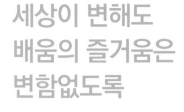

세상이 변해도
배움의 즐거움은
변함없도록

시대는 빠르게 변해도
배움의 즐거움은
변함없어야 하기에

어제의 비상은
남다른 교재부터
결이 다른 콘텐츠
전에 없던 교육 플랫폼까지

변함없는 혁신으로
교육 문화 환경의 새로운 전형을
실현해왔습니다.

비상은 오늘, 다시 한번
새로운 교육 문화 환경을 실현하기 위한
또 하나의 혁신을 시작합니다.

오늘의 내가 어제의 나를 초월하고
오늘의 교육이 어제의 교육을 초월하여
배움의 즐거움을 지속하는 혁신,

바로, 메타인지 기반 완전 학습을.

상상을 실현하는 교육 문화 기업 비상

메타인지 기반 완전 학습

초월을 뜻하는 meta와 생각을 뜻하는 인지가 결합한 메타인지는
자신이 알고 모르는 것을 스스로 구분하고 학습계획을 세우도록 하는
궁극의 학습 능력입니다. 비상의 메타인지 기반 완전 학습 시스템은
잠들어 있는 메타인지를 깨워 공부를 100% 내 것으로 만들도록 합니다.

연산으로 쉽게 개념을 완성!

개념 + 연산

중등 수학

2·2

수학 기본기를 탄탄하게 하는! 개념 + 연산

01
평행사변형의 성질

(1) **평행사변형**: 두 쌍의 대변이 각각 평행한 사각형
➡ $\overline{AB} /\!/ \overline{DC}$, $\overline{AD} /\!/ \overline{BC}$
참고 사각형 ABCD를 기호로 □ABCD와 같이 나타낸다.

(2) **평행사변형의 성질**

① 두 쌍의 대변의 길이는 각각 같다.	② 두 쌍의 대각의 크기는 각각 같다.	③ 두 대각선은 서로 다른 것을 이등분한다.
➡ $\overline{AB}=\overline{DC}$, $\overline{AD}=\overline{BC}$	➡ $\angle A=\angle C$, $\angle B=\angle D$	➡ $\overline{OA}=\overline{OC}$, $\overline{OB}=\overline{OD}$

참고 평행사변형에서 이웃하는 두 내각의 크기의 합은 $180°$이다.
➡ 평행사변형 ABCD에서 $\angle A=\angle C$, $\angle B=\angle D$이므로
$\angle A+\angle B+\angle C+\angle D=2(\angle A+\angle B)=360°$ ∴ $\angle A+\angle B=180°$

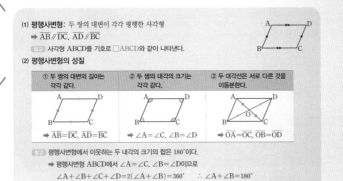

정답과 해설 • 18쪽

1 유형별 연산 문제

개념을 확실하게 이해하고 적용
할 수 있도록 충분한 양의 연산
문제를 유형별로 구성하였습니다.

● 평행사변형의 뜻

[001~003] 다음 그림과 같은 평행사변형 ABCD에서 $\angle x$, $\angle y$의 크기를 각각 구하시오.

001

002

003

[004~006] 다음 그림과 같은 평행사변형 ABCD에서 두 대각선의 교점을 O라 할 때, $\angle x$의 크기를 구하시오.

004

005

006

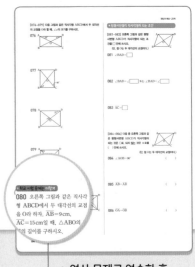

연산 문제로 연습한 후
학교 시험 문제로 확인!

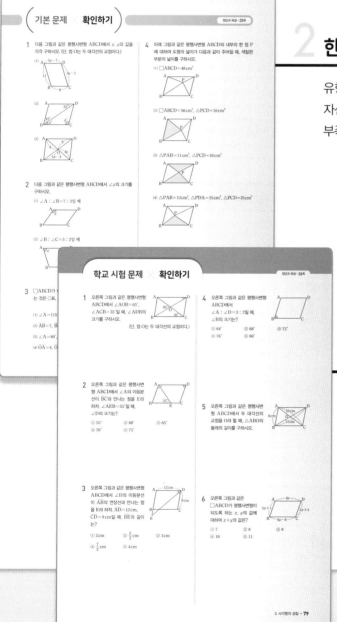

개념을 익힐 수 있는 충분한 기본 문제가 필요한 친구 / 정확한 연산 능력을 키우고 싶은 친구 / 부족한 기본기를 채우고 싶은 친구

2 한 번 더 확인하기

유형별 연산 문제를 모아 한 번 더 풀어 보면서
자신의 실력을 확인할 수 있습니다.
부족한 부분은 다시 돌아가서 연습해 보세요!

3 꼭! 나오는
학교 시험 문제로
마무리하기

기본기를 완벽하게 다졌다면 연산 문제에
응용력을 더한 학교 시험 문제에 도전!
어렵지 않은 필수 기출문제를 풀어 보면서
실전 감각을 익히고 자신감을 얻을 수 있습니다.

^{차례}Contents

I

도형의 성질

• 비상교과서의 순서에 따라 [피타고라스 정리]는 'I. 도형의 성질'에 포함됩니다.

II

도형의 닮음

III

확률

1

삼각형의 성질

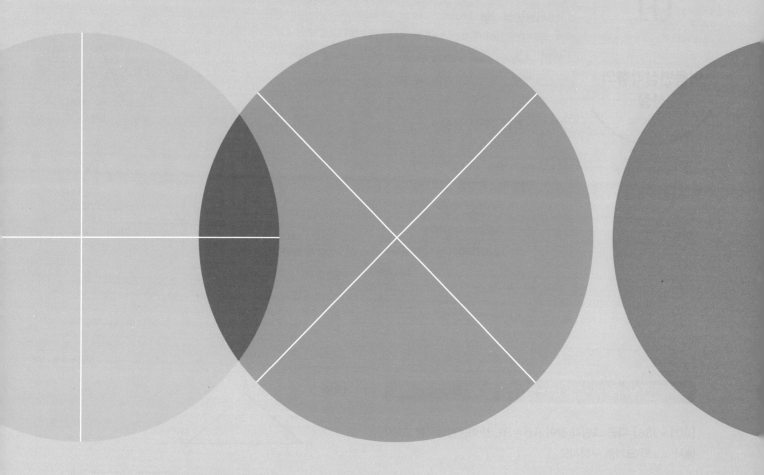

01

이등변삼각형의 성질

(1) **이등변삼각형**

두 변의 길이가 같은 삼각형 ➡ $\overline{AB}=\overline{AC}$

① 꼭지각: 길이가 같은 두 변이 이루는 각 ➡ ∠A

② 밑변: 꼭지각의 대변 ➡ $\overline{BC}$

③ 밑각: 밑변의 양 끝 각 ➡ ∠B, ∠C

(2) **이등변삼각형의 성질**

① 이등변삼각형의 두 밑각의 크기는 같다.

➡ ∠B＝∠C

② 이등변삼각형의 꼭지각의 이등분선은 밑변을 수직이등분한다.

➡ $\overline{AD}\perp\overline{BC}$, $\overline{BD}=\overline{CD}$

> 참고 이등변삼각형에서
>
> (꼭지각의 이등분선)=(꼭지각의 꼭짓점에서 밑변에 내린 수선)
>
> =(밑변의 수직이등분선)
>
> =(꼭지각의 꼭짓점과 밑변의 중점을 잇는 선분)

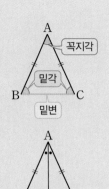

정답과 해설 • 1쪽

● **이등변삼각형의 성질 (1) - 밑각의 크기**　중요

[001~006] 다음 그림과 같이 $\overline{AB}=\overline{AC}$인 이등변삼각형 ABC에서 ∠$x$의 크기를 구하시오.

001

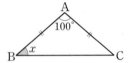

002

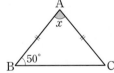

003

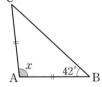

004

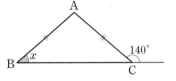

➡ ∠x＝∠ACB＝180°－□＝□

005

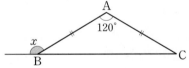

006

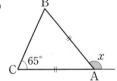

[007~014] 다음 그림과 같이 $\overline{AB}=\overline{AC}$인 이등변삼각형 ABC 에서 $\angle x$의 크기를 구하시오.

007

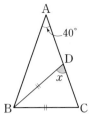

> $\triangle ABC$에서 $\angle C=\dfrac{1}{2}\times(180°-\boxed{})=\boxed{}$이므로
>
> $\triangle BCD$에서 $\angle x=\angle C=\boxed{}$

008

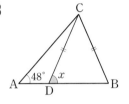

009

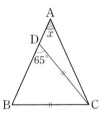

010

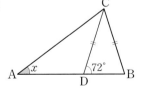

011

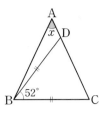

012

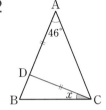

> $\triangle ADC$에서 $\angle DCA=\angle DAC=\boxed{}$
>
> $\triangle ABC$에서 $\angle ACB=\dfrac{1}{2}\times(180°-\boxed{})=\boxed{}$
>
> $\therefore \angle x=\boxed{}-\boxed{}=\boxed{}$

013

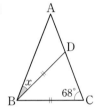

014

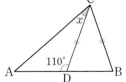

● 이등변삼각형의 성질 (2) 〔중요〕
　 - 꼭지각의 이등분선

[015~018] 다음 그림과 같이 $\overline{AB}=\overline{AC}$인 이등변삼각형 ABC에서 x, y의 값을 각각 구하시오.

015

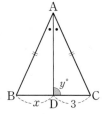

016

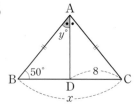

017

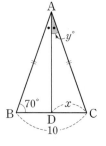

018

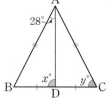

● 이등변삼각형의 성질의 응용 (1)
　 - 이웃한 이등변삼각형

[019~022] 다음 그림과 같은 $\triangle ABC$에서 $\angle x$의 크기를 구하시오.

019

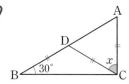

$\triangle$DBC에서 $\angle$DCB$=\angle$B$=$〔　　〕이므로

$\angle$ADC$=30\degree+$〔　　〕$=$〔　　〕

$\triangle$ADC에서 $\angle$A$=\angle$ADC$=$〔　　〕이므로

$\angle x=180\degree-($〔　　〕$+$〔　　〕$)=$〔　　〕

020

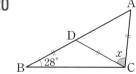

021

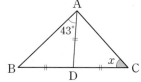

022

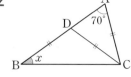

● 이등변삼각형의 성질의 응용 ⑵
 ‒ 각의 이등분선

[023~025] 다음 그림과 같이 $\overline{AB}=\overline{AC}$인 이등변삼각형 ABC 에서 $\angle x$의 크기를 구하시오.

023

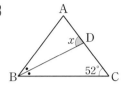

△ABC에서 $\angle ABC = \angle C = $ ☐ 이므로

$\angle DBC = \dfrac{1}{2}\angle ABC = $ ☐

따라서 △DBC에서

$\angle x = 52° + $ ☐ $= $ ☐

024

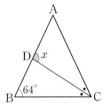

025

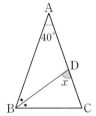

[026~028] 다음 그림과 같이 $\overline{AB}=\overline{AC}$인 이등변삼각형 ABC 에서 $\angle$B의 이등분선과 $\angle$C의 외각의 이등분선의 교점을 D라 할 때, $\angle x$의 크기를 구하시오.

026

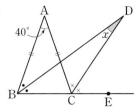

△ABC에서

$\angle ABC = \angle ACB = \dfrac{1}{2} \times (180° - $ ☐ $) = $ ☐ 이므로

$\angle DBC = \dfrac{1}{2}\angle ABC = $ ☐

이때 $\angle ACE = 180° - \angle ACB = $ ☐ 이므로

$\angle DCE = \dfrac{1}{2}\angle ACE = $ ☐

따라서 △DBC에서

$\angle x + $ ☐ $= $ ☐   ∴ $\angle x = $ ☐

027

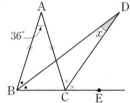

028

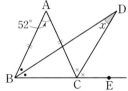

02
이등변삼각형이 되는 조건

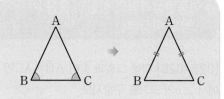

정답과 해설 • **2**쪽

● 이등변삼각형이 되는 조건　　　　[중요]

[029~034] 다음 그림과 같은 △ABC에서 x의 값을 구하시오.

029

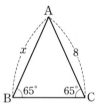

030

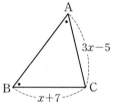

031

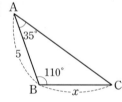

032

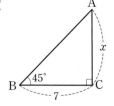

033

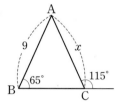

034

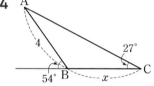

[035~037] 다음 그림과 같은 △ABC에서 x의 값을 구하시오.

035

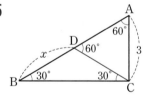

036

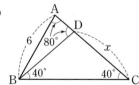

037

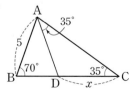

[038~041] 오른쪽 그림과 같이 $\overline{AB}=\overline{AC}$
인 이등변삼각형 ABC에서 ∠B의 이등분선
이 $\overline{AC}$와 만나는 점을 D라 할 때, 다음 중
옳은 것은 ○표, 옳지 <u>않은</u> 것은 ×표를 ( )
안에 쓰시오.

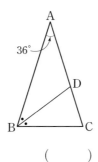

038 $\overline{AD}=\overline{BD}$ ( )

039 ∠BDC=72° ( )

040 ∠ADB=2∠C ( )

041 △DBC는 이등변삼각형이다. ( )

[042~043] 다음 그림과 같이 $\overline{AB}=\overline{AC}$인 이등변삼각형 ABC
에서 x의 값을 구하시오.

042

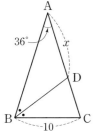

043

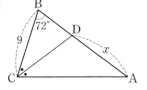

● 종이접기

[044~047] 다음 그림과 같이 직사각형 모양의 종이를 접었을
때, x의 값을 구하시오.

044

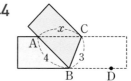

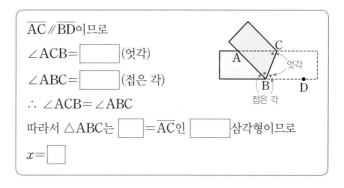

$\overline{AC} \parallel \overline{BD}$이므로

∠ACB=□ (엇각)

∠ABC=□ (접은 각)

∴ ∠ACB=∠ABC

따라서 △ABC는 □=$\overline{AC}$인 □삼각형이므로

$x=$□

045

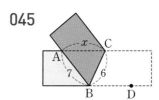

046

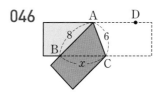

047

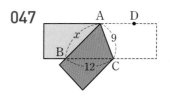

03

직각삼각형의 합동 조건

두 직각삼각형은 다음의 각 경우에 서로 합동이다.

(1) 빗변의 길이와 한 예각의 크기가 각각 같을 때(RHA 합동)

➡ $\angle C = \angle F = 90°$, $\overline{AB} = \overline{DE}$, $\angle B = \angle E$이면 $\triangle ABC \equiv \triangle DEF$

  ⓡ 직각   ⓗ 빗변   ⓐ 각

(2) 빗변의 길이와 다른 한 변의 길이가 각각 같을 때(RHS 합동)

➡ $\angle C = \angle F = 90°$, $\overline{AB} = \overline{DE}$, $\overline{AC} = \overline{DF}$이면 $\triangle ABC \equiv \triangle DEF$

  ⓡ 직각   ⓗ 빗변   ⓢ 변

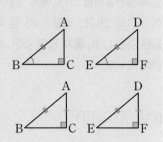

정답과 해설 · **3**쪽

● 직각삼각형의 합동 조건

[048~052] 다음 중 오른쪽 그림과 같이 $\angle B = \angle E = 90°$인 두 직각삼각형 ABC와 DEF가 합동이 되는 조건인 것은 ○표, 아닌 것은 ×표를 ( ) 안에 쓰시오.

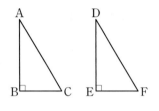

048 $\overline{AB} = \overline{DE}$, $\overline{AC} = \overline{DF}$　　　　(　　)

049 $\overline{AB} = \overline{DE}$, $\overline{BC} = \overline{EF}$　　　　(　　)

050 $\angle A = \angle D$, $\angle C = \angle F$　　　　(　　)

051 $\overline{BC} = \overline{EF}$, $\angle C = \angle F$　　　　(　　)

052 $\overline{AC} = \overline{DF}$, $\angle A = \angle D$　　　　(　　)

[053~054] 다음 두 직각삼각형에서 x의 값을 구하시오.

053

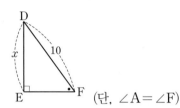

(단, $\angle A = \angle F$)

054

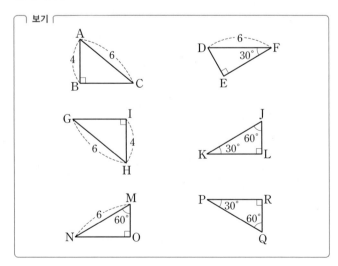

> 학교 시험 문제는 **이렇게**

055 다음 보기의 직각삼각형 중에서 서로 합동인 것을 찾아 기호 ≡를 써서 나타내고, 각각의 직각삼각형의 합동 조건을 말하시오.

┌ 보기 ┐

● 직각삼각형의 합동 조건의 응용 (1) 〔중요〕
- RHA 합동

056 오른쪽 그림과 같이 $\overline{AB}=\overline{AC}$인 직각이등변삼각형 ABC의 두 꼭짓점 B, C에서 꼭짓점 A를 지나는 직선 l에 내린 수선의 발을 각각 D, E라 하자. 다음은 △DBA≡△EAC임을 설명하는 과정이다. □ 안에 알맞은 것을 쓰시오.

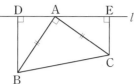

△DBA와 △EAC에서

∠ADB=□=90°, $\overline{AB}$=□,

∠DAB+∠DBA=90° … ㉠

∠DAB+□=90° … ㉡

㉠, ㉡에서 ∠DBA=□

∴ △DBA≡△EAC(□ 합동)

[057~059] 다음 그림에서 △ABC가 직각이등변삼각형일 때, x의 값을 구하시오.

057

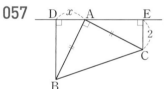

058

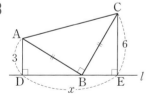

059

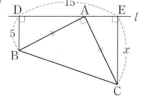

● 직각삼각형의 합동 조건의 응용 (2)
- RHS 합동

060 오른쪽 그림과 같이 ∠C=90°인 직각삼각형 ABC에서 $\overline{AE}=\overline{AC}$이고 $\overline{AB}\perp\overline{DE}$일 때, 다음은 △AED≡△ACD임을 설명하는 과정이다. □ 안에 알맞은 것을 쓰시오.

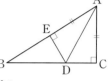

△AED와 △ACD에서

∠AED=□=90°, □는 공통, $\overline{AE}$=□

∴ △AED≡△ACD(□ 합동)

[061~063] 다음 그림과 같은 직각삼각형 ABC에서 ∠x의 크기를 구하시오.

061

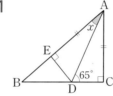

062

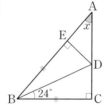

063

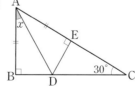

각의 이등분선의 성질

(1) 각의 이등분선 위의 한 점에서 그 각을 이루는 두 변까지의 거리는 같다.

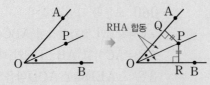

➡ ∠AOP=∠BOP이면 $\overline{PQ}=\overline{PR}$

(2) 각을 이루는 두 변에서 같은 거리에 있는 점은 그 각의 이등분선 위에 있다.

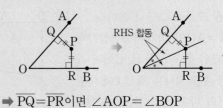

➡ $\overline{PQ}=\overline{PR}$이면 ∠AOP=∠BOP

정답과 해설 • 4쪽

● 각의 이등분선의 성질　　　중요

064 오른쪽 그림에서 $\overline{OX}\perp\overline{PA}$, $\overline{OY}\perp\overline{PB}$이고 ∠AOP=∠BOP일 때, □ 안에 알맞은 것을 쓰시오.

△AOP와 △BOP에서

∠PAO=[　　]=90°,

[　　]는 공통, ∠AOP=[　　]이므로

△AOP≡△BOP([　　] 합동)

∴ $\overline{PA}$=[　　]

065 오른쪽 그림에서 $\overline{OX}\perp\overline{PA}$, $\overline{OY}\perp\overline{PB}$이고 $\overline{PA}=\overline{PB}$일 때, □ 안에 알맞은 것을 쓰시오.

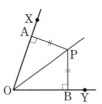

△AOP와 △BOP에서

∠PAO=[　　]=90°,

[　　]는 공통, $\overline{PA}$=[　　]이므로

△AOP≡△BOP([　　] 합동)

∴ ∠AOP=[　　]

[066~069] 다음 그림에서 x의 값을 구하시오.

066

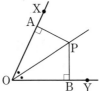

067

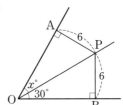

068

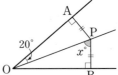

069

[070~073] 다음 그림과 같은 직각삼각형 ABC에서 x의 값을 구하시오.

070

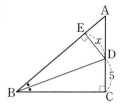

071

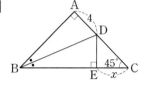

072

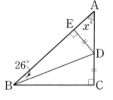

073

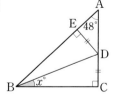

[074~076] 다음 그림과 같은 직각삼각형 ABC에서 ∠A의 이 등분선이 $\overline{BC}$와 만나는 점을 D라 할 때, 색칠한 부분의 넓이를 구하시오.

074

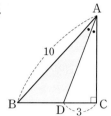

점 D에서 $\overline{AB}$에 내린 수선의 발을 E 라 하면

$\triangle AED \equiv \boxed{}$ (RHA 합동)이므로

$\overline{DE} = \overline{DC} = \boxed{}$

$\therefore \triangle ABD = \dfrac{1}{2} \times \overline{AB} \times \overline{DE}$

$\qquad = \dfrac{1}{2} \times \boxed{} \times \boxed{} = \boxed{}$

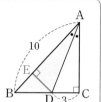

075

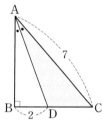

076

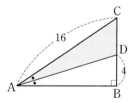

🤔 학교 시험 문제는 **이렇게**

077 오른쪽 그림과 같이 ∠A=90°인 직각삼각형 ABC의 변 AC 위의 점 D에서 $\overline{BC}$에 내 린 수선의 발을 E라 하면 $\overline{DA} = \overline{DE}$이다. ∠C=34°일 때, ∠$x$의 크기를 구하시오.

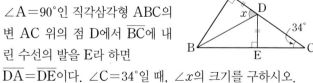

05

피타고라스 정리

직각삼각형에서 직각을 낀 두 변의 길이를 각각 a, b라 하고, 빗변의 길이를 c라 하면

$$a^2+b^2=c^2 \longrightarrow \text{(직각을 낀 두 변의 길이의 제곱의 합)=(빗변의 길이의 제곱)}$$

이와 같은 성질을 **피타고라스 정리**라 한다.

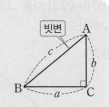

참고 • 피타고라스 정리는 직각삼각형에서만 성립한다.

• 직각삼각형에서 두 변의 길이를 알면 피타고라스 정리를 이용하여 나머지 한 변의 길이를 구할 수 있다.

➡ $c^2=a^2+b^2$, $a^2=c^2-b^2$, $b^2=c^2-a^2$

주의 a, b, c는 변의 길이이므로 항상 양수이다.

정답과 해설 • **5**쪽

● **피타고라스 정리를 이용하여 변의 길이 구하기**

[078~082] 다음 그림과 같은 직각삼각형에서 x의 값을 구하시오.

078

$$x^2=6^2+\boxed{}^2=\boxed{}$$

이때 $x>0$이므로 $x=\boxed{}$

079

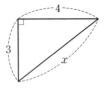

080

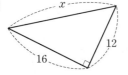

081

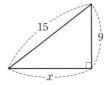

082

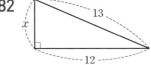

● 학교 시험 문제는 이렇게

083 오른쪽 그림과 같이 $\angle A=90°$이고 $\overline{AB}=15\,cm$, $\overline{BC}=17\,cm$인 직각삼각형 ABC의 넓이는?

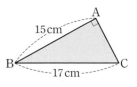

① $48\,cm^2$ ② $54\,cm^2$ ③ $60\,cm^2$

④ $66\,cm^2$ ⑤ $72\,cm^2$

● 삼각형에서 피타고라스 정리 이용하기 (1) 〔중요〕

[084~089] 다음 그림에서 x, y의 값을 각각 구하시오.

084

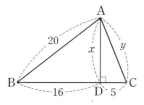

❶ x의 값 구하기

△ABD에서

$x^2 = 20^2 - \boxed{}^2 = \boxed{}$

이때 $x>0$이므로 $x = \boxed{}$

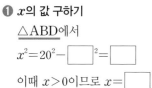 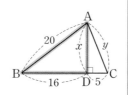

❷ y의 값 구하기

△ADC에서

$y^2 = 5^2 + \boxed{}^2 = \boxed{}$

이때 $y>0$이므로 $y = \boxed{}$

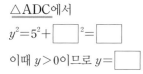 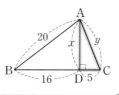

085

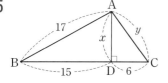

086

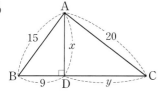

087

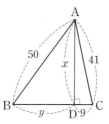

088

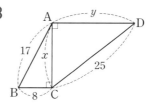

089

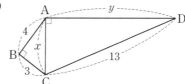

〔◎ 학교 시험 문제는 이렇게〕

090 오른쪽 그림에서 x의 값은?

① 24   ② 25

③ 26   ④ 27

⑤ 28

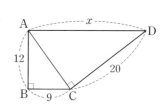

● 삼각형에서 피타고라스 정리 이용하기 (2)　　중요

[091~094] 다음 그림에서 x, y의 값을 각각 구하시오.

091

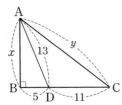

> **❶** x의 값 구하기
>
> △ABD에서
>
> $x^2 = 13^2 - \boxed{}^2 = \boxed{}$
>
> 이때 $x > 0$이므로 $x = \boxed{}$
>
>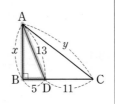
>
> **❷** y의 값 구하기
>
> △ABC에서
>
> $y^2 = (5 + \boxed{})^2 + \boxed{}^2 = \boxed{}$
>
> 이때 $y > 0$이므로 $y = \boxed{}$
>
>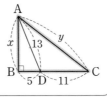

092

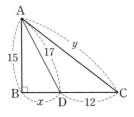

093

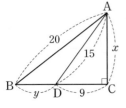

094

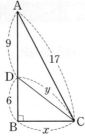

[095~097] 다음 그림에서 x^2의 값을 구하시오.

095

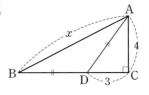

096

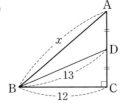

097

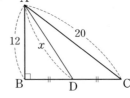

● **사각형에서 피타고라스 정리 이용하기**

[098~101] 다음 그림과 같은 사각형 ABCD에서 x의 값을 구하시오.

098

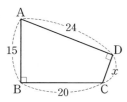

$\overline{AC}$를 그으면 $\triangle$ABC에서

$\overline{AC}^2 = 20^2 + \boxed{}^2 = \boxed{}$

$\triangle$ACD에서

$x^2 = \boxed{} - \boxed{}^2 = \boxed{}$

이때 $x>0$이므로 $x=\boxed{}$

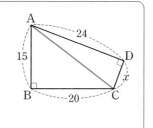

099

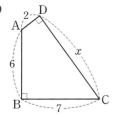

100

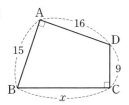

101

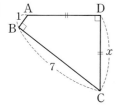

[102~105] 다음 그림과 같은 사각형 ABCD에서 x의 값을 구하시오.

102

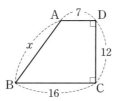

꼭짓점 A에서 $\overline{BC}$에 내린 수선의 발을 H라 하면

$\overline{HC} = \overline{AD} = \boxed{}$이므로

$\overline{BH} = 16 - \boxed{} = \boxed{}$

$\overline{AH} = \overline{DC} = \boxed{}$이므로

$\triangle$ABH에서 $x^2 = \boxed{}^2 + \boxed{}^2 = \boxed{}$

이때 $x>0$이므로 $x=\boxed{}$

103

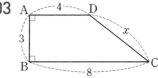

104

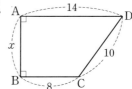

105

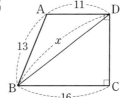

06

피타고라스 정리의 응용

오른쪽 그림과 같이 ∠A=90°인 직각삼각형 ABC의 세 변을 각각 한 변으로 하는 정사각형 ADEB, ACHI, BFGC가 있을 때,

$\overline{AB}^2 + \overline{AC}^2 = \overline{BC}^2$이므로

(정사각형 ADEB의 넓이)+(정사각형 ACHI의 넓이)

=(정사각형 BFGC의 넓이)

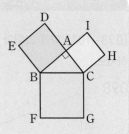

정답과 해설 • 6쪽

● **피타고라스 정리의 응용** 중요

[106~108] 다음 그림은 ∠A=90°인 직각삼각형 ABC의 각 변을 한 변으로 하는 세 정사각형을 그린 것이다. 이때 색칠한 부분의 넓이를 구하시오.

106

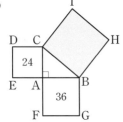

107

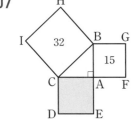

108

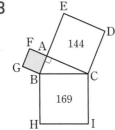

[109~111] 다음 그림은 ∠C=90°인 직각삼각형 ABC의 각 변을 한 변으로 하는 세 정사각형을 그린 것이다. 이때 색칠한 정사각형의 한 변의 길이를 구하시오.

109

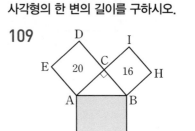

110

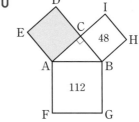

111

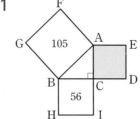

07

피타고라스 정리가 성립함을 설명하기

한 변의 길이가 $a+b$인 정사각형을 직각삼각형 ABC와 합동인 3개의 직각삼각형을 이용하여 오른쪽 그림과 같이 두 가지 방법으로 나누면

➡ **(1)** 색칠한 사각형은 모두 정사각형이다.

(2) ([그림 1]의 색칠한 부분의 넓이)$=c^2$
   $=$([그림 2]의 색칠한 부분의 넓이)$=a^2+b^2$
   $\therefore a^2+b^2=c^2$

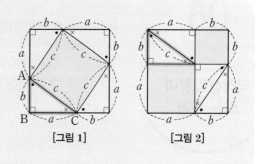

[그림 1]   [그림 2]

정답과 해설 · **7**쪽

● 피타고라스 정리가 성립함을 설명하기　〔중요〕

[112~115] 다음 그림과 같은 정사각형 ABCD에서 4개의 직각삼각형이 모두 합동일 때, 사각형 EFGH의 넓이를 구하시오.

112

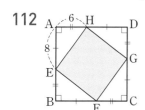

△AEH≡△BFE≡△CGF≡△DHG이므로
사각형 EFGH는 　　　　　이다.
△AEH에서 $\overline{\text{EH}}^2=6^2+$ 　$^2=$ 　
$\therefore$ (정사각형 EFGH의 넓이)$=\overline{\text{EH}}^2=$ 　

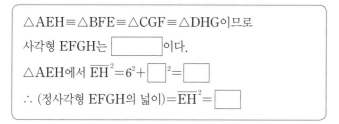

113

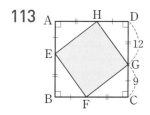

114

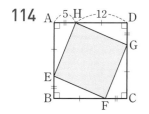

115

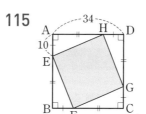

[116~118] 오른쪽 그림과 같은 정사각형 ABCD에서 $\overline{\text{AE}}=\overline{\text{BF}}=\overline{\text{CG}}=\overline{\text{DH}}=15$이고 사각형 EFGH의 넓이가 289일 때, 정사각형 ABCD의 넓이를 구하려고 한다. 다음을 구하시오.

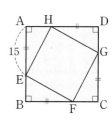

116 $\overline{\text{EH}}$의 길이

117 $\overline{\text{AH}}$의 길이

118 정사각형 ABCD의 넓이

119 오른쪽 그림과 같은 정사각형 ABCD에서 $\overline{\text{AH}}=\overline{\text{BE}}=\overline{\text{CF}}=\overline{\text{DG}}=4$이고 사각형 EFGH의 넓이가 25일 때, 정사각형 ABCD의 넓이를 구하시오.

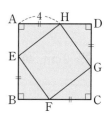

직각삼각형이 되는 조건

$\triangle ABC$의 세 변의 길이를 각각 a, b, c라 할 때,

$$a^2+b^2=\underset{\underset{\text{가장 긴 변의 길이}}{\big|}}{c^2}$$

이면 이 삼각형은 빗변의 길이가 c인 직각삼각형이다.

$\underset{\underset{\angle C=90°인 직각삼각형}{\big|}}{}$

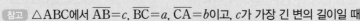

참고 $\triangle ABC$에서 $\overline{AB}=c$, $\overline{BC}=a$, $\overline{CA}=b$이고, c가 가장 긴 변의 길이일 때

(1) $c^2<a^2+b^2$이면 ➡ $\angle C<90°$이고 $\triangle ABC$는 예각삼각형

(2) $c^2=a^2+b^2$이면 ➡ $\angle C=90°$이고 $\triangle ABC$는 직각삼각형

(3) $c^2>a^2+b^2$이면 ➡ $\angle C>90°$이고 $\triangle ABC$는 둔각삼각형

정답과 해설 • **7**쪽

● **직각삼각형이 되는 조건**   중요

[120~125] 세 변의 길이가 다음과 같은 삼각형 중에서 직각삼각형인 것은 ○표, 직각삼각형이 <u>아닌</u> 것은 ×표를 ( ) 안에 쓰시오.

120 5 cm, 12 cm, 13 cm ( )

121 6 cm, 10 cm, 12 cm ( )

122 2 cm, 5 cm, 6 cm ( )

123 8 cm, 14 cm, 17 cm ( )

124 20 cm, 21 cm, 29 cm ( )

125 9 cm, 40 cm, 41 cm ( )

[126~129] 세 변의 길이가 다음과 같은 삼각형이 직각삼각형이 되도록 하는 x^2의 값을 모두 구하시오.

126 6, 8, x

(i) x가 가장 긴 변의 길이일 때 → $x>8$일 때

$x^2=6^2+\boxed{}^2=\boxed{}$

(ii) 8이 가장 긴 변의 길이일 때 → $x<8$일 때

$8^2=6^2+\boxed{}^2$ ∴ $x^2=\boxed{}$

따라서 (i), (ii)에 의해 x^2의 값은 $\boxed{}$, $\boxed{}$이다.

127 4, 5, x

128 8, 15, x

129 10, 12, x

∠A=90°인 직각삼각형 ABC에서 점 D, E가 각각 $\overline{AB}$, $\overline{AC}$ 위의 점일 때

➡ $\overline{DE}^2 + \overline{BC}^2 = \overline{BE}^2 + \overline{CD}^2$

참고 $\overline{DE}^2 + \overline{BC}^2 = (\overline{AD}^2 + \overline{AE}^2) + (\overline{AB}^2 + \overline{AC}^2)$

$= (\overline{AB}^2 + \overline{AE}^2) + (\overline{AD}^2 + \overline{AC}^2)$

$= \overline{BE}^2 + \overline{CD}^2$

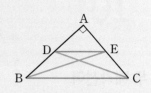

정답과 해설 · **8**쪽

● 피타고라스 정리를 이용한 직각삼각형의 성질

[130~132] 아래 그림과 같이 ∠A=90°인 직각삼각형 ABC에서 다음을 구하시오.

130 $\overline{BE}^2 + \overline{CD}^2$의 값

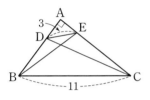

➡ $\overline{BE}^2 + \overline{CD}^2 = 3^2 + \boxed{}^2 = \boxed{}$

131 $\overline{BE}^2 + \overline{CD}^2$의 값

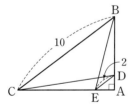

132 $\overline{DE}^2 + \overline{BC}^2$의 값

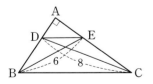

[133~136] 다음 그림과 같이 ∠A=90°인 직각삼각형 ABC에서 x^2의 값을 구하시오.

133

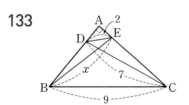

134

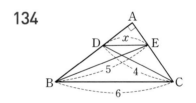

135

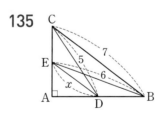

136

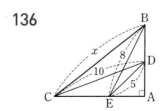

10

두 대각선이 직교하는 사각형의 성질

사각형 ABCD의 두 대각선이 직교할 때

➡ $\overline{AB}^2+\overline{CD}^2=\overline{AD}^2+\overline{BC}^2$ → 사각형의 두 대변의 길이의 제곱의 합은 서로 같다.

참고 $\overline{AB}^2+\overline{CD}^2=(\overline{AO}^2+\overline{BO}^2)+(\overline{CO}^2+\overline{DO}^2)$
$=(\overline{AO}^2+\overline{DO}^2)+(\overline{BO}^2+\overline{CO}^2)=\overline{AD}^2+\overline{BC}^2$

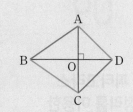

정답과 해설 • **8**쪽

● 두 대각선이 직교하는 사각형의 성질

[137~139] 다음 그림과 같은 사각형 ABCD에서 $\overline{AC}\perp\overline{BD}$일 때, x^2+y^2의 값을 구하시오.

137

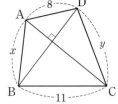

138

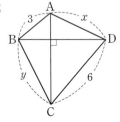

139

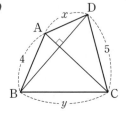

[140~141] 다음 그림과 같은 사각형 ABCD에서 $\overline{AC}\perp\overline{BD}$일 때, x^2의 값을 구하시오.

140

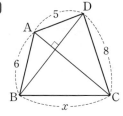

141

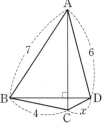

학교 시험 문제는 이렇게

142 오른쪽 그림과 같은 사각형 ABCD에서 두 대각선의 교점을 O라 하자. $\overline{AC}\perp\overline{BD}$이고 $\overline{AB}=6$, $\overline{AO}=4$, $\overline{DO}=3$, $\overline{CD}=7$일 때, $\overline{BC}^2$의 값을 구하시오.

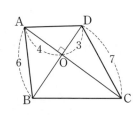

11

×

직각삼각형의 세 반원 사이의 관계

∠A=90°인 직각삼각형 ABC에서 세 변 AB, AC, BC를 지름으로 하는 반원의 넓이를 각각 S_1, S_2, S_3이라 할 때

➡ $S_1+S_2=S_3$

참고 $\overline{AB}=c$, $\overline{BC}=a$, $\overline{CA}=b$라 하면

$$S_1+S_2=\frac{1}{2}\times\pi\times\left(\frac{c}{2}\right)^2+\frac{1}{2}\times\pi\times\left(\frac{b}{2}\right)^2=\frac{1}{8}\pi(b^2+c^2),$$

$$S_3=\frac{1}{2}\times\pi\times\left(\frac{a}{2}\right)^2=\frac{1}{8}\pi a^2$$

직각삼각형 ABC에서 $b^2+c^2=a^2$이므로 $S_1+S_2=\frac{1}{8}\pi(\underline{b^2+c^2})=\frac{1}{8}\pi\underline{a^2}$ ∴ $S_1+S_2=S_3$

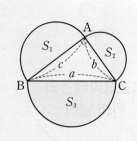

정답과 해설 • **8**쪽

● 직각삼각형의 세 반원 사이의 관계

[143~148] 다음 그림은 ∠A=90°인 직각삼각형 ABC의 각 변을 지름으로 하는 세 반원을 그린 것이다. 이때 색칠한 부분의 넓이를 구하시오.

143

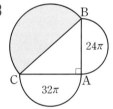

144

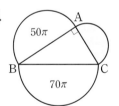

145

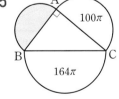

146

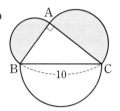

147

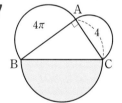

148

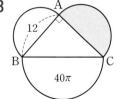

12
히포크라테스의 원의 넓이

∠A=90°인 직각삼각형 ABC에서 세 변 AB, AC, BC를 지름으로 하는 세 반원을 그렸을 때

➡ (색칠한 부분의 넓이)=△ABC=$\frac{1}{2}bc$
┕ 히포크라테스의 원의 넓이

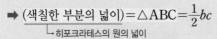

참고 세 변 AB, AC, BC를 지름으로 하는 반원의 넓이를 각각 S_1, S_2, S_3이라 하면

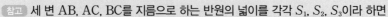

➡ (색칠한 부분의 넓이)=$S_1+S_2+△ABC-S_3=S_3+△ABC-S_3=△ABC$

정답과 해설 • **8**쪽

● 히포크라테스의 원의 넓이   중요

[149~153] 다음 그림은 ∠A=90°인 직각삼각형 ABC의 각 변을 지름으로 하는 세 반원을 그린 것이다. 이때 색칠한 부분의 넓이를 구하시오.

149

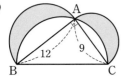

150

151

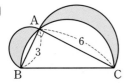

152

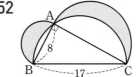

153

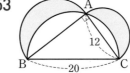

🔖 학교 시험 문제는 이렇게

154 오른쪽 그림은 ∠A=90°인 직각삼각형 ABC의 세 변을 각각 지름으로 하는 반원을 그린 것이다. 이때 색칠한 부분의 넓이를 구하시오.

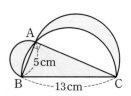

기본 문제 ✕ **확인하기**

1 다음 그림과 같이 $\overline{AB} = \overline{AC}$인 이등변삼각형 ABC에서 $\angle x$의 크기를 각각 구하시오.

(1)
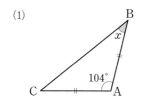

(2)
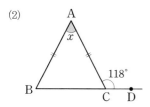

(3)
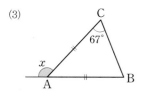

2 다음 그림과 같이 $\overline{AB} = \overline{AC}$인 이등변삼각형 ABC에서 $\overline{AD}$는 $\angle A$의 이등분선일 때, x, y의 값을 각각 구하시오.

(1)
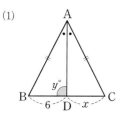

(2)
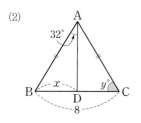

(3)
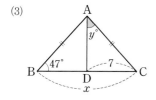

3 다음 그림과 같이 $\overline{AB} = \overline{AC}$인 이등변삼각형 ABC에서 $\angle x$의 크기를 구하시오.

(1)
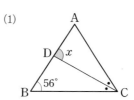

(2)
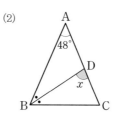

4 다음 그림과 같은 △ABC에서 x의 값을 구하시오.

(1)
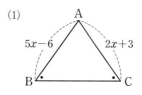

(2)
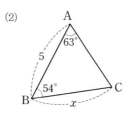

(3)
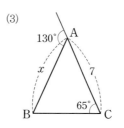

(4)
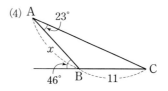

5 오른쪽 그림과 같이 $\angle C = \angle F = 90°$인 두 직각삼각형 ABC와 DEF에 대하여 다음의 조건이 주어질 때, △ABC와 △DEF가 합동인지 아닌지 판별하고, 합동이라면 합동 조건을 말하시오.

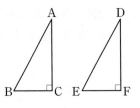

(1) $\overline{AB} = \overline{DE}$, $\overline{BC} = \overline{EF}$

(2) $\angle A = \angle D$, $\angle B = \angle E$

(3) $\overline{BC} = \overline{EF}$, $\overline{AC} = \overline{DF}$

6 다음 그림에서 x의 값을 구하시오.

(1)

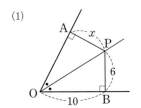

(2)

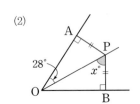

7 다음 직각삼각형에서 x의 값을 구하시오.

(1)

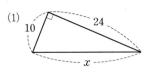

(2)

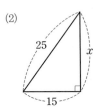

8 다음 그림에서 x, y의 값을 각각 구하시오.

(1)

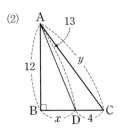

(2)

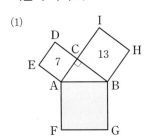

9 다음 그림은 직각삼각형 ABC의 세 변을 각각 한 변으로 하는 세 정사각형을 그린 것이다. 이때 색칠한 부분의 넓이를 구하시오.

(1)

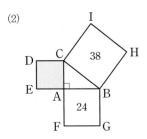

(2)

(3)

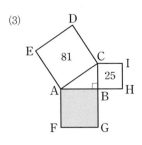

10 다음 그림에서 사각형 ABCD는 정사각형이고 4개의 직각삼각형은 모두 합동일 때, 사각형 EFGH의 넓이를 구하시오.

(1)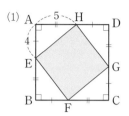

(2)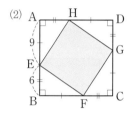

(3)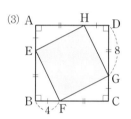

11 세 변의 길이가 다음과 같은 삼각형 중에서 직각삼각형인 것은 ○표, 직각삼각형이 <u>아닌</u> 것은 ×표를 ( ) 안에 쓰시오.

(1) 5 cm, 7 cm, 8 cm   ( )

(2) 6 cm, 8 cm, 10 cm   ( )

(3) 7 cm, 9 cm, 12 cm   ( )

(4) 9 cm, 12 cm, 15 cm   ( )

(5) 12 cm, 16 cm, 18 cm   ( )

(6) 7 cm, 24 cm, 25 cm   ( )

12 다음 그림과 같은 사각형 ABCD에서 $\overline{AC} \perp \overline{BD}$일 때, $x^2 + y^2$의 값을 구하시오.

(1)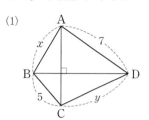

(2)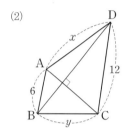

13 다음 그림은 ∠A=90°인 직각삼각형 ABC의 각 변을 지름으로 하는 세 반원을 그린 것이다. 이때 색칠한 부분의 넓이를 구하시오.

(1)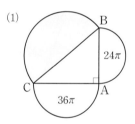

(2)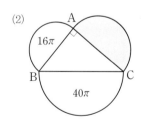

(3)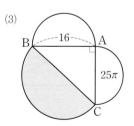

1 오른쪽 그림과 같이 $\overline{AB}=\overline{AC}$인 이등변삼각형 ABC에서 $\overline{AD}=\overline{BD}$이고 ∠ADB=80°일 때, ∠$x$의 크기는?

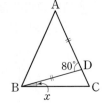

① 12° 　② 15°

③ 18° 　④ 20°

⑤ 22°

2 오른쪽 그림과 같은 △ABC에서 $\overline{AC}=\overline{CD}=\overline{DB}$이고 ∠B=38°일 때, ∠$x$, ∠$y$의 크기를 각각 구하시오.

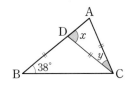

3 오른쪽 그림과 같이 $\overline{AB}=\overline{AC}$인 이등변삼각형 ABC에서 ∠B의 이등분선과 ∠C의 외각의 이등분선의 교점을 D라 하자. ∠A=44°일 때, ∠x의 크기는?

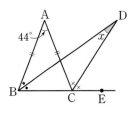

① 22° 　② 24° 　③ 26°

④ 28° 　⑤ 30°

4 오른쪽 그림과 같은 △ABC에서 ∠A=50°, ∠B=∠DCB=25°이고 $\overline{BD}=6$ cm일 때, $\overline{AC}$의 길이를 구하시오.

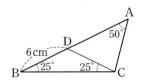

5 직사각형 모양의 종이를 오른쪽 그림과 같이 접었다. $\overline{AB}=3$ cm, $\overline{AC}=2$ cm일 때, △ABC의 둘레의 길이는?

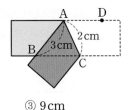

① 7 cm 　② 8 cm 　③ 9 cm

④ 10 cm 　⑤ 11 cm

6 오른쪽 그림과 같은 사각형 ABCD에서 $\overline{BE}=\overline{CE}$이고 $\overline{AB}=5$ cm, $\overline{CD}=9$ cm 일 때, 사각형 ABCD의 넓이를 구하시오.

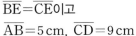

7 오른쪽 그림과 같이 $\overline{AC}=\overline{BC}$인 직각이등변삼각형 ABC에서 $\overline{BD}=\overline{BC}$이고 $\overline{AB}\perp\overline{DE}$일 때, ∠$x$의 크기를 구하시오.

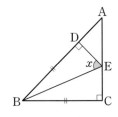

8 오른쪽 그림과 같이 ∠XOY의 내부의 한 점 P에서 $\overrightarrow{OX}$, $\overrightarrow{OY}$에 내린 수선의 발을 각각 A, B라 하자. $\overline{PA}=\overline{PB}$일 때, 다음 중 옳지 <u>않은</u> 것은?

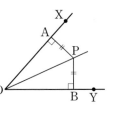

① $\overline{OA}=\overline{OB}$ 　　② ∠AOP=∠BOP

③ ∠APO=2∠AOP 　④ ∠APO=∠BPO

⑤ △AOP≡△BOP

9 오른쪽 그림과 같이 $\angle B=90°$이고 $\overline{AB}=\overline{BC}$인 직각이등변삼각형 ABC에서 $\overline{AC}=6$일 때, $\overline{AB}^2$의 값은?

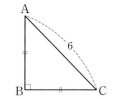

① 12　　② 14
③ 16　　④ 18
⑤ 20

13 오른쪽 그림과 같은 정사각형 ABCD에서 $\overline{AE}=\overline{BF}=\overline{CG}=\overline{DH}=3\,cm$이고 사각형 EFGH의 넓이가 $58\,cm^2$일 때, $\overline{AD}$의 길이는?

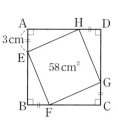

① 8 cm　　② 9 cm　　③ 10 cm
④ 11 cm　　⑤ 12 cm

10 오른쪽 그림과 같은 △ABC에서 $\overline{AD}\perp\overline{BC}$이고 $\overline{AB}=26$, $\overline{AC}=30$, $\overline{DC}=18$일 때, $\overline{BD}$의 길이를 구하시오.

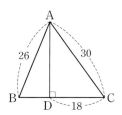

14 삼각형의 세 변의 길이가 각각 다음과 같을 때, 삼각형의 종류가 바르게 연결되지 <u>않은</u> 것은?

① 4 cm, 5 cm, 7 cm ⇨ 둔각삼각형
② 6 cm, 8 cm, 9 cm ⇨ 예각삼각형
③ 8 cm, 15 cm, 17 cm ⇨ 직각삼각형
④ 12 cm, 16 cm, 18 cm ⇨ 둔각삼각형
⑤ 13 cm, 17 cm, 20 cm ⇨ 예각삼각형

11 오른쪽 그림과 같은 사다리꼴 ABCD의 넓이는?

① 172 cm²　　② 174 cm²
③ 176 cm²　　④ 178 cm²
⑤ 180 cm²

15 오른쪽 그림과 같이 $\angle A=90°$인 직각삼각형 ABC에서 $\overline{AD}=3$, $\overline{AE}=4$, $\overline{BC}=12$일 때, $\overline{BE}^2+\overline{CD}^2$의 값을 구하시오.

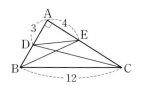

12 오른쪽 그림은 $\angle A=90°$인 직각삼각형 ABC의 각 변을 한 변으로 하는 세 정사각형을 그린 것이다. 두 정사각형 ADEB, BFGC의 넓이가 각각 64 cm², 100 cm²일 때, △ABC의 넓이를 구하시오.

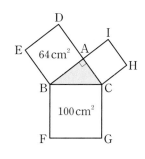

16 오른쪽 그림과 같이 $\angle A=90°$인 직각삼각형 ABC의 세 변을 각각 지름으로 하는 반원의 넓이를 S_1, S_2, S_3이라 할 때, $S_1+S_2+S_3$의 값을 구하시오.

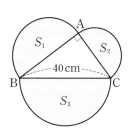

2

삼각형의 외심과 내심

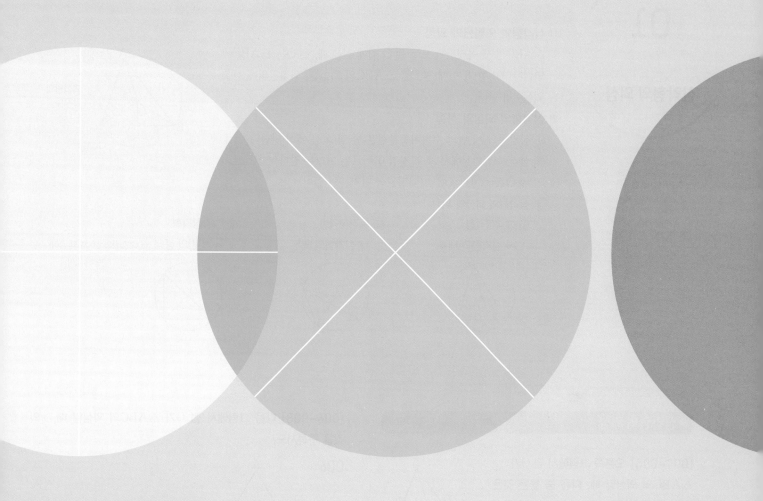

01

✕

삼각형의 외심

(1) 삼각형의 외접원과 외심

△ABC의 세 꼭짓점이 모두 원 O 위에 있을 때, 원 O는 △ABC에 외접한다고 한다. 이때 원 O를 △ABC의 외접원, 외접원의 중심을 외심이라 한다.

(2) 삼각형의 외심의 성질

① 삼각형의 세 변의 수직이등분선은 한 점(외심)에서 만난다.

② 삼각형의 외심에서 세 꼭짓점에 이르는 거리는 같다.

➡ $\overline{OA}=\overline{OB}=\overline{OC}$=(외접원의 반지름의 길이)

참고 **삼각형의 외심의 위치**

① 예각삼각형 ➡ 삼각형의 내부

② 둔각삼각형 ➡ 삼각형의 외부

③ 직각삼각형 ➡ 빗변의 중점 — (외접원의 반지름의 길이) $=\frac{1}{2}\times$(빗변의 길이)

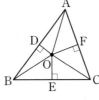

정답과 해설 • 12쪽

● 삼각형의 외심

[001~005] 오른쪽 그림에서 점 O가 △ABC의 외심일 때, 다음 중 옳은 것은 ○표, 옳지 <u>않은</u> 것은 ✕표를 (   ) 안에 쓰시오.

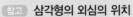

001 $\overline{OA}=\overline{OB}=\overline{OC}$ (   )

002 $\overline{OD}=\overline{OE}=\overline{OF}$ (   )

003 $\overline{BE}=\overline{CE}$ (   )

004 $\angle OBD=\angle OBE$ (   )

005 $\triangle OAF \equiv \triangle OCF$ (   )

[006~008] 다음 그림에서 점 O가 △ABC의 외심일 때, x의 값을 구하시오.

006

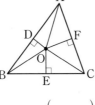

007

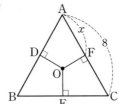

008

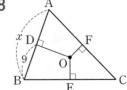

[009~012] 다음 그림에서 점 O가 △ABC의 외심일 때, x의 값을 구하시오.

009

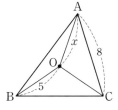

010

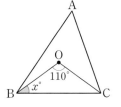

011

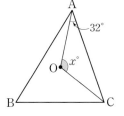

012

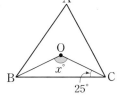

● **직각삼각형의 외심** 중요

[013~017] 다음 그림과 같은 직각삼각형 ABC의 빗변의 중점을 O라 할 때, x의 값을 구하시오.

013

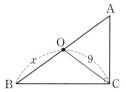

014

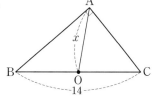

015

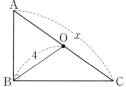

016

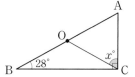

017

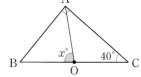

02

삼각형의 외심의 응용

점 O가 △ABC의 외심일 때

(1)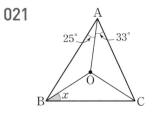

$$2\angle x+2\angle y+2\angle z=180°$$
$$\Rightarrow \boxed{\angle x+\angle y+\angle z=90°}$$

(2)

$$\angle BOC=2\bullet+2\circ=2(\bullet+\circ)$$
$$\Rightarrow \boxed{\angle BOC=2\angle A}$$

정답과 해설 • 12쪽

● 삼각형의 외심의 응용 (1)

[018~023] 다음 그림에서 점 O가 △ABC의 외심일 때, ∠x 의 크기를 구하시오.

018

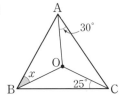

019

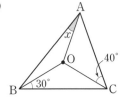

020

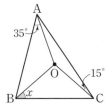

021

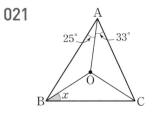

022

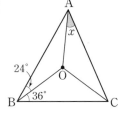

023

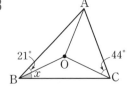

● 삼각형의 외심의 응용 (2) [중요]

[024~031] 다음 그림에서 점 O가 △ABC의 외심일 때, ∠x 의 크기를 구하시오.

024

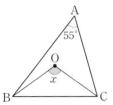

025

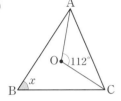

026

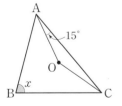

027

028

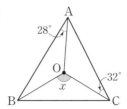

029

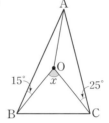

030

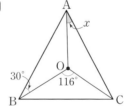

031

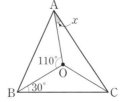

03
삼각형의 내심

(1) **원의 접선과 접점**

직선 l이 원 O와 한 점에서 만날 때, 직선 l은 원 O에 접한다고 한다.

① 접선: 원과 한 점에서 만나는(접하는) 직선

② 접점: 원과 접선이 만나는 점

③ 접점에서 접선과 반지름 OT는 수직으로 만난다. ➡ $\overline{OT} \perp l$

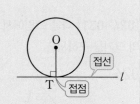

(2) **삼각형의 내접원과 내심**

△ABC의 세 변이 모두 원 I에 접할 때, 원 I는 △ABC에 내접한다고 한다. 이때 원 I를 △ABC의 내접원, 내접원의 중심을 내심이라 한다.

(3) **삼각형의 내심의 성질**

① 삼각형의 세 내각의 이등분선은 한 점(내심)에서 만난다.

② 삼각형의 내심에서 세 변에 이르는 거리는 같다.

➡ $\overline{ID} = \overline{IE} = \overline{IF} =$ (내접원의 반지름의 길이)

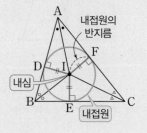

참고 모든 삼각형의 내심은 삼각형의 내부에 있다.

정답과 해설 • **13**쪽

● 삼각형의 내심

[032~037] 오른쪽 그림에서 점 I가 △ABC의 내심일 때, 다음 중 옳은 것은 ○표, 옳지 않은 것은 ×표를 ( ) 안에 쓰시오.

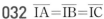

032 $\overline{IA} = \overline{IB} = \overline{IC}$　　　　(　　)

033 $\overline{ID} = \overline{IE} = \overline{IF}$　　　　(　　)

034 $\overline{AD} = \overline{BD}$　　　　　(　　)

035 $\angle IBD = \angle IBE$　　　　(　　)

036 $\triangle IAD \equiv \triangle IAF$　　　　(　　)

037 $\triangle IBE \equiv \triangle IAF$　　　　(　　)

[038~040] 다음 그림에서 점 I가 △ABC의 내심일 때, x의 값을 구하시오.

038

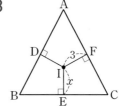

039

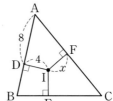

040

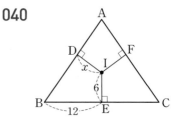

[041~048] 다음 그림에서 점 I가 △ABC의 내심일 때, ∠x의 크기를 구하시오.

041

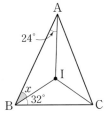

042

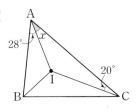

043

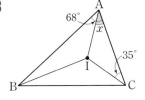

044

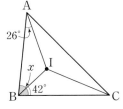

045

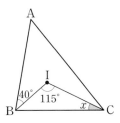

∠IBC = ∠IBA = ☐ 이므로

△IBC에서 ∠x = 180° − (115° + ☐) = ☐

046

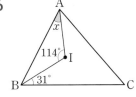

047

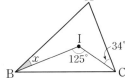

048

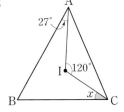

04

삼각형의 내심의 응용

점 I가 △ABC의 내심일 때

(1)

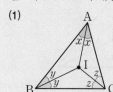 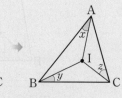

$$2\angle x + 2\angle y + 2\angle z = 180°$$
$$\Rightarrow \angle x + \angle y + \angle z = 90°$$

(2)

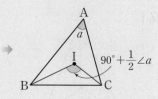

$$\angle BIC = (\bullet + \times) + (\bullet + \triangle) = (\bullet + \times + \triangle) + \bullet$$
$$\Rightarrow \angle BIC = 90° + \frac{1}{2}\angle A$$

정답과 해설 • **13**쪽

● **삼각형의 내심의 응용 (1)**

[049~054] 다음 그림에서 점 I가 △ABC의 내심일 때, $\angle x$의 크기를 구하시오.

049

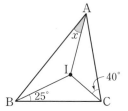

050

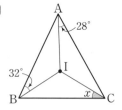

051

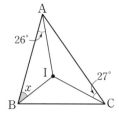

052

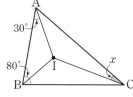

053

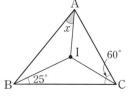

054

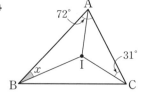

● 삼각형의 내심의 응용 (2)　　　중요

[055~058] 다음 그림에서 점 I가 △ABC의 내심일 때, ∠x의 크기를 구하시오.

055

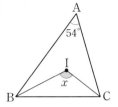

056

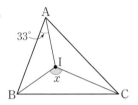

057

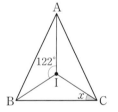

058

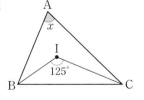

[059~062] 다음 그림에서 점 I가 △ABC의 내심일 때, ∠x, ∠y의 크기를 각각 구하시오.

059

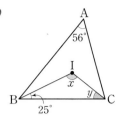

060

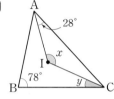

061

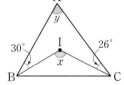

062

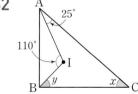

05

삼각형의 넓이와 내접원의 반지름의 길이

점 I가 △ABC의 내심일 때, △ABC의 내접원의 반지름의 길이를 r라 하면

➡ $\triangle ABC = \dfrac{1}{2} r (\overline{AB} + \overline{BC} + \overline{CA})$

└─ △ABC의 둘레의 길이

참고 △ABC = △IAB + △IBC + △ICA
$= \dfrac{1}{2} r \overline{AB} + \dfrac{1}{2} r \overline{BC} + \dfrac{1}{2} r \overline{CA} = \dfrac{1}{2} r (\overline{AB} + \overline{BC} + \overline{CA})$

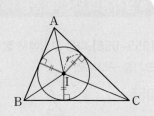

정답과 해설 • **14**쪽

● 삼각형의 내접원의 반지름의 길이　중요

[063~066] 아래 그림에서 점 I가 △ABC의 내심일 때, 다음을 구하시오.

063 △ABC의 넓이

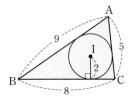

064 △ABC의 넓이

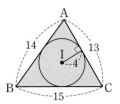

065 △ABC=60일 때, △ABC의 둘레의 길이

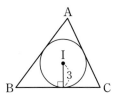

066 △ABC=85일 때, △ABC의 둘레의 길이

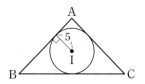

[067~068] 다음 그림에서 점 I가 직각삼각형 ABC의 내심일 때, △ABC의 내접원의 반지름의 길이를 구하시오.

067

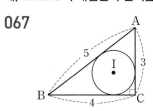

068

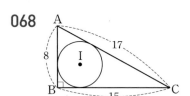

🔖 학교 시험 문제는 이렇게

069 오른쪽 그림에서 점 I는 ∠C=90°인 직각삼각형 ABC의 내심이다. $\overline{AB}$=10 cm, $\overline{BC}$=8 cm, $\overline{AC}$=6 cm일 때, △ABC의 내접원의 넓이를 구하시오.

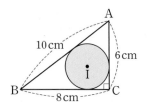

06

삼각형의 내접원과 선분의 길이

점 I가 △ABC의 내심일 때, △ABC의 내접원과 $\overline{AB}$, $\overline{BC}$, $\overline{CA}$의 접점을 각각 D, E, F라 하면

➡ $\overline{AD}=\overline{AF}$, $\overline{BD}=\overline{BE}$, $\overline{CE}=\overline{CF}$

참고 △ADI≡△AFI(RHA 합동)이므로 $\overline{AD}=\overline{AF}$

△BDI≡△BEI(RHA 합동)이므로 $\overline{BD}=\overline{BE}$

△CEI≡△CFI(RHA 합동)이므로 $\overline{CE}=\overline{CF}$

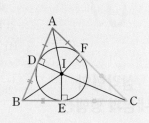

정답과 해설 • 14쪽

● 삼각형의 내접원과 선분의 길이

[070~076] 다음 그림에서 점 I는 △ABC의 내심이고 세 점 D, E, F는 각각 내접원과 $\overline{AB}$, $\overline{BC}$, $\overline{CA}$의 접점일 때, x의 값을 구하시오.

070

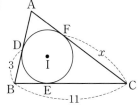

071

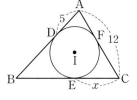

072

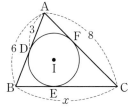

073

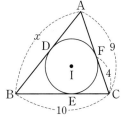

074

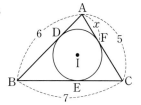

$\overline{AD}=\overline{AF}=x$이므로

$\overline{BE}=\overline{BD}=6-x$,

$\overline{CE}=\overline{CF}=$ □

이때 $\overline{BE}+\overline{CE}=\overline{BC}$이므로

$(6-x)+($ □ $)=7$

∴ $x=$ □

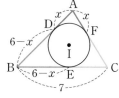

075

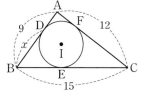

076

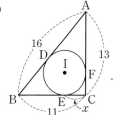

07

삼각형의 내심과 평행선

점 I가 △ABC의 내심일 때, $\overline{DE} /\!/ \overline{BC}$이면
(1) △DBI와 △EIC는 이등변삼각형이므로
➡ $\overline{DB}=\overline{DI}$, $\overline{EI}=\overline{EC}$
(2) (△ADE의 둘레의 길이)$=\overline{AD}+\overline{DE}+\overline{EA}$
$=\overline{AD}+(\overline{DI}+\overline{EI})+\overline{EA}$
$=(\overline{AD}+\overline{DB})+(\overline{EC}+\overline{EA})$
$=\overline{AB}+\overline{AC}$

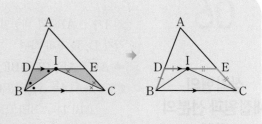

정답과 해설 • 15쪽

● 삼각형의 내심과 평행선

[077~080] 다음 그림과 같이 △ABC의 내심 I를 지나고 $\overline{BC}$에 평행한 직선이 $\overline{AB}$, $\overline{AC}$와 만나는 점을 각각 D, E라 할 때, x의 값을 구하시오.

077

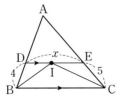

078

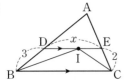

079

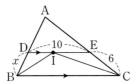

080

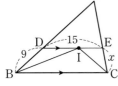

[081~083] 다음 그림과 같이 △ABC의 내심 I를 지나고 $\overline{BC}$에 평행한 직선이 $\overline{AB}$, $\overline{AC}$와 만나는 점을 각각 D, E라 할 때, △ADE의 둘레의 길이를 구하시오.

081

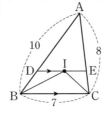

(△ADE의 둘레의 길이)$=\overline{AD}+\overline{DE}+\overline{EA}$
$=\overline{AD}+(\overline{DI}+\boxed{})+\overline{EA}$
$=(\overline{AD}+\overline{DB})+(\boxed{}+\overline{EA})$
$=\overline{AB}+\boxed{}$
$=10+\boxed{}=\boxed{}$

082

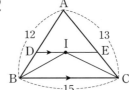

083

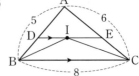

08

삼각형의 외심과 내심

점 O와 점 I가 각각 △ABC의 외심과 내심일 때

(1) $\angle BOC = 2\angle A$ → 외심의 응용

(2) $\angle BIC = 90° + \dfrac{1}{2}\angle A$ → 내심의 응용

(3) $\angle OBC = \angle OCB$, $\angle IBA = \angle IBC$, $\angle ICA = \angle ICB$

참고 • 이등변삼각형의 외심과 내심은 꼭지각의 이등분선 위에 있다.
　　 • 정삼각형의 외심과 내심은 일치한다.

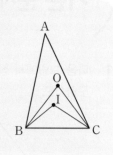

정답과 해설 • 15쪽

● 삼각형의 외심과 내심이 주어질 때, 　중요
　각의 크기 구하기

[084~090] 다음 그림에서 점 O와 점 I가 각각 △ABC의 외심
과 내심일 때, ∠x, ∠y의 크기를 각각 구하시오.

084

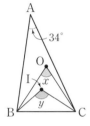

085

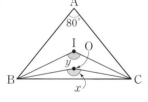

086

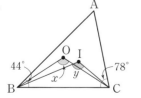

087

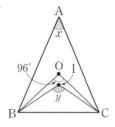

088

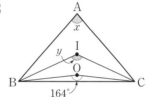

089

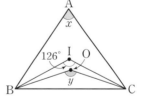

090

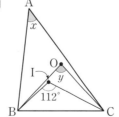

1 다음 그림에서 점 O가 △ABC의 외심일 때, x의 값을 구하시오.

(1)
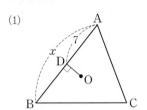

(2)
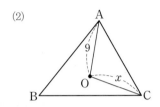

(3)
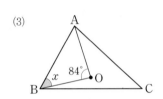

2 다음 그림과 같은 직각삼각형 ABC의 빗변의 중점을 O라 할 때, x, y의 값을 각각 구하시오.

(1)
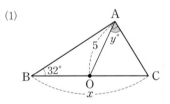

(2)
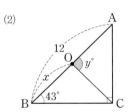

(3)
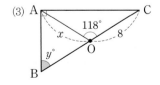

3 다음 그림에서 점 O가 △ABC의 외심일 때, ∠x의 크기를 구하시오.

(1)
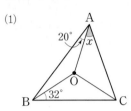

(2)
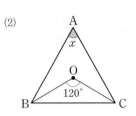

(3)
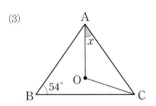

4 다음 그림에서 점 I가 △ABC의 내심일 때, x의 값을 구하시오.

(1)
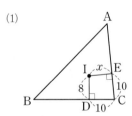

(2)
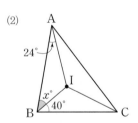

(3)
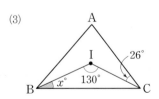

5 다음 그림에서 점 I가 △ABC의 내심일 때, ∠x의 크기를 구하시오.

(1)
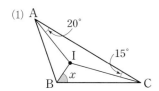

(2)
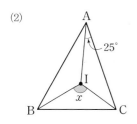

(3)
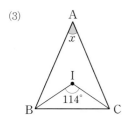

6 다음 그림에서 점 I가 △ABC의 내심일 때, △ABC의 넓이를 구하시오.

(1)
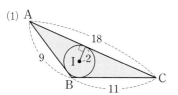

(2)
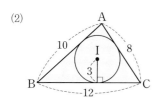

(3)
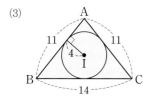

7 다음 그림에서 점 I가 △ABC의 내심이고 세 점 D, E, F는 각각 내접원과 $\overline{AB}$, $\overline{BC}$, $\overline{CA}$의 접점일 때, x의 값을 구하시오.

(1)
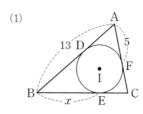

(2)
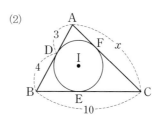

(3)
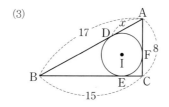

8 다음 그림에서 점 O와 점 I는 각각 △ABC의 외심과 내심일 때, ∠x, ∠y의 크기를 각각 구하시오.

(1)
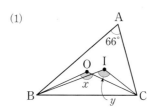

(2)
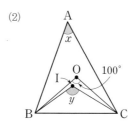

1 오른쪽 그림에서 점 O가 △ABC 의 두 변 AC, BC의 수직이등분선 의 교점일 때, 다음 중 옳은 것을 모두 고르면? (정답 2개)

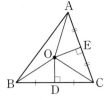

① ∠ABO=∠CBO
② △ODC≡△OEC
③ △AOC는 이등변삼각형이다.
④ 점 O에서 △ABC의 세 변에 이르는 거리는 모두 같다.
⑤ $\overline{AB}$의 수직이등분선은 점 O를 지난다.

2 오른쪽 그림에서 점 O는 △ABC의 외심이다. $\overline{AF}=6\,cm$, $\overline{BD}=7\,cm$, $\overline{CE}=8\,cm$일 때, △ABC의 둘레의 길이를 구하시오.

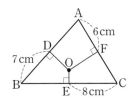

3 오른쪽 그림과 같이 ∠A=90°인 직각삼각형 ABC에서 $\overline{AB}=6\,cm$, $\overline{BC}=10\,cm$, $\overline{CA}=8\,cm$ 일 때, △ABC의 외접원의 둘레의 길이는?

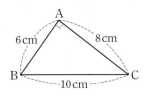

① $6\pi\,cm$　② $7\pi\,cm$　③ $8\pi\,cm$
④ $9\pi\,cm$　⑤ $10\pi\,cm$

4 오른쪽 그림에서 점 O는 △ABC의 외심이고 ∠OCA=22°, ∠OCB=38°일 때, ∠x의 크기는?

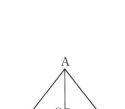

① 29°　② 30°
③ 31°　④ 32°
⑤ 33°

5 오른쪽 그림에서 점 O는 △ABC의 외심이다. ∠BOC=152°, ∠ABO=37° 일 때, ∠AOC의 크기를 구하 시오.

6 다음 보기 중 점 I가 삼각형의 내심인 것을 모두 고르시오.

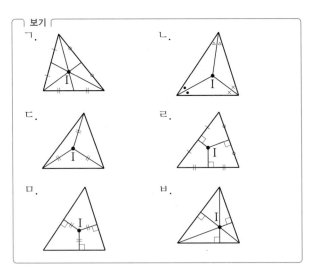

7 오른쪽 그림에서 점 I는 △ABC
의 내심이고 ∠IBA=24°,
∠ICA=33°일 때, ∠A의 크기
는?

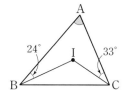

① 62°　　　② 64°

③ 66°　　　④ 68°

⑤ 70°

8 오른쪽 그림에서 점 I는 △ABC
의 내심이고 ∠BAC=70°,
∠ICA=30°일 때, ∠x의 크기
를 구하시오.

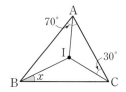

9 오른쪽 그림에서 점 I는
△ABC의 내심이고
∠AIB=108°일 때, ∠x의
크기를 구하시오.

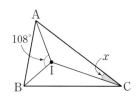

10 오른쪽 그림에서 점 I는
∠A=90°인 직각삼각형
ABC의 내심이다.
$\overline{AB}$=12 cm, $\overline{BC}$=20 cm,
$\overline{CA}$=16 cm일 때, △IBC
의 넓이는?

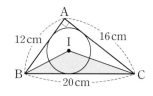

① 34 cm²　　② 36 cm²　　③ 38 cm²

④ 40 cm²　　⑤ 42 cm²

11 오른쪽 그림에서 점 I는
△ABC의 내심이고, 세 점 D,
E, F는 각각 내접원과 $\overline{AB}$,
$\overline{BC}$, $\overline{CA}$의 접점이다.
$\overline{AB}$=10, $\overline{BC}$=9, $\overline{CA}$=7일 때,
$\overline{AD}$의 길이는?

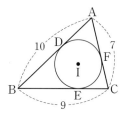

① $\dfrac{5}{2}$　　　② 3　　　③ $\dfrac{7}{2}$

④ 4　　　⑤ $\dfrac{9}{2}$

12 오른쪽 그림에서 점 I는
△ABC의 내심이고,
$\overline{DE}$ ∥ $\overline{BC}$이다. $\overline{AB}$=6 cm,
$\overline{BC}$=7 cm, $\overline{CA}$=8 cm일 때,
△ADE의 둘레의 길이를 구
하시오.

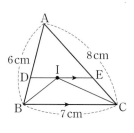

13 다음 중 옳지 <u>않은</u> 것을 모두 고르면? (정답 2개)

① 정삼각형의 외심과 내심은 일치한다.

② 둔각삼각형의 외심은 삼각형의 내부에 있다.

③ 삼각형의 세 내각의 이등분선이 만나는 점은 내심이다.

④ 삼각형의 외심에서 세 꼭짓점에 이르는 거리는 같다.

⑤ 직각삼각형의 외접원의 반지름의 길이는 빗변의 길이
와 같다.

14 오른쪽 그림에서 점 O와 점 I는
각각 △ABC의 외심과 내심이
다. ∠BIC=122°일 때,
∠BOC의 크기를 구하시오.

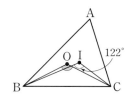

3

사각형의 성질

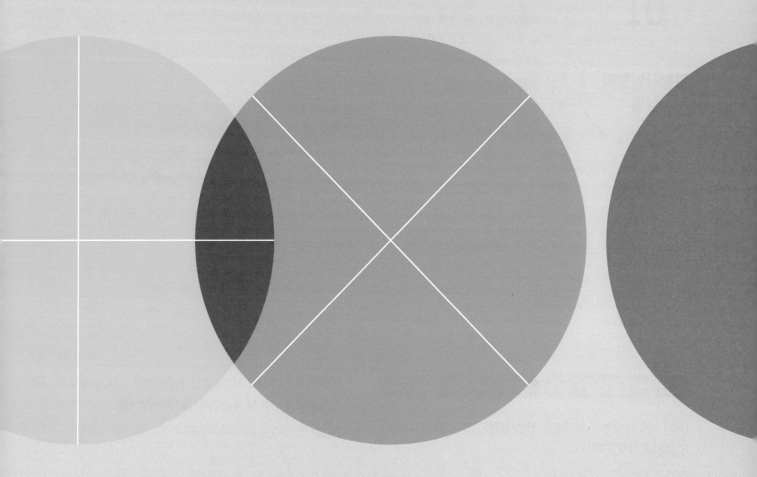

(1) **평행사변형**: 두 쌍의 대변이 각각 평행한 사각형

→ $\overline{AB} /\!/ \overline{DC}$, $\overline{AD} /\!/ \overline{BC}$

참고 사각형 ABCD를 기호로 □ABCD와 같이 나타낸다.

(2) **평행사변형의 성질**

① 두 쌍의 대변의 길이는 각각 같다.	② 두 쌍의 대각의 크기는 각각 같다.	③ 두 대각선은 서로 다른 것을 이등분한다.
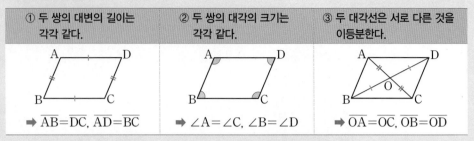		
→ $\overline{AB}=\overline{DC}$, $\overline{AD}=\overline{BC}$	→ $\angle A=\angle C$, $\angle B=\angle D$	→ $\overline{OA}=\overline{OC}$, $\overline{OB}=\overline{OD}$

참고 평행사변형에서 이웃하는 두 내각의 크기의 합은 180°이다.

→ 평행사변형 ABCD에서 $\angle A=\angle C$, $\angle B=\angle D$이므로

$\angle A+\angle B+\angle C+\angle D=2(\angle A+\angle B)=360°$ ∴ $\angle A+\angle B=180°$

정답과 해설 • 18쪽

● **평행사변형의 뜻**

[001~003] 다음 그림과 같은 평행사변형 ABCD에서 $\angle x$, $\angle y$의 크기를 각각 구하시오.

001
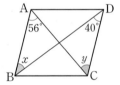

002
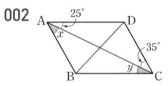

003
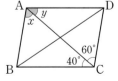

[004~006] 다음 그림과 같은 평행사변형 ABCD에서 두 대각선의 교점을 O라 할 때, $\angle x$의 크기를 구하시오.

004
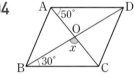

005
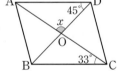

006
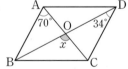

● 평행사변형의 성질　[중요]

[007~013] 다음 그림과 같은 평행사변형 ABCD에서 x, y의 값을 각각 구하시오. (단, 점 O는 두 대각선의 교점이다.)

007
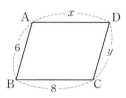

008
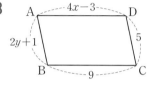

009
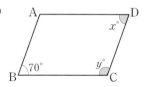

010
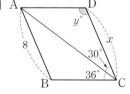

011
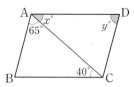

012
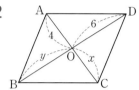

013
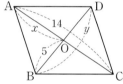

학교 시험 문제는 이렇게

014 오른쪽 그림과 같은 평행사변형 ABCD에서 두 대각선의 교점을 O라 하자. $\overline{AB}=6\,\text{cm}$, $\overline{OD}=4\,\text{cm}$, ∠BAO=38°일 때, 다음 중 옳지 <u>않은</u> 것을 모두 고르면? (정답 2개)

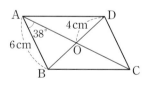

① ∠DCA=38° 　　② ∠BDC=∠BCD

③ $\overline{DC}=6\,\text{cm}$ 　　④ $\overline{AC}=8\,\text{cm}$

⑤ △ABD≡△CDB

● 평행사변형의 성질의 응용 (1) - 대변 　중요

[015~019] 다음 그림과 같은 평행사변형 ABCD에서 x의 값을 구하시오.

015

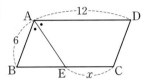

$\overline{AD} \parallel \overline{BC}$이므로 ∠BEA=□ (엇각)

∴ ∠BEA=□

즉, △BEA는 $\overline{BE}$=□인 이등변삼각형이므로

$\overline{BE}$=□

∴ x=12−□=□

016

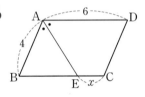

017

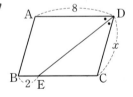

018

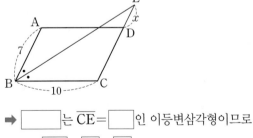

➡ □는 $\overline{CE}$=□인 이등변삼각형이므로

x=□−□=□

019

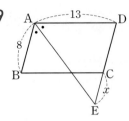

[020~022] 다음 그림과 같은 평행사변형 ABCD에서 x의 값을 구하시오.

020

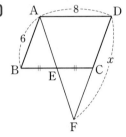

△ABE와 △FCE에서

$\overline{BE}=\overline{CE}$, ∠ABE=∠FCE (엇각),

∠AEB=∠FEC (맞꼭지각)이므로

△ABE≡△FCE (□ 합동)

∴ $\overline{CF}$=□=□

∴ $x=\overline{DC}+\overline{CF}$=□+□=□

021

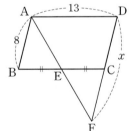

022

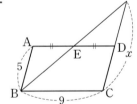

● 평행사변형의 성질의 응용 (2) - 대각   `중요`

[023~026] 다음 그림과 같은 평행사변형 ABCD에서 $\angle x$의 크기를 구하시오.

023 $\angle A : \angle B = 2 : 1$일 때

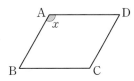

$\angle A + \angle B = 180°$이므로

$\angle x = 180° \times \dfrac{\boxed{}}{3} = \boxed{}$

024 $\angle A : \angle B = 2 : 3$일 때

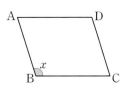

025 $\angle A : \angle B = 3 : 1$일 때

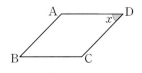

026 $\angle B : \angle C = 5 : 4$일 때

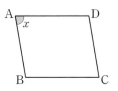

● 평행사변형의 성질의 응용 (3) - 대각선

[027~032] 오른쪽 그림과 같이 평행사변형 ABCD의 두 대각선의 교점 O를 지나는 직선이 $\overline{AD}$, $\overline{BC}$와 만나는 점을 각각 P, Q라 하자. 다음 중 옳은 것은 ○표, 옳지 <u>않은</u> 것은 ×표를 ( ) 안에 쓰시오.

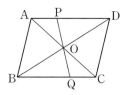

027 $\overline{AO} = \overline{CO}$ ( )

028 $\angle OAP = \angle OCQ$ ( )

029 $\overline{BO} = \overline{CO}$ ( )

030 $\angle DPO = \angle DOP$ ( )

031 $\triangle AOP \equiv \triangle COQ$ ( )

032 $\overline{PO} = \overline{QO}$ ( )

02

평행사변형이 되는 조건

□ABCD가 다음의 어느 한 조건을 만족시키면 평행사변형이 된다. (단, 점 O는 두 대각선의 교점이다.)

(1) 두 쌍의 대변이 각각 평행하다.
➡ $\overline{AB}/\!/\overline{DC}$, $\overline{AD}/\!/\overline{BC}$

(2) 두 쌍의 대변의 길이가 각각 같다.
➡ $\overline{AB}=\overline{DC}$, $\overline{AD}=\overline{BC}$

(3) 두 쌍의 대각의 크기가 각각 같다.
➡ $\angle A=\angle C$, $\angle B=\angle D$

(4) 한 쌍의 대변이 평행하고 그 길이가 같다.
➡ $\overline{AD}/\!/\overline{BC}$, $\overline{AD}=\overline{BC}$

(5) 두 대각선이 서로 다른 것을 이등분한다.
➡ $\overline{OA}=\overline{OC}$, $\overline{OB}=\overline{OD}$

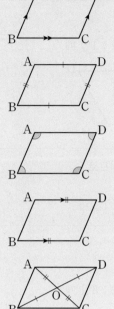

정답과 해설 • 19쪽

● **평행사변형이 되는 조건**

[033~037] 오른쪽 그림과 같은 □ABCD가 평행사변형이 되는 조건을 □ 안에 쓰시오.
(단, 점 O는 두 대각선의 교점이다.)

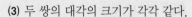

033 $\overline{AB}/\!/$ □ , $\overline{AD}/\!/$ □

034 $\overline{AB}=$ □ , □ $=\overline{BC}$

035 $\angle BAD=$ □ , □ $=\angle ADC$

036 $\overline{OA}=$ □ , $\overline{OB}=$ □

037 $\overline{AB}/\!/$ □ , $\overline{AB}=$ □

[038~042] 다음 그림과 같은 □ABCD가 평행사변형이 되도록 하는 x, y의 값을 각각 구하시오.
(단, 점 O는 두 대각선의 교점이다.)

038

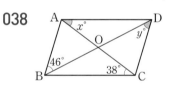

039

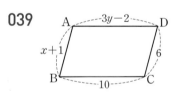

040

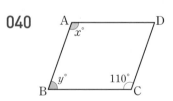

041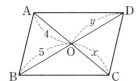

042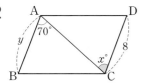

046 ∠ACB＝∠DAC＝20°, ∠BAC＝∠ACD＝40°

                                                        (   )

➡ 조건: _____

047 $\overline{AD}$∥$\overline{BC}$, $\overline{AB}$＝$\overline{DC}$＝5cm   (   )

➡ 조건: _____

● 평행사변형이 되는 조건 찾기   [중요]

[043~047] 다음 중 오른쪽 그림과 같은 □ABCD가 평행사변형이 되는 것은 ○표, 평행사변형이 되지 <u>않는</u> 것은 ×표를 ( ) 안에 쓰고, 평행사변형이 되는 것은 그 조건을 말하시오. (단, 점 O는 두 대각선의 교점이다.)

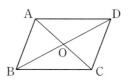

043 $\overline{AB}$＝$\overline{DC}$＝3cm, $\overline{AD}$＝$\overline{BC}$＝6cm   (   )

➡ 조건: _____

044 $\overline{OA}$＝$\overline{OB}$＝3cm, $\overline{OC}$＝$\overline{OD}$＝4cm   (   )

➡ 조건: _____

045 ∠BAD＝100°, ∠ABC＝80°, ∠BCD＝80°

                                                       (   )

➡ 조건: _____

🔖 **학교 시험 문제는 이렇게**

048 다음 보기의 사각형 중에서 평행사변형이 <u>아닌</u> 것을 모두 고르시오.

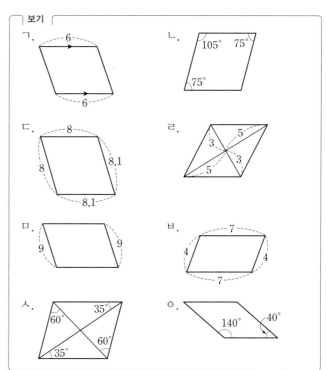

● 새로운 사각형이 평행사변형이 되는 조건

049 오른쪽 그림과 같은 평행사변형 ABCD에서 $\overline{AB}$, $\overline{DC}$의 중점을 각각 E, F라 할 때, 다음은 $\square$AECF가 평행사변형임을 설명하는 과정이다. $\square$ 안에 알맞은 것을 쓰시오.

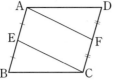

$\overline{AB} /\!/ \overline{DC}$이므로 $\overline{AE} /\!/$ $\boxed{}$ ···㉠

$\overline{AB} = \overline{DC}$이므로

$\overline{AE} = \dfrac{1}{2}\overline{AB} = \dfrac{1}{2}\overline{DC} = \boxed{}$ ···㉡

따라서 ㉠, ㉡에 의해 한 쌍의 대변이 $\boxed{}$하고 그 길이가 같으므로 $\square$AECF는 평행사변형이다.

---

050 오른쪽 그림과 같은 평행사변형 ABCD에서 대각선 BD 위에 $\overline{BE} = \overline{DF}$가 되도록 두 점 E, F를 잡을 때, 다음은 $\square$AECF가 평행사변형임을 설명하는 과정이다. $\square$ 안에 알맞은 것을 쓰시오.
(단, 점 O는 두 대각선의 교점이다.)

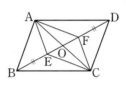

$\square$ABCD가 평행사변형이므로

$\overline{OA} = \boxed{}$ ···㉠

또 $\overline{BE} = \overline{DF}$이고, $\overline{OB} = \boxed{}$이므로

$\overline{OE} = \overline{OB} - \overline{BE}$

$\phantom{\overline{OE}} = \boxed{} - \overline{DF} = \boxed{}$ ···㉡

따라서 ㉠, ㉡에 의해 두 $\boxed{}$이 서로 다른 것을 이등분하므로 $\square$AECF는 평행사변형이다.

---

051 오른쪽 그림과 같은 평행사변형 ABCD에서 ∠B, ∠D의 이등분선이 $\overline{AD}$, $\overline{BC}$와 만나는 점을 각각 E, F라 할 때, 다음은 $\square$EBFD가 평행사변형임을 설명하는 과정이다. $\square$ 안에 알맞은 것을 쓰시오.

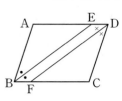

∠B = ∠D이므로

$\angle EBF = \dfrac{1}{2}\angle B = \dfrac{1}{2}\angle D = \boxed{}$ ···㉠

또 ∠AEB = ∠EBF (엇각), ∠EDF = ∠DFC (엇각)이므로

$\angle AEB = \boxed{}$

$\therefore \angle DEB = 180° - \angle AEB$

$ = 180° - \boxed{}$

$ = \boxed{}$ ···㉡

따라서 ㉠, ㉡에 의해 두 쌍의 $\boxed{}$의 크기가 각각 같으므로 $\square$EBFD는 평행사변형이다.

[052~054] 오른쪽 그림과 같은 평행사변형 ABCD의 두 꼭짓점 A, C에서 대각선 BD에 내린 수선의 발을 각각 E, F라 하자. 다음 중 옳은 것은 ○표, 옳지 **않은** 것은 ✕표를 ( ) 안에 쓰시오.

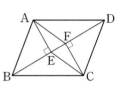

052 $\overline{AE} /\!/ \overline{CF}$ ( )

053 $\overline{AE} = \overline{CF}$ ( )

054 $\overline{AE} = \overline{EC}$ ( )

(1) 평행사변형 ABCD의 두 대각선의 교점을 O라 하면

① 평행사변형의 넓이는 한 대각선에 의해 이등분된다.

➡ $\triangle ABC=\triangle CDA=\dfrac{1}{2}\square ABCD$, $\triangle BCD=\triangle DAB=\dfrac{1}{2}\square ABCD$

② 평행사변형의 넓이는 두 대각선에 의해 사등분된다.

➡ $\triangle ABO=\triangle BCO=\triangle CDO=\triangle DAO=\dfrac{1}{4}\square ABCD$

(2) 평행사변형 내부의 임의의 한 점 P에 대하여

➡ $\triangle PAB+\triangle PCD=\triangle PDA+\triangle PBC=\dfrac{1}{2}\square ABCD$

참고 오른쪽 그림과 같이 점 P를 지나고, $\overline{AB}$, $\overline{BC}$에 평행한 직선을 각각 그으면

$\triangle PAB+\triangle PCD=㉠+㉡+㉢+㉣$

$=\triangle PDA+\triangle PBC=\dfrac{1}{2}\square ABCD$

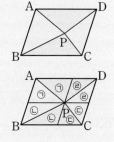

● 평행사변형과 넓이 (1)

[055~058] 오른쪽 그림과 같은 평행사변형 ABCD에서 두 대각선의 교점을 O라 할 때, 다음을 구하시오.

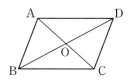

055 $\square ABCD=24\,cm^2$일 때, $\triangle BCD$의 넓이

056 $\square ABCD=40\,cm^2$일 때, $\triangle ABO$의 넓이

057 $\triangle ACD=13\,cm^2$일 때, $\square ABCD$의 넓이

058 $\triangle AOD=16\,cm^2$일 때, $\square ABCD$의 넓이

● 평행사변형과 넓이 (2) 중요

[059~061] 아래 그림과 같이 평행사변형 ABCD의 내부의 한 점 P를 지나고 $\overline{AB}$, $\overline{BC}$에 평행한 직선을 각각 그어 각 부분의 넓이를 나타내었다. 다음 물음에 답하시오.

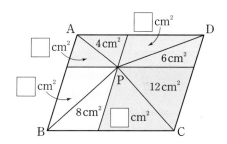

059 □ 안에 알맞은 수를 쓰시오.

060 $\triangle PAB+\triangle PCD$의 값을 구하시오.

061 $\triangle PDA+\triangle PBC$의 값을 구하시오.

[062~065] 다음 그림과 같은 평행사변형 ABCD의 넓이가 70 cm²일 때, 색칠한 부분의 넓이를 구하시오.

062

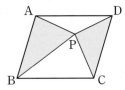

063

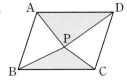

064 △PAB=20 cm²일 때

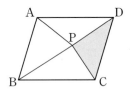

065 △PDA=16 cm²일 때

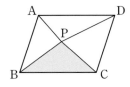

[066~069] 다음 그림과 같은 평행사변형 ABCD에서 색칠한 부분의 넓이를 구하시오.

066 △PDA=8 cm², △PCD=7 cm², △PBC=6 cm²일 때

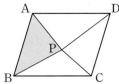

067 △PAB=6 cm², △PDA=9 cm², △PCD=12 cm²일 때

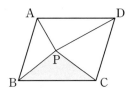

068

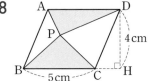

□ABCD=5×□=□(cm²)이므로

$$\triangle PDA + \triangle PBC = \frac{1}{2}\square ABCD$$

$$= \frac{1}{2} \times \square = \square \,(cm^2)$$

069

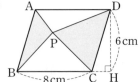

04

직사각형

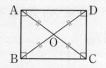

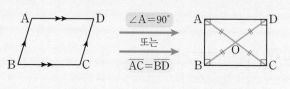

(1) **직사각형:** 네 내각의 크기가 모두 같은 사각형
   ➡ $\angle A = \angle B = \angle C = \angle D = 90°$
   참고 직사각형은 두 쌍의 대각의 크기가 각각 같으므로 평행사변형이다.

(2) **직사각형의 성질**
   직사각형의 두 대각선은 길이가 같고, 서로 다른 것을 이등분한다.
   ➡ $\overline{AC} = \overline{BD}$, $\overline{OA} = \overline{OB} = \overline{OC} = \overline{OD}$

(3) **평행사변형이 직사각형이 되는 조건**
   ① 한 내각이 직각이다.
   ② 두 대각선의 길이가 같다.
   참고 한 내각이 90°이면 평행사변형의 성질에 의해 나머지 세 각도 모두 90°가 된다.

정답과 해설 · **21**쪽

● **직사각형의 뜻과 성질**

[070~075] 다음 그림과 같은 직사각형 ABCD에서 두 대각선의 교점을 O라 할 때, x의 값을 구하시오.

070

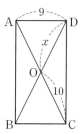

071

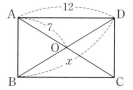

072

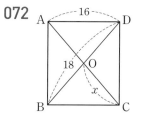

073

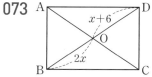

074

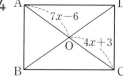

075

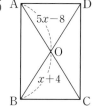

[076~079] 다음 그림과 같은 직사각형 ABCD에서 두 대각선의 교점을 O라 할 때, ∠x의 크기를 구하시오.

076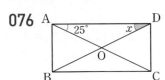

077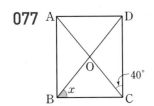

078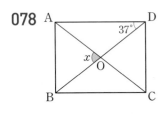

079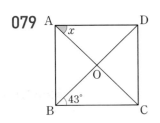

🔖 학교 시험 문제는 이렇게

080 오른쪽 그림과 같은 직사각형 ABCD에서 두 대각선의 교점을 O라 하자. $\overline{AB}=9\,cm$, $\overline{AC}=15\,cm$일 때, △ABO의 둘레의 길이를 구하시오.

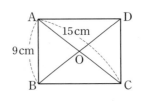

● 평행사변형이 직사각형이 되는 조건

[081~083] 오른쪽 그림과 같은 평행사변형 ABCD가 직사각형이 되는 조건을 □ 안에 쓰시오.
(단, 점 O는 두 대각선의 교점이다.)

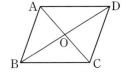

081 ∠BAD= ☐

082 ∠BAD=∠ ☐ 또는 ∠BAD=∠ ☐

083 $\overline{AC}=$ ☐

[084~086] 다음 중 오른쪽 그림과 같은 평행사변형 ABCD가 직사각형이 되는 것은 ○표, 되지 않는 것은 ×표를 ( ) 안에 쓰시오.

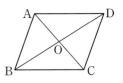

(단, 점 O는 두 대각선의 교점이다.)

084 ∠AOB=90˚ ( )

085 $\overline{AB}=\overline{AD}$ ( )

086 $\overline{OA}=\overline{OB}$ ( )

05

마름모

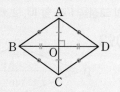

(1) **마름모**: 네 변의 길이가 모두 같은 사각형

➡ $\overline{AB}=\overline{BC}=\overline{CD}=\overline{DA}$

참고 마름모는 두 쌍의 대변의 길이가 각각 같으므로 평행사변형이다.

(2) **마름모의 성질**

마름모의 두 대각선은 서로 다른 것을 수직이등분한다.

➡ $\overline{AC}\perp\overline{BD}$, $\overline{OA}=\overline{OC}$, $\overline{OB}=\overline{OD}$

(3) **평행사변형이 마름모가 되는 조건**

① 이웃하는 두 변의 길이가 같다.

② 두 대각선이 서로 수직이다.

참고 이웃하는 두 변의 길이가 같으면 평행사변형의 성질에 의해 네 변의 길이가 모두 같아진다.

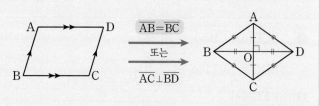

정답과 해설 • 21쪽

● **마름모의 뜻과 성질** 중요

[087~092] 다음 그림과 같은 마름모 ABCD에서 두 대각선의 교점을 O라 할 때, x의 값을 구하시오.

087

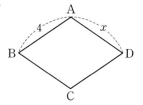

088

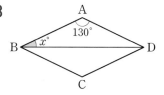

089

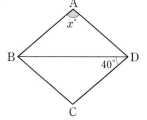

090

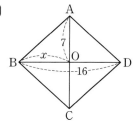

091

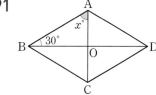

092

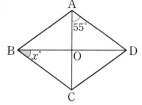

[093~095] 다음 그림과 같은 마름모 ABCD에서 $\overline{AE}$와 $\overline{BD}$의 교점을 F라 할 때, $\angle x$의 크기를 구하시오.

093

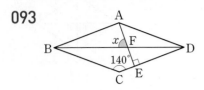

(단, 점 E는 꼭짓점 A에서 $\overline{CD}$에 내린 수선의 발이다.)

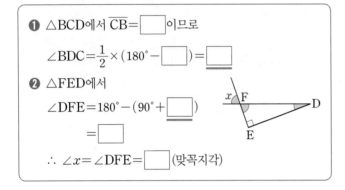

❶ △BCD에서 $\overline{CB}=$ ☐ 이므로

$\angle BDC = \dfrac{1}{2} \times (180° - ☐) = ☐$

❷ △FED에서

$\angle DFE = 180° - (90° + ☐)$

$= ☐$

∴ $\angle x = \angle DFE = ☐$ (맞꼭지각)

094

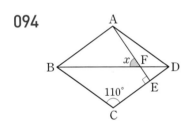

(단, 점 E는 꼭짓점 A에서 $\overline{CD}$에 내린 수선의 발이다.)

095

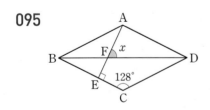

(단, 점 E는 꼭짓점 A에서 $\overline{BC}$에 내린 수선의 발이다.)

● 평행사변형이 마름모가 되는 조건

[096~098] 오른쪽 그림과 같은 평행사변형 ABCD가 마름모가 되는 조건을 ☐ 안에 쓰시오.

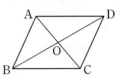

(단, 점 O는 두 대각선의 교점이다.)

096 $\overline{AB} = 9\,\text{cm}$일 때, $\overline{AD} =$ ☐ cm

097 $\angle AOB =$ ☐

098 $\angle ABO = 25°$일 때, $\angle BAO =$ ☐

[099~102] 다음 중 오른쪽 그림과 같은 평행사변형 ABCD가 마름모가 되는 것은 ○표, 되지 않는 것은 ×표를 ( ) 안에 쓰시오.

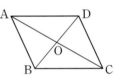

(단, 점 O는 두 대각선의 교점이다.)

099 $\overline{BC} = \overline{CD}$　　　　　　　(　　)

100 $\angle ABC = \angle BCD$　　　　(　　)

101 $\overline{AC} = \overline{BD}$　　　　　　　(　　)

102 $\overline{AC} \perp \overline{BD}$　　　　　　　(　　)

정사각형

(1) **정사각형**: 네 변의 길이가 같고, 네 내각의 크기가 같은 사각형
→ $\overline{AB}=\overline{BC}=\overline{CD}=\overline{DA}$, $\angle A=\angle B=\angle C=\angle D$

(2) **정사각형의 성질**
정사각형의 두 대각선은 길이가 같고, 서로 다른 것을 수직이등분한다.
→ $\overline{AC}=\overline{BD}$, $\overline{AC}\perp\overline{BD}$, $\overline{OA}=\overline{OB}=\overline{OC}=\overline{OD}$

(3) **직사각형이 정사각형이 되는 조건**
① 이웃하는 두 변의 길이가 같다.
② 두 대각선이 서로 수직이다.

(4) **마름모가 정사각형이 되는 조건**
① 한 내각이 직각이다.
② 두 대각선의 길이가 같다.

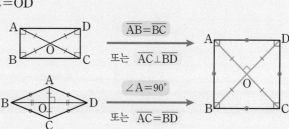

$\overline{AB}=\overline{BC}$ 또는 $\overline{AC}\perp\overline{BD}$

$\angle A=90°$ 또는 $\overline{AC}=\overline{BD}$

참고 평행사변형이 직사각형이 되는 조건과 마름모가 되는 조건을 모두 만족시키면 정사각형이 된다.

정답과 해설 • 22쪽

● **정사각형의 뜻과 성질** 중요

[103~105] 다음 그림과 같은 정사각형 ABCD에서 x, y의 값을 각각 구하시오. (단, 점 O는 두 대각선의 교점이고, 점 E는 대각선 BD 위의 점이다.)

103
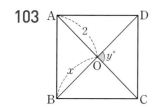

104
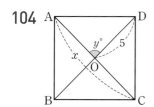

105
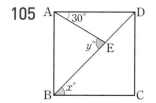

[106~108] 다음 그림과 같은 정사각형 ABCD에서 $\angle x$의 크기를 구하시오. (단, 점 E는 대각선 위의 점이다.)

106
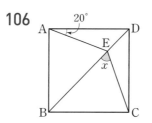

❶ △AED와 △CED에서 → 합동인 삼각형 찾기
$\overline{AD}=$ ☐ ,
$\angle ADE=\angle CDE=$ ☐ ,
$\overline{DE}$는 공통이므로
△AED≡ ☐ (☐ 합동)
∴ $\angle DCE=\angle$ ☐ $=$ ☐
❷ 따라서 △CED에서
$\angle x=\angle CDE+\angle DCE=$ ☐ $+$ ☐ $=$ ☐

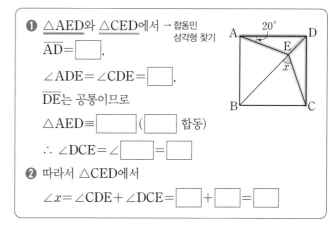

107
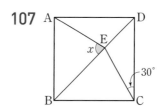

108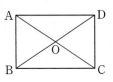

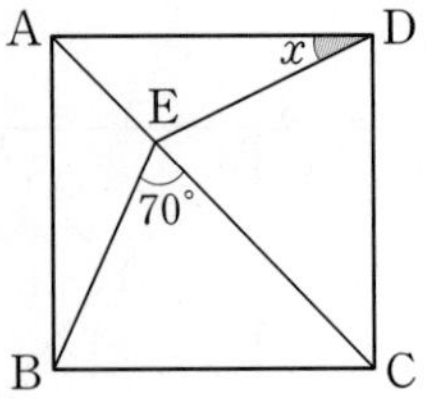

● 정사각형이 되는 조건

[109~113] 다음 중 오른쪽 그림과 같은 직사각형 ABCD가 정사각형이 되는 것은 ○표, 되지 <u>않는</u> 것은 ×표를 ( ) 안에 쓰시오.

(단, 점 O는 두 대각선의 교점이다.)

109 $\overline{AB}=\overline{AD}$ ( )

110 $\overline{OA}=\overline{OB}$ ( )

111 ∠AOB=90° ( )

112 $\overline{AC}=\overline{BD}$ ( )

113 ∠AOD=∠DOC ( )

[114~117] 다음 중 오른쪽 그림과 같은 마름모 ABCD가 정사각형이 되는 것은 ○표, 되지 <u>않는</u> 것은 ×표를 ( ) 안에 쓰시오.

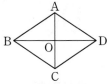

(단, 점 O는 두 대각선의 교점이다.)

114 $\overline{AB}=\overline{BC}$ ( )

115 ∠BAD=∠ABC ( )

116 $\overline{OA}=\overline{OD}$ ( )

117 ∠BAC=∠DAC ( )

[118~122] 다음 중 오른쪽 그림과 같은 평행사변형 ABCD가 정사각형이 되는 것은 ○표, 되지 <u>않는</u> 것은 ×표를 ( ) 안에 쓰시오.

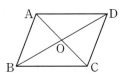

(단, 점 O는 두 대각선의 교점이다.)

118 $\overline{AB}=\overline{BC}$, $\overline{AC}=\overline{BD}$ ( )

119 $\overline{AC}=\overline{BD}$, $\overline{AC}\perp\overline{BD}$ ( )

120 $\overline{AB}=\overline{AD}$, ∠AOD=90° ( )

121 ∠ABC=90°, $\overline{AC}=\overline{BD}$ ( )

122 ∠ABC=∠BCD, $\overline{AC}\perp\overline{BD}$ ( )

07

등변사다리꼴

(1) **사다리꼴**: 한 쌍의 대변이 평행한 사각형

(2) **등변사다리꼴**: 아랫변의 양 끝 각의 크기가 같은 사다리꼴

　　➡ ∠B=∠C

(3) **등변사다리꼴의 성질**

　① 평행하지 않은 한 쌍의 대변의 길이가 같다. ➡ $\overline{AB}=\overline{DC}$

　② 두 대각선의 길이가 같다. ➡ $\overline{AC}=\overline{BD}$

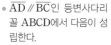
- $\overline{AD}/\!/\overline{BC}$인 등변사다리꼴 ABCD에서 다음이 성립한다.
  ① ∠A=∠D, ∠B=∠C
  ② ∠A+∠B=180°, ∠C+∠D=180°
  ③ $\overline{OA}=\overline{OD}$, $\overline{OB}=\overline{OC}$
  ④ △ABC≡△DCB, △ABD≡△DCA

정답과 해설 • **23**쪽

● 등변사다리꼴의 뜻과 성질　　[중요]

[123~126] 다음 그림과 같이 $\overline{AD}/\!/\overline{BC}$인 등변사다리꼴 ABCD에서 x의 값을 구하시오. (단, 점 O는 두 대각선의 교점이다.)

123

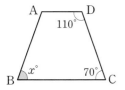

124

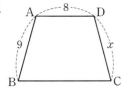

125

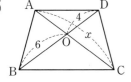

126

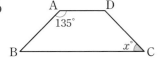

[127~129] 다음 그림과 같이 $\overline{AD}/\!/\overline{BC}$인 등변사다리꼴 ABCD에서 ∠$x$의 크기를 구하시오.

127

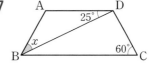

$\overline{AD}/\!/\overline{BC}$이므로 ∠DBC=∠ADB=□ (엇각)

∠ABC=∠C=□ 이므로

∠x=∠ABC−∠DBC

　= □ − □ = □

128

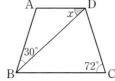

129

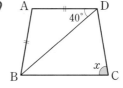

$\overline{AD} /\!/ \overline{BC}$인 등변사다리꼴 ABCD에서 다음이 성립한다.

(1) 두 점 A, D에서 수선을 그으면

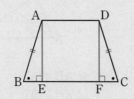

△ABE와 △DCF에서

∠AEB=∠DFC=90°

□ABCD는 등변사다리꼴이므로

$\overline{AB}=\overline{DC}$, ∠B=∠C

∴ △ABE≡△DCF(RHA 합동)

(2) $\overline{AB}$와 평행한 직선을 그으면

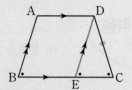

□ABED는 평행사변형이므로 $\overline{AB}=\overline{DE}$

□ABCD는 등변사다리꼴이므로 ∠B=∠C

$\overline{AB} /\!/ \overline{DE}$이므로 ∠B=∠DEC(동위각)

∴ ∠C=∠DEC

따라서 △DEC는 이등변삼각형이다.

정답과 해설 • **23**쪽

● **등변사다리꼴의 성질의 응용** 〔중요〕

[130~132] 다음 그림과 같이 $\overline{AD} /\!/ \overline{BC}$인 등변사다리꼴 ABCD 에서 x의 값을 구하시오.

130

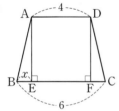

131

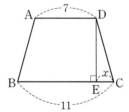

132

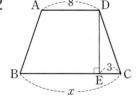

[133~135] 다음 그림과 같이 $\overline{AD} /\!/ \overline{BC}$인 등변사다리꼴 ABCD 에서 x의 값을 구하시오.

133

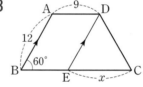

134

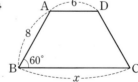

135

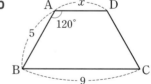

09

여러 가지 사각형 사이의 관계

(1) 여러 가지 사각형 사이의 관계

① 한 쌍의 대변이 평행하다.
② 다른 한 쌍의 대변이 평행하다.
③ 한 내각이 직각이거나 두 대각선의 길이가 같다.
④ 이웃하는 두 변의 길이가 같거나 두 대각선이 직교한다.

(2) 여러 가지 사각형의 대각선의 성질

대각선의 성질 \ 사각형의 종류	등변사다리꼴	평행사변형	직사각형	마름모	정사각형
두 대각선이 서로 다른 것을 이등분한다.	×	○	○	○	○
두 대각선의 길이가 같다.	○	×	○	×	○
두 대각선이 서로 수직이다.	×	×	×	○	○

정답과 해설 • **23**쪽

● **여러 가지 사각형 사이의 관계** 〔중요〕

136 다음 그림과 같이 어떤 사각형에 변 또는 각의 크기에 대한 조건을 추가하면 다른 모양의 사각형이 된다. ①~⑤에 알맞은 조건을 각각 보기에서 고르시오.

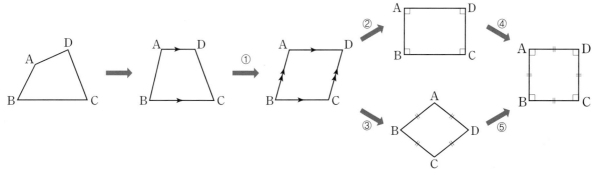

┌ 보기 ┐
ㄱ. $\overline{AB}=\overline{BC}$ ㄴ. $\angle A=90°$ ㄷ. $\overline{AB}\,/\!/\,\overline{DC}$ ㄹ. $\overline{AD}\,/\!/\,\overline{BC}$

[137~144] 오른쪽 그림과 같은 평행사변형 ABCD가 다음 조건을 만족시키면 어떤 사각형이 되는지 말하시오. (단, 점 O는 두 대각선의 교점이다.)

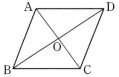

137 ∠ABC=90°

138 $\overline{AB}=\overline{AD}$

139 $\overline{AC}=\overline{BD}$

140 $\overline{AC}\perp\overline{BD}$

141 $\overline{OB}=\overline{OC}$

142 $\overline{AC}=\overline{BD}$, ∠AOB=90°

143 ∠BAD=90°, $\overline{AC}\perp\overline{BD}$

144 $\overline{AB}=\overline{BC}$, ∠BCD=∠CDA

[145~150] 다음 설명 중 옳은 것은 ○표, 옳지 않은 것은 ✕표를 ( ) 안에 쓰시오.

145 평행사변형은 사다리꼴이다. ( )

146 직사각형은 평행사변형이다. ( )

147 직사각형은 정사각형이다. ( )

148 마름모는 직사각형이다. ( )

149 정사각형은 마름모이다. ( )

150 정사각형은 직사각형이다. ( )

[151~153] 다음 성질을 만족시키는 사각형을 보기에서 모두 고르시오.

┌ 보기 ┐
ㄱ. 평행사변형 ㄴ. 사다리꼴 ㄷ. 직사각형
ㄹ. 마름모 ㅁ. 정사각형 ㅂ. 등변사다리꼴

151 두 대각선의 길이가 같은 사각형

152 두 대각선이 서로 다른 것을 이등분하는 사각형

153 두 대각선이 서로 다른 것을 수직이등분하는 사각형

10

평행선과 삼각형의 넓이

두 직선 l, m이 서로 평행할 때, $\triangle ABC$와 $\triangle A'BC$는 밑변 BC가 공통이고 높이가 h로 같으므로 넓이가 서로 같다.

➡ $l /\!/ m$이면 $\triangle ABC = \triangle A'BC$

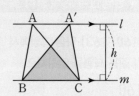

참고 오른쪽 그림과 같은 □ABCD에서 점 D를 지나고 $\overline{AC}$에 평행한 직선을 그어 $\overline{BC}$의 연장선과 만나는 점을 P라 하면
$\triangle ACD = \triangle ACP$이므로
$\square ABCD = \triangle ABC + \underline{\triangle ACD}$
$\qquad\qquad = \triangle ABC + \underline{\triangle ACP} = \triangle ABP$

정답과 해설 • 24쪽

● 평행선과 삼각형의 넓이 (1) 중요

[154~156] 다음 그림과 같이 $\overline{AD} /\!/ \overline{BC}$인 사다리꼴 ABCD에서 두 대각선의 교점을 O라 할 때, 색칠한 삼각형과 넓이가 같은 삼각형을 말하시오.

154

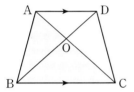

155

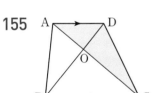

156

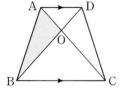

[157~159] 다음 그림과 같이 $\overline{AD} /\!/ \overline{BC}$인 사다리꼴 ABCD에서 두 대각선의 교점을 O라 할 때, 색칠한 부분의 넓이를 구하시오.

157 $\triangle ABC = 10\,cm^2$, $\triangle OBC = 6\,cm^2$일 때

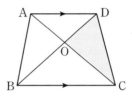

158 $\triangle ACD = 9\,cm^2$, $\triangle ABO = 6\,cm^2$일 때

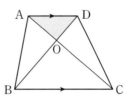

159 $\triangle ABC = 16\,cm^2$, $\triangle DOC = 7\,cm^2$일 때

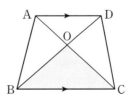

● 평행선과 삼각형의 넓이 (2) 중요

[160~163] 다음 그림에서 $\overline{AC}\ /\!/\ \overline{DE}$일 때, 색칠한 부분과 넓이가 같은 도형을 말하시오.

160

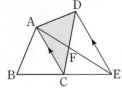

161

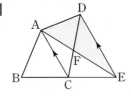

162

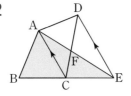

➡ △ABE＝△ABC＋△ACE

＝△ABC＋□＝□

163

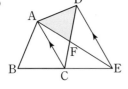

[164~166] 다음 그림에서 $\overline{AC}\ /\!/\ \overline{DE}$일 때, 색칠한 부분의 넓이를 구하시오.

164 △ABC＝20 cm², △ACE＝10 cm²일 때

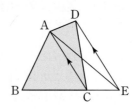

165 □ABCD＝16 cm², △ABC＝10 cm²일 때

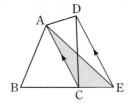

166 □ABCD＝50 cm², △ACE＝20 cm²일 때

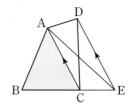

학교 시험 문제는 이렇게

167 오른쪽 그림에서 $\overline{AE}\ /\!/\ \overline{DB}$, $\overline{DH} \perp \overline{EC}$이고 $\overline{DH}＝6\,cm$, $\overline{EB}＝3\,cm$, $\overline{BC}＝5\,cm$일 때, □ABCD의 넓이를 구하시오.

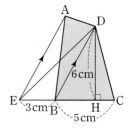

○ 유클리드의 방법

다음 그림과 같이 직각삼각형 ABC의 세 변을 각각 한 변으로 하는 세 정사각형을 그리면

$\triangle ACE = \triangle ABE = \triangle AFC = \triangle AFL$ 이므로

$\square ACDE = \square AFML$

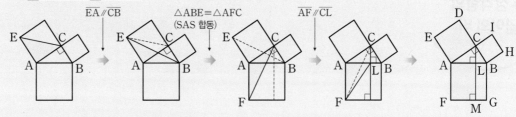

$\overline{EA} /\!/ \overline{CB}$ 　　　　$\triangle ABE \equiv \triangle AFC$ (SAS 합동) 　　　　$\overline{AF} /\!/ \overline{CL}$

같은 방법으로 하면 $\square BHIC = \square LMGB$

따라서 $\square ACDE + \square BHIC = \square AFGB$ 이므로 $\overline{AC}^2 + \overline{BC}^2 = \overline{AB}^2$

정답과 해설 • 24쪽

● 평행선과 넓이를 이용하여 피타고라스 정리가 성립함을 설명하기 　중요

[168~173] 오른쪽 그림은 $\angle C = 90°$ 인 직각삼각형 ABC의 각 변을 한 변으로 하는 세 정사각형을 그린 것이다. 다음 중 $\triangle ABH$와 넓이가 같은 것은 ○표, 넓이가 <u>다른</u> 것은 ×표를 ( ) 안에 쓰시오.

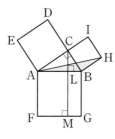

168 $\triangle BHC$ 　　　　　　　　(　　　)

169 $\triangle GBC$ 　　　　　　　　(　　　)

170 $\triangle CMG$ 　　　　　　　　(　　　)

171 $\triangle BMG$ 　　　　　　　　(　　　)

172 $\dfrac{1}{2}\square AFML$ 　　　　　　(　　　)

173 $\square LMGB$ 　　　　　　　　(　　　)

[174~176] 다음 그림은 $\angle A = 90°$인 직각삼각형 ABC의 각 변을 한 변으로 하는 세 정사각형을 그린 것이다. 이때 색칠한 부분의 넓이를 구하시오.

174

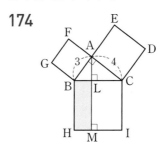

175

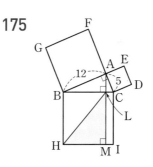

176

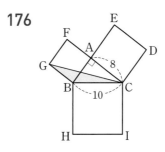

12

높이가 같은 두 삼각형의 넓이의 비

높이가 같은 두 삼각형의 넓이의 비는 밑변의 길이의 비와 같다.

➡ $\overline{BC} : \overline{CD} = m : n$이면 $\triangle ABC : \triangle ACD = m : n$

└ $\triangle ABC = \frac{m}{m+n} \times \triangle ABD$, $\triangle ACD = \frac{n}{m+n} \times \triangle ABD$

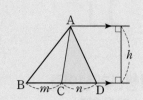

정답과 해설 • 25쪽

● 높이가 같은 두 삼각형의 넓이의 비

[177~179] 다음 그림에서 $\triangle ABC = 60 \, cm^2$일 때, 색칠한 부분의 넓이를 구하시오.

177 $\overline{BD} : \overline{DC} = 3 : 1$일 때

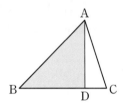

$\triangle ABD : \triangle ADC = \boxed{} : \boxed{}$이므로

$\triangle ABD = \boxed{} \triangle ABC = \boxed{} (cm^2)$

178 $\overline{BD} : \overline{DC} = 2 : 3$일 때

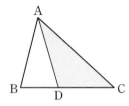

179 $\overline{BD} = \overline{DC}$, $\overline{AE} : \overline{ED} = 2 : 1$일 때

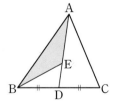

[180~182] 다음 그림과 같이 $\overline{AD} /\!/ \overline{BC}$인 사다리꼴 ABCD에서 두 대각선의 교점을 O라 할 때, 색칠한 부분의 넓이를 구하시오.

180 $\triangle ACD = 36 \, cm^2$, $\overline{BO} : \overline{OD} = 2 : 1$일 때

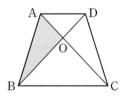

❶ $\triangle ABD = \triangle \boxed{} = \boxed{} cm^2$

❷ $\triangle ABO : \triangle AOD = \boxed{} : \boxed{}$이므로

$\triangle ABO = \boxed{} \triangle ABD = \boxed{} (cm^2)$

181 $\triangle ABD = 28 \, cm^2$, $\overline{AO} : \overline{OC} = 3 : 4$일 때

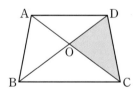

182 $\triangle DBC = 56 \, cm^2$, $\overline{AO} : \overline{OC} = 1 : 3$일 때

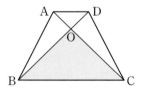

1 다음 그림과 같은 평행사변형 ABCD에서 x, y의 값을 각각 구하시오. (단, 점 O는 두 대각선의 교점이다.)

(1)
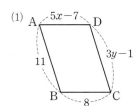

(2)
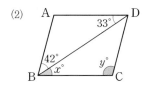

(3)
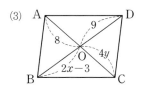

2 다음 그림과 같은 평행사변형 ABCD에서 $\angle x$의 크기를 구하시오.

(1) $\angle A : \angle B = 7 : 3$일 때
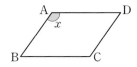

(2) $\angle B : \angle C = 3 : 2$일 때
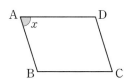

3 □ABCD가 다음 조건을 만족시킬 때, 평행사변형이 되는 것은 ○표, 되지 <u>않는</u> 것은 ╳표를 (   ) 안에 쓰시오.
(단, 점 O는 두 대각선의 교점이다.)

(1) $\angle A = 115°$, $\angle B = 65°$, $\angle C = 115°$ (   )

(2) $\overline{AB} = 7$, $\overline{BC} = 7$, $\overline{DC} = 8$, $\overline{AD} = 8$ (   )

(3) $\angle A = 80°$, $\angle B = 100°$, $\overline{AD} = 9$, $\overline{BC} = 9$ (   )

(4) $\overline{OA} = 4$, $\overline{OB} = 5$, $\overline{OC} = 4$, $\overline{OD} = 5$ (   )

4 아래 그림과 같은 평행사변형 ABCD의 내부의 한 점 P에 대하여 도형의 넓이가 다음과 같이 주어질 때, 색칠한 부분의 넓이를 구하시오.

(1) □ABCD $= 48\,\text{cm}^2$
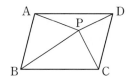

(2) □ABCD $= 56\,\text{cm}^2$, △PCD $= 10\,\text{cm}^2$
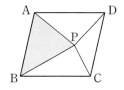

(3) △PAB $= 11\,\text{cm}^2$, △PCD $= 16\,\text{cm}^2$
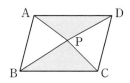

(4) △PAB $= 12\,\text{cm}^2$, △PDA $= 15\,\text{cm}^2$, △PCD $= 25\,\text{cm}^2$
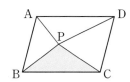

5 다음 그림과 같은 직사각형 ABCD에서 두 대각선의 교점을 O라 할 때, x, y의 값을 각각 구하시오.

(1)
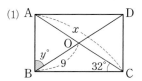

(2)
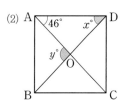

6 다음 그림과 같은 마름모 ABCD에서 x, y의 값을 각각 구하시오. (단, 점 O는 두 대각선의 교점이다.)

(1)

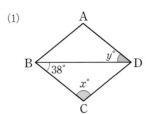

(2)

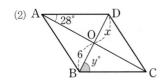

7 다음 그림과 같은 정사각형 ABCD에서 두 대각선의 교점을 O라 할 때, x, y의 값을 각각 구하시오.

(1)

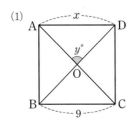

(2)

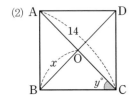

8 다음 그림과 같이 $\overline{AD}\,/\!/\,\overline{BC}$인 등변사다리꼴 ABCD에서 x의 값을 구하시오. (단, 점 O는 두 대각선의 교점이다.)

(1)

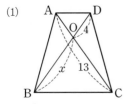

(2)

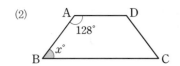

9 다음 그림과 같이 $\overline{AD}\,/\!/\,\overline{BC}$인 사다리꼴 ABCD에서 두 대각선의 교점을 O라 할 때, 색칠한 부분의 넓이를 구하시오.

(1) $\triangle DOC = 10\,cm^2$, $\triangle OBC = 14\,cm^2$일 때

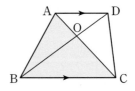

(2) $\triangle ACD = 15\,cm^2$, $\triangle AOD = 4\,cm^2$일 때

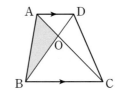

(3) $\triangle DBC = 30\,cm^2$, $\triangle ABO = 12\,cm^2$일 때

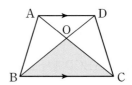

10 다음 그림에서 $\overline{AC}\,/\!/\,\overline{DE}$일 때, 색칠한 부분과 넓이가 같은 삼각형을 말하시오.

(1)

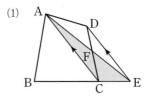

(2)

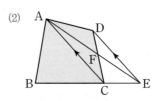

(3)

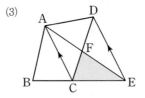

1 오른쪽 그림과 같은 평행사변형 ABCD에서 ∠AOB=65°, ∠ACB=35°일 때, ∠ADB의 크기를 구하시오.

(단, 점 O는 두 대각선의 교점이다.)

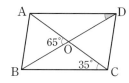

2 오른쪽 그림과 같은 평행사변형 ABCD에서 ∠A의 이등분선이 $\overline{BC}$와 만나는 점을 E라 하자. ∠AEB=55°일 때, ∠D의 크기는?

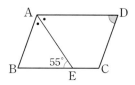

① 55°　　② 60°　　③ 65°

④ 70°　　⑤ 75°

3 오른쪽 그림과 같은 평행사변형 ABCD에서 ∠D의 이등분선이 $\overline{AB}$의 연장선과 만나는 점을 E라 하자. $\overline{AD}$=12 cm, $\overline{CD}$=9 cm일 때, $\overline{BE}$의 길이는?

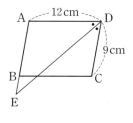

① 2 cm　　② $\frac{5}{2}$ cm　　③ 3 cm

④ $\frac{7}{2}$ cm　　⑤ 4 cm

4 오른쪽 그림과 같은 평행사변형 ABCD에서 ∠A : ∠D=3 : 2일 때, ∠B의 크기는?

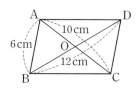

① 64°　　② 68°　　③ 72°

④ 76°　　⑤ 80°

5 오른쪽 그림과 같은 평행사변형 ABCD에서 두 대각선의 교점을 O라 할 때, △ABO의 둘레의 길이를 구하시오.

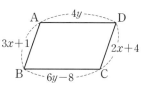

6 오른쪽 그림과 같은 □ABCD가 평행사변형이 되도록 하는 x, y의 값에 대하여 x+y의 값은?

① 7　　② 8　　③ 9

④ 10　　⑤ 11

7 오른쪽 그림과 같은 평행 사변형 ABCD의 내부의 한 점 P에 대하여 △PAB=30 cm²일 때, △PCD의 넓이는?

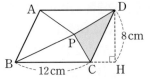

① 18 cm²　　② 20 cm²　　③ 22 cm²

④ 24 cm²　　⑤ 26 cm²

8 오른쪽 그림과 같은 직사각형 ABCD에서 두 대각선의 교점을 O라 하자. $\overline{OD}$=6 cm, ∠ACB=43°일 때, $x-y$의 값을 구하시오.

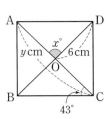

9 다음 중 오른쪽 그림과 같은 평행 사변형 ABCD가 직사각형이 되는 조건이 아닌 것은? (단, 점 O는 두 대각선의 교점이다.)

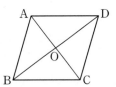

① $\overline{AC}=\overline{BD}$　　　　② $\overline{OB}=\overline{OC}$

③ ∠DAB=∠ABC　④ ∠AOD=90°

⑤ ∠OAB=∠OBA

10 오른쪽 그림과 같은 평행사변 형 ABCD에서 두 대각선의 교점을 O라 하자. $\overline{AB}$=5 cm, ∠BAC=50°, ∠BDC=40° 일 때, x, y의 값을 각각 구하 시오.

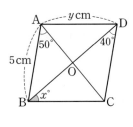

11 오른쪽 그림과 같은 정사각형 ABCD에서 두 대각선의 교점을 O라 하자. $\overline{BD}$=8 cm일 때, □ABCD의 넓이는?

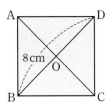

① 28 cm²　　② 30 cm²

③ 32 cm²　　④ 34 cm²

⑤ 36 cm²

12 오른쪽 그림과 같은 평행사변 형 ABCD에서 두 대각선의 교점을 O라 할 때, 다음 중 옳 은 것을 모두 고르면?

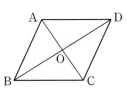

(정답 2개)

① ∠BCD=∠CDA이면 □ABCD는 마름모이다.

② $\overline{AC}\perp\overline{BD}$이면 □ABCD는 직사각형이다.

③ $\overline{AC}=\overline{BD}$이면 □ABCD는 직사각형이다.

④ $\overline{AB}=\overline{BC}$, $\overline{AC}\perp\overline{BD}$이면 □ABCD는 정사각형이다.

⑤ ∠ABC=90°, $\overline{AC}\perp\overline{BD}$이면 □ABCD는 정사각형 이다.

13 오른쪽 그림과 같이
$\overline{AD} /\!/ \overline{BC}$인 등변사다리꼴
ABCD에서 ∠D=120°,
$\overline{AD}$=8 cm, $\overline{DC}$=10 cm
일 때, □ABCD의 둘레의 길이는?

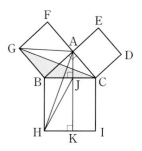

① 40 cm   ② 42 cm   ③ 44 cm

④ 46 cm   ⑤ 48 cm

14 다음 보기의 사각형 중 두 대각선의 길이가 같은 것은 a
개, 두 대각선이 서로 수직인 것은 b개일 때, $a+b$의 값
은?

┌─ 보기 ──────────────────────────┐
  ㄱ. 마름모   ㄴ. 직사각형
  ㄷ. 정사각형   ㄹ. 사다리꼴
  ㅁ. 평행사변형   ㅂ. 등변사다리꼴
└───────────────────────────────┘

① 4   ② 5   ③ 6

④ 7   ⑤ 8

15 오른쪽 그림과 같이 □ABCD
의 꼭짓점 D를 지나고, $\overline{AC}$에
평행한 직선이 $\overline{BC}$의 연장선과
만나는 점을 E라 하자.
△ABE의 넓이가 30 cm²,
△ABC의 넓이가 18 cm²일 때, △ACD의 넓이를 구하
시오.

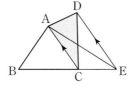

16 오른쪽 그림은 ∠A=90°인
직각삼각형 ABC의 각 변을
한 변으로 하는 세 정사각형
을 그린 것이다. $\overline{AK} \perp \overline{HI}$일
때, 다음 중 △GBC와 넓이
가 <u>다른</u> 하나는?

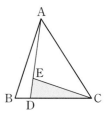

① △ABH

② △AFG

③ △AGB

④ △AHK

⑤ △BHJ

17 오른쪽 그림과 같은 △ABC에서
$\overline{BD} : \overline{DC}$=1 : 4,
$\overline{AE} : \overline{ED}$=3 : 1이다. △ABC의
넓이가 50 cm²일 때, △EDC의 넓
이를 구하시오.

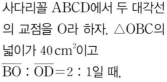

18 오른쪽 그림과 같이 $\overline{AD} /\!/ \overline{BC}$인
사다리꼴 ABCD에서 두 대각선
의 교점을 O라 하자. △OBC의
넓이가 40 cm²이고
$\overline{BO} : \overline{OD}$=2 : 1일 때,
△AOD의 넓이는?

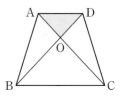

① 8 cm²   ② 9 cm²   ③ 10 cm²

④ 11 cm²   ⑤ 12 cm²

4

도형의 닮음

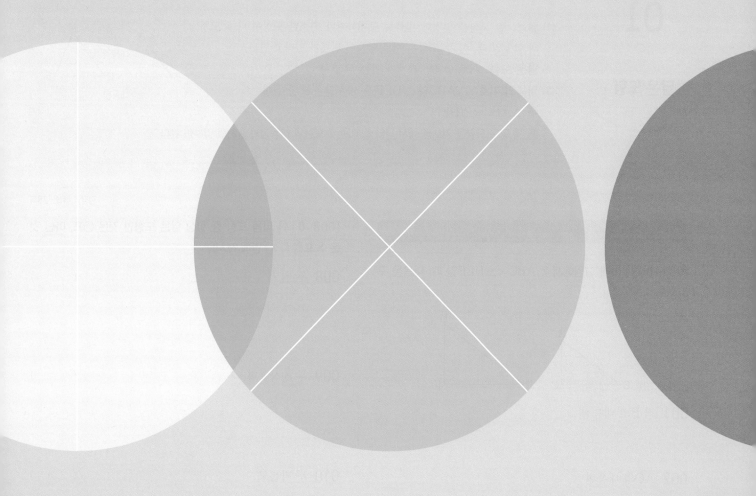

01

닮은 도형

(1) **닮음:** 한 도형을 일정한 비율로 확대하거나 축소한 도형이 다른 도형과 합동일 때, 이 두 도형은 서로 닮음인 관계가 있다고 한다.

(2) **닮은 도형:** 서로 닮음인 관계가 있는 두 도형

(3) **닮음의 기호:** △ABC와 △DEF가 서로 닮은 도형일 때
   ➡ △ABC∽△DEF

> 주의 닮은 도형을 기호를 써서 나타낼 때는 두 도형의 대응점의 순서를 맞추어 쓴다.

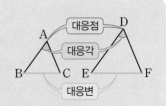

정답과 해설 · 28쪽

● 닮은 도형

[001~003] 아래 그림에서 △ABC∽△DEF일 때, 다음을 구하시오.

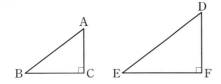

001 점 B의 대응점

002 $\overline{AC}$의 대응변

003 ∠D의 대응각

[004~007] 아래 그림에서 두 사각형은 서로 닮은 도형이다. $\overline{AB}$의 대응변이 $\overline{HG}$일 때, 다음 물음에 답하시오.

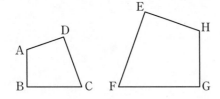

004 서로 닮은 두 도형을 기호를 사용하여 나타내시오.

005 점 C의 대응점을 말하시오.

006 $\overline{FG}$의 대응변을 말하시오.

007 ∠D의 대응각을 말하시오.

[008~014] 다음 도형 중 항상 닮은 도형인 것은 ○표, 아닌 것은 ×표를 ( ) 안에 쓰시오.

008 두 원 ( )

009 두 정삼각형 ( )

010 두 마름모 ( )

011 두 직각삼각형 ( )

012 두 부채꼴 ( )

013 두 구 ( )

014 두 정육면체 ( )

84 • Ⅱ. 도형의 닮음

(1) 서로 닮은 두 평면도형에서

① 대응변의 길이의 비는 일정하다.

➡ $\overline{AB} : \overline{A'B'} = \overline{BC} : \overline{B'C'} = \overline{AC} : \overline{A'C'}$

② 대응각의 크기는 각각 같다.

➡ $\angle A = \angle A'$, $\angle B = \angle B'$, $\angle C = \angle C'$

(2) 닮음비: 서로 닮은 두 평면도형에서 대응변의 길이의 비

참고 • 닮음비는 가장 간단한 자연수의 비로 나타낸다.

• 닮음비가 $1 : 1$인 두 도형은 합동이다.

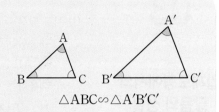

$\triangle ABC \backsim \triangle A'B'C'$

정답과 해설 • 28쪽

● 평면도형에서의 닮음의 성질 중요

[015~018] 아래 그림에서 □ABCD∽□EFGH일 때, 다음을 구하시오.

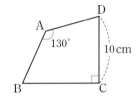

015 □ABCD와 □EFGH의 닮음비

016 $\overline{AB}$의 길이

017 $\angle B$의 크기

018 $\angle H$의 크기

[019~021] 아래 그림에서 △ABC∽△DEF이고 △ABC와 △DEF의 닮음비가 $3 : 4$일 때, 다음을 구하시오.

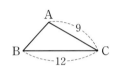

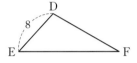

019 $\overline{AB}$의 길이

020 $\overline{DF}$의 길이

021 $\overline{EF}$의 길이

● 학교 시험 문제는 이렇게

022 다음 그림과 같은 두 평행사변형에서 □ABCD∽□EFGH이다. □ABCD와 □EFGH의 닮음비가 $4 : 5$일 때, □ABCD의 둘레의 길이를 구하시오.

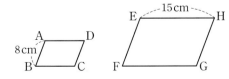

03

입체도형에서의 닮음의 성질

(1) 서로 닮은 두 입체도형에서
   ① 대응하는 모서리의 길이의 비는 일정하다.
      ➡ $\overline{AB} : \overline{A'B'} = \overline{BC} : \overline{B'C'} = \overline{CG} : \overline{C'G'} = \cdots$
   ② 대응하는 면은 서로 닮은 도형이다.
      ➡ □ABCD∽□A′B′C′D′, □BFGC∽□B′F′G′C′, ⋯

(2) **닮음비:** 서로 닮은 두 입체도형에서 대응하는 모서리의 길이의 비

   참고 닮은 두 원기둥 또는 원뿔에서
   (닮음비)=(높이의 비)=(밑면의 반지름의 길이의 비)
   　　　　=(밑면의 둘레의 길이의 비)=(모선의 길이의 비)

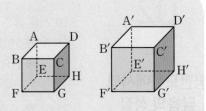

정답과 해설 • **28**쪽

● **입체도형에서의 닮음의 성질** 　중요

[023~026] 아래 그림에서 두 삼각기둥은 서로 닮은 도형이고
△ABC∽△GHI일 때, 다음을 구하시오.

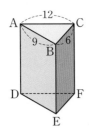 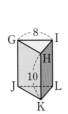

023 면 ADEB에 대응하는 면

024 두 삼각기둥의 닮음비

025 $\overline{BE}$의 길이

026 $\overline{HI}$의 길이

[027~029] 아래 그림에서 두 원기둥 A와 B가 서로 닮은 도형일 때, 다음을 구하시오.

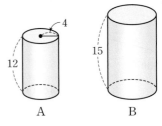

027 두 원기둥 A와 B의 닮음비

028 원기둥 B의 밑면의 반지름의 길이

029 원기둥 B의 밑면의 둘레의 길이

　학교 시험 문제는 이렇게

030 다음 그림에서 두 원뿔이 서로 닮은 도형일 때, 작은 원뿔의 밑면의 넓이를 구하시오.

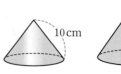 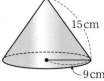

04

서로 닮은 두 평면도형에서의 비

정답과 해설 · **29**쪽

서로 닮은 두 평면도형의 닮음비가 $m : n$일 때

(1) 둘레의 길이의 비 ➡ $m : n$ → 닮음비와 같다.

(2) 넓이의 비 ➡ $m^2 : n^2$

⑩ 오른쪽 그림과 같은 두 정사각형에서

① 닮음비는 2 : 3

② 둘레의 길이의 비는 $(4 \times 2) : (4 \times 3) = 2 : 3$

③ 넓이의 비는 $2^2 : 3^2 = 4 : 9$

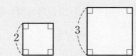

● **서로 닮은 두 평면도형에서의 비** 〈중요〉

[031~034] 아래 그림에서 △ABC∽△DEF일 때, 다음을 구하시오.

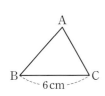 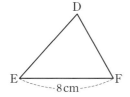

031 △ABC와 △DEF의 닮음비

032 △ABC와 △DEF의 둘레의 길이의 비

033 △ABC와 △DEF의 넓이의 비

034 △ABC의 둘레의 길이가 18 cm일 때, △DEF의 둘레의 길이

[035~038] 아래 그림에서 □ABCD∽□EFGH일 때, 다음을 구하시오.

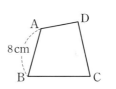 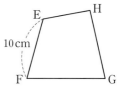

035 □ABCD와 □EFGH의 닮음비

036 □ABCD와 □EFGH의 둘레의 길이의 비

037 □ABCD와 □EFGH의 넓이의 비

038 □ABCD의 넓이가 64 cm²일 때, □EFGH의 넓이

05

서로 닮은 두 입체도형에서의 비

서로 닮은 두 입체도형의 닮음비가 $m : n$일 때
(1) 겉넓이의 비 ➡ $m^2 : n^2$
(2) 부피의 비 ➡ $m^3 : n^3$
예 오른쪽 그림과 같은 두 정육면체에서
① 닮음비는 $2 : 3$
② 겉넓이의 비는 $(6 \times 2^2) : (6 \times 3^2) = 4 : 9$
③ 부피의 비는 $2^3 : 3^3 = 8 : 27$

정답과 해설 • **29**쪽

● 서로 닮은 두 입체도형에서의 비　　중요

[039~042] 아래 그림에서 두 삼각뿔 ㈎와 ㈏는 서로 닮은 도형이고, △ABC와 △A′B′C′이 서로 대응하는 면일 때, 다음을 구하시오.

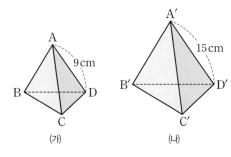

039 두 삼각뿔 ㈎와 ㈏의 닮음비

040 $\overline{BD}$와 $\overline{B'D'}$의 길이의 비

041 두 삼각뿔 ㈎와 ㈏의 겉넓이의 비

042 두 삼각뿔 ㈎와 ㈏의 부피의 비

[043~046] 아래 그림에서 두 원기둥 A와 B가 서로 닮은 도형일 때, 다음을 구하시오.

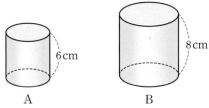

043 두 원기둥 A와 B의 닮음비

044 두 원기둥 A와 B의 밑면의 둘레의 길이의 비

045 두 원기둥 A와 B의 겉넓이의 비

046 두 원기둥 A와 B의 부피의 비

[047~049] 아래 그림에서 두 원뿔 A와 B가 서로 닮은 도형일 때, 다음을 구하시오.

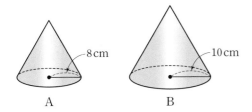

A   B

047 두 원뿔 A와 B의 닮음비

048 두 원뿔 A와 B의 겉넓이의 비

049 원뿔 A의 겉넓이가 $192\pi\,\mathrm{cm}^2$일 때, 원뿔 B의 겉넓이

[050~053] 아래 그림에서 두 직육면체 ㈎와 ㈏는 서로 닮은 도형이고 □ABCD에 대응하는 면이 □A′B′C′D′일 때, 다음을 구하시오.

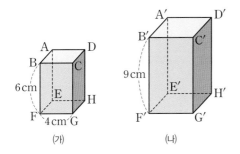

㈎   ㈏

050 두 직육면체 ㈎와 ㈏의 닮음비

051 $\overline{F'G'}$의 길이

052 두 직육면체 ㈎와 ㈏의 부피의 비

053 직육면체 ㈏의 부피가 $162\,\mathrm{cm}^3$일 때, 직육면체 ㈎의 부피

[054~057] 다음을 구하시오.

054 서로 닮은 두 오각기둥 A, B의 겉넓이의 비가 16 : 9일 때, 두 오각기둥 A, B의 닮음비

055 서로 닮은 두 원기둥 A, B의 옆넓이의 비가 25 : 49일 때, 두 원기둥 A, B의 닮음비

056 두 구 A, B의 부피의 비가 1 : 8일 때, 두 구 A, B의 닮음비

057 서로 닮은 두 정사면체 A, B의 부피의 비가 27 : 64일 때, 두 정사면체 A, B의 닮음비

> **학교 시험 문제는 이렇게**

058 오른쪽 그림에서 서로 닮은 두 삼각기둥 A, B의 겉넓이의 비가 25 : 9일 때, 두 삼각기둥 A, B의 부피의 비는?

A   B

① 9 : 4   ② 64 : 27

③ 75 : 27   ④ 125 : 27

⑤ 125 : 81

06

삼각형의 닮음 조건

두 삼각형은 다음의 각 경우에 서로 닮음이다.

(1) 세 쌍의 대응변의 길이의 비가 같을 때(SSS 닮음)

➡ $a : a' = b : b' = c : c'$

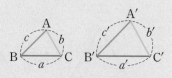

(2) 두 쌍의 대응변의 길이의 비가 같고, 그 끼인각의 크기가 같을 때
(SAS 닮음)

➡ $a : a' = c : c'$, $\angle B = \angle B'$

(3) 두 쌍의 대응각의 크기가 각각 같을 때(AA 닮음)

➡ $\angle B = \angle B'$, $\angle C = \angle C'$

참고 두 쌍의 대응각의 크기가 각각 같으면 나머지 한 쌍의 대응각의 크기도 같다.

정답과 해설 • **30**쪽

● 삼각형의 닮음 조건

[059~061] 다음 그림에서 두 삼각형은 서로 닮은 도형이다. 닮음이 잘 보이도록 △ABC와 대응변 또는 대응각의 위치를 맞추어 △DEF를 그리고, ☐ 안에 알맞은 것을 쓰시오.

059

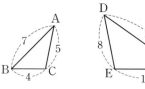

$\overline{AB} : \overline{FD} = 7 : 14 = \boxed{} : \boxed{}$

$\overline{BC} : \overline{DE} = 4 : 8 = \boxed{} : \boxed{}$

$\overline{AC} : \boxed{} = 5 : \boxed{} = \boxed{} : \boxed{}$

∴ △ABC∽$\boxed{}$ ($\boxed{}$ 닮음)

060

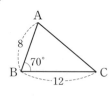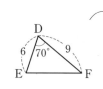

$\overline{AB} : \boxed{} = 8 : \boxed{} = \boxed{} : \boxed{}$

$\boxed{} : \overline{DF} = \boxed{} : 9 = \boxed{} : \boxed{}$

$\angle B = \angle \boxed{} = \boxed{}$

∴ △ABC∽$\boxed{}$ ($\boxed{}$ 닮음)

061

$\angle B = \angle F = \boxed{}$

$\angle C = \angle \boxed{} = \boxed{}$

∴ △ABC∽$\boxed{}$ ($\boxed{}$ 닮음)

● 닮은 삼각형 찾기 중요

[062~064] 다음 그림과 같은 삼각형과 서로 닮음인 삼각형을 보기에서 찾아 기호 ∽를 써서 나타내고, 그때의 닮음 조건을 말하시오.

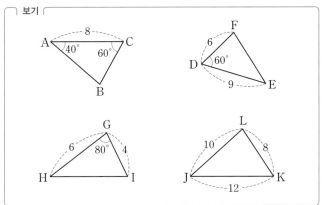

062

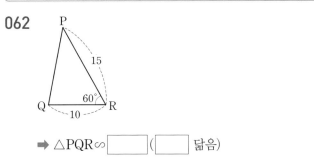

➡ △PQR∽ [ ] ([ ] 닮음)

063

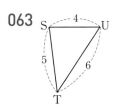

064

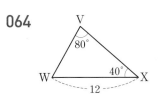

[065~068] 다음 그림에서 △ABC와 닮은 삼각형을 찾아 기호 ∽를 써서 나타내고, 그때의 닮음 조건을 말하시오.

065

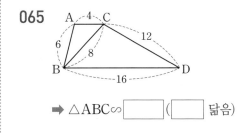

➡ △ABC∽ [ ] ([ ] 닮음)

066

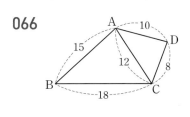

067

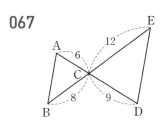

068

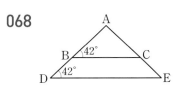

○ SAS 닮음

공통인 각을 끼인각으로 하는 두 대응변의 길이의 비가 같으면 두 삼각형은 서로 닮음이다.

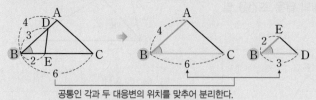

➡ △ABC와 △EBD에서
$\overline{AB} : \overline{EB} = \overline{BC} : \overline{BD} = 2 : 1$,
∠B는 공통이므로
△ABC∽△EBD (SAS 닮음)

공통인 각과 두 대응변의 위치를 맞추어 분리한다.

정답과 해설 • 30쪽

● 삼각형의 닮음을 이용하여 변의 길이 구하기 `중요`
- SAS 닮음

[069~071] 오른쪽 그림에 대하여 다음 물음에 답하시오.

069 △ABC와 닮은 삼각형을 찾아 두 삼각형을 분리한 그림을 그리고, 기호 ∽를 써서 나타내시오.

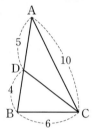

공통인 각이 ∠□ 이므로

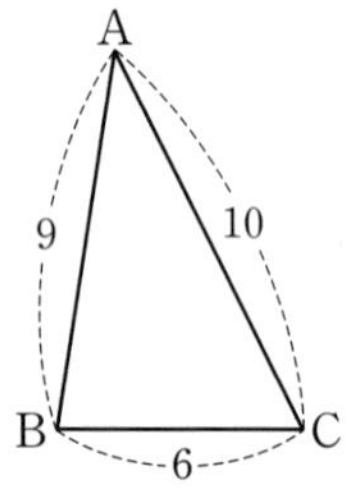

A
9   10
B ─── 6 ─── C

_____   _____

△ABC   ∽   □□□□

070 서로 닮은 두 삼각형의 닮음비를 구하시오.

071 $\overline{CD}$의 길이를 구하시오.

[072~074] 다음 그림에서 x의 값을 구하시오.

072
A
6
6   D
   x 2
B ─── 4 ─── C

073
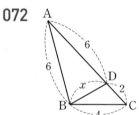

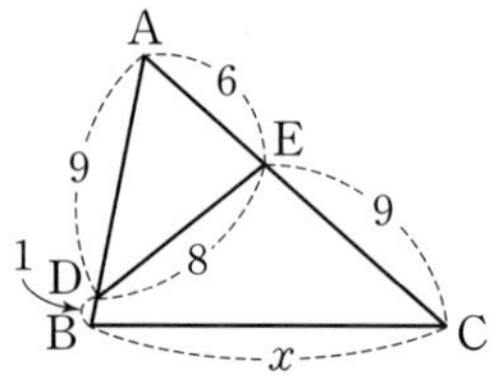

A
6   E
9   9
1 D
   8
B x C

074
A
12   9
D x
6
B   C
   8   E 1

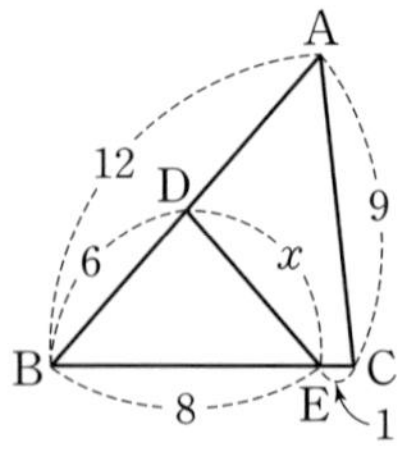

08

삼각형의 닮음 조건의 응용 (2)

○ AA 닮음

공통인 각과 다른 한 내각의 크기가 각각 같으면 두 삼각형은 서로 닮음이다.

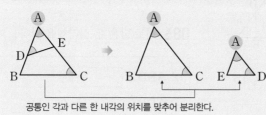

공통인 각과 다른 한 내각의 위치를 맞추어 분리한다.

➡ △ABC와 △AED에서
∠ACB=∠ADE,
∠A는 공통이므로
△ABC∽△AED(AA 닮음)

● 삼각형의 닮음을 이용하여 변의 길이 구하기 중요
- AA 닮음

[075~077] 오른쪽 그림에 대하여 다음 물음에 답하시오.

075 △ABC와 닮은 삼각형을 찾아 두 삼각형을 분리한 그림을 그리고, 기호 ∽를 써서 나타내시오.

공통인 각이 ∠ [ ] 이므로

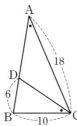

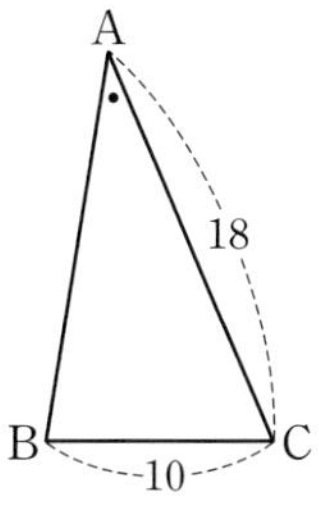

△ABC   ∽   [ ]

076 서로 닮은 두 삼각형의 닮음비를 구하시오.

077 $\overline{\text{CD}}$의 길이를 구하시오.

[078~080] 다음 그림에서 x의 값을 구하시오.

078

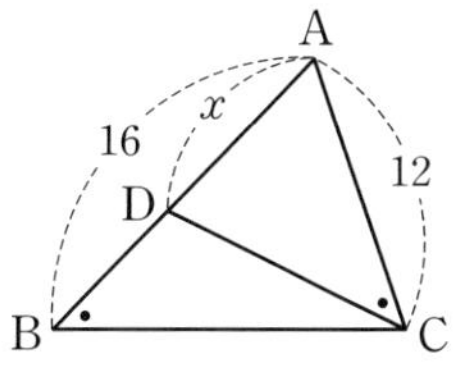

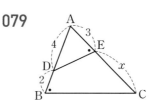

079

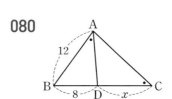

080

● **직각삼각형의 닮음**

[081~083] 오른쪽 그림과 같은 직 각삼각형 ABC에서 ∠DEC=90°일 때, 다음 물음에 답하시오.

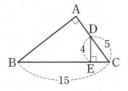

081 서로 닮은 두 삼각형을 찾아 □ 안에 알맞은 것을 쓰시오.

△ABC와 □에서

∠BAC=∠□=90°, ∠□는 공통이므로

△ABC∽□(□ 닮음)

082 서로 닮은 두 삼각형의 닮음비를 구하시오.

083 $\overline{AB}$의 길이를 구하시오.

[084~085] 다음 그림에서 x의 값을 구하시오.

084

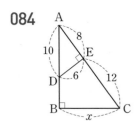

085

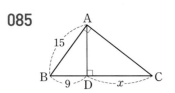

[086~088] 오른쪽 그림과 같은 △ABC에서 $\overline{AB}\perp\overline{CE}$, $\overline{AC}\perp\overline{BD}$일 때, 다음 물음에 답하시오.

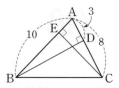

086 서로 닮은 두 삼각형을 찾아 □ 안에 알맞은 것을 쓰시오.

△ABD와 □에서

∠ADB=∠□=90°, ∠□는 공통이므로

△ABD∽□(□ 닮음)

087 서로 닮은 두 삼각형의 닮음비를 구하시오.

088 $\overline{AE}$의 길이를 구하시오.

[089~090] 다음 그림에서 x의 값을 구하시오.

089

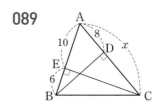

090

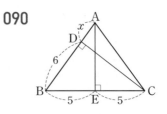

∠A=90°인 직각삼각형 ABC에서 $\overline{AD} \perp \overline{BC}$일 때

(1) △ABC∽△DBA (AA 닮음)이므로 $\overline{AB} : \overline{DB} = \overline{BC} : \overline{BA}$ ➡ $\overline{AB}^2 = \overline{BD} \times \overline{BC}$

(2) △ABC∽△DAC (AA 닮음)이므로 $\overline{AC} : \overline{DC} = \overline{BC} : \overline{AC}$ ➡ $\overline{AC}^2 = \overline{CD} \times \overline{CB}$

(3) △DBA∽△DAC (AA 닮음)이므로 $\overline{DB} : \overline{DA} = \overline{DA} : \overline{DC}$ ➡ $\overline{AD}^2 = \overline{DB} \times \overline{DC}$

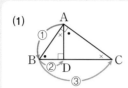 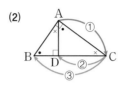 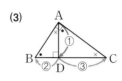

➡ ①² = ② × ③

정답과 해설 · 32쪽

● **직각삼각형의 닮음의 응용**　　　중요

[091~096] 다음 그림과 같이 ∠A=90°인 직각삼각형 ABC에서 $\overline{AD} \perp \overline{BC}$일 때, x의 값을 구하시오.

091

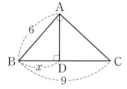

➡ $6^2 = x \times \boxed{}$

∴ $x = \boxed{}$

092

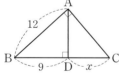

093

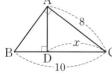

➡ $8^2 = x \times \boxed{}$

∴ $x = \boxed{}$

094

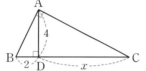

095

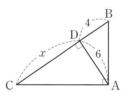

➡ $4^2 = \boxed{} \times x$

∴ $x = \boxed{}$

096

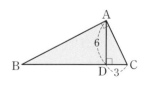

　학교 시험 문제는 이렇게

097 오른쪽 그림과 같이 ∠A=90°인 직각삼각형 ABC에서 $\overline{AD} \perp \overline{BC}$이고 $\overline{AD}=6$, $\overline{CD}=3$일 때, △ABC의 넓이를 구하시오.

1 아래 그림에서 두 삼각기둥은 서로 닮은 도형이고 △ABC에 대응하는 면이 △GHI일 때, 다음을 구하시오.

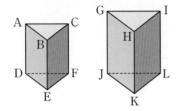

(1) 점 F의 대응점

(2) 점 K의 대응점

(3) $\overline{\text{EF}}$에 대응하는 모서리

(4) $\overline{\text{GJ}}$에 대응하는 모서리

(5) 면 JKL에 대응하는 면

(6) 면 ADFC에 대응하는 면

2 아래 그림에서 △ABC∽△DEF일 때, 다음을 구하시오.

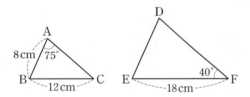

(1) △ABC와 △DEF의 닮음비

(2) $\overline{\text{DE}}$의 길이

(3) ∠D의 크기

(4) ∠B의 크기

3 아래 그림에서 두 원기둥이 서로 닮은 도형일 때, 다음을 구하시오.

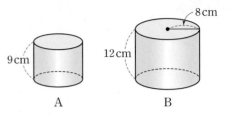

(1) 두 원기둥 A와 B의 닮음비

(2) 원기둥 A의 밑면의 반지름의 길이

(3) 원기둥 A의 밑면의 넓이

4 아래 그림에서 □ABCD∽□EFGH일 때, 다음을 구하시오.

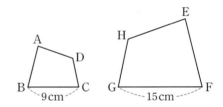

(1) □ABCD와 □EFGH의 닮음비

(2) □ABCD와 □EFGH의 둘레의 길이의 비

(3) □ABCD와 □EFGH의 넓이의 비

(4) □ABCD의 둘레의 길이가 27 cm일 때, □EFGH의 둘레의 길이

(5) □EFGH의 넓이가 100 cm²일 때, □ABCD의 넓이

5 아래 그림에서 두 사각뿔 ㈎와 ㈏는 서로 닮은 도형이고 □BCDE에 대응하는 면이 □B′C′D′E′일 때, 다음을 구하시오.

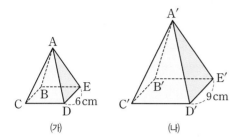

(1) 두 사각뿔 ㈎와 ㈏의 닮음비

(2) 두 사각뿔 ㈎와 ㈏의 겉넓이의 비

(3) 두 사각뿔 ㈎와 ㈏의 부피의 비

(4) 사각뿔 ㈏의 겉넓이가 $108\,\text{cm}^2$일 때, 사각뿔 ㈎의 겉넓이

(5) 사각뿔 ㈎의 부피가 $64\,\text{cm}^3$일 때, 사각뿔 ㈏의 부피

6 다음 그림의 두 삼각형이 서로 닮은 도형일 때, 기호 ∽를 써서 나타내고, 그때의 닮음 조건을 말하시오.

(1)
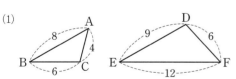

(2)
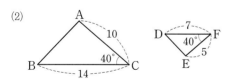

(3)
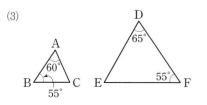

7 다음 그림에서 x의 값을 구하시오.

(1)
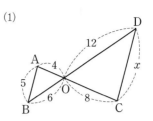

(2)
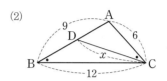

8 다음 그림과 같은 직각삼각형 ABC에서 x의 값을 구하시오.

(1)
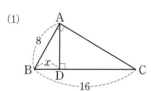

(2)
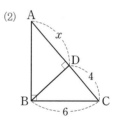

(3)
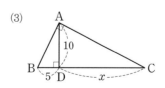

학교 시험 문제 ✕ 확인하기

1 다음 중 항상 닮은 도형이라고 할 수 <u>없는</u> 것은?

① 두 정사각형
② 두 직각이등변삼각형
③ 한 내각의 크기가 같은 두 이등변삼각형
④ 중심각의 크기가 같은 두 부채꼴
⑤ 두 정사면체

2 아래 그림에서 □ABCD∽□EFGH일 때, 다음 중 옳
지 <u>않은</u> 것은?

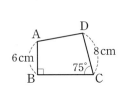 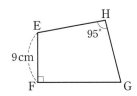

① ∠G=75°
② ∠A=100°
③ $\overline{HG}$=15 cm
④ $\overline{AD}$의 대응변은 $\overline{EH}$이다.
⑤ □ABCD와 □EFGH의 닮음비는 2 : 3이다.

3 다음 그림에서 두 직육면체는 서로 닮은 도형이고
□EFGH에 대응하는 면이 □MNOP일 때, $x+y$의 값
을 구하시오.

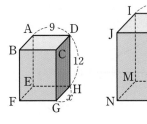

4 다음 그림에서 두 원뿔이 서로 닮은 도형일 때, 큰 원뿔의
밑면의 둘레의 길이를 구하시오.

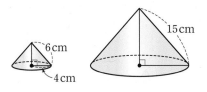

5 반지름의 길이의 비가 3 : 4인 두 원이 있다. 큰 원의 넓
이가 $32\pi\,cm^2$일 때, 작은 원의 넓이는?

① $12\pi\,cm^2$ ② $15\pi\,cm^2$ ③ $18\pi\,cm^2$
④ $21\pi\,cm^2$ ⑤ $24\pi\,cm^2$

6 다음 그림에서 두 삼각기둥은 서로 닮은 도형이고,
△ABC에 대응하는 면이 △A′B′C′이다. △A′B′C′의
넓이가 $6\,cm^2$일 때, 큰 삼각기둥의 부피는?

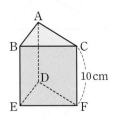

① $220\,cm^3$ ② $225\,cm^3$ ③ $230\,cm^3$
④ $235\,cm^3$ ⑤ $240\,cm^3$

7 다음 중 오른쪽 그림의 삼각형과 닮은 도형인 것은?

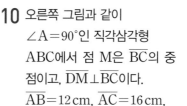

①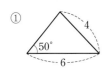

②

③

④

⑤

8 오른쪽 그림과 같은 △ABC에서 $\overline{DE}$의 길이는?

① 12

② $\dfrac{25}{2}$

③ 13

④ $\dfrac{27}{2}$

⑤ 14

9 오른쪽 그림과 같은 △ABC에서 ∠ABC=∠EDC일 때, $x+y$의 값을 구하시오.

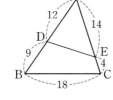

10 오른쪽 그림과 같이 ∠A=90°인 직각삼각형 ABC에서 점 M은 $\overline{BC}$의 중점이고, $\overline{DM}\perp\overline{BC}$이다. $\overline{AB}$=12 cm, $\overline{AC}$=16 cm, $\overline{BC}$=20 cm일 때, $\overline{DM}$의 길이는?

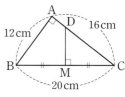

① 7 cm

② $\dfrac{15}{2}$ cm

③ 8 cm

④ $\dfrac{17}{2}$ cm

⑤ 9 cm

11 오른쪽 그림과 같이 ∠A=90°인 직각삼각형 ABC에서 $\overline{AD}\perp\overline{BC}$이고 $\overline{AD}$=6 cm, $\overline{BD}$=9 cm 일 때, △ADC의 넓이를 구하시오.

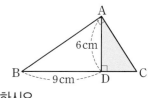

12 오른쪽 그림과 같이 키가 1.5 m인 영우가 나무로부터 4 m 떨어진 곳에 서 있다. 영우의 그림자의 길이가 2 m이고 영우의 그림자의 끝이 나무의 그림자의 끝과 일치할 때, 다음 물음에 답하시오.

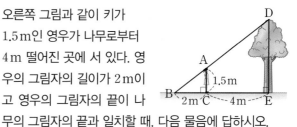

(1) 서로 닮은 두 삼각형을 찾아 기호 ∽를 써서 나타내고, 닮음 조건을 말하시오.

(2) 나무의 높이는 몇 m인지 구하시오.

5

평행선 사이의
선분의 길이의 비

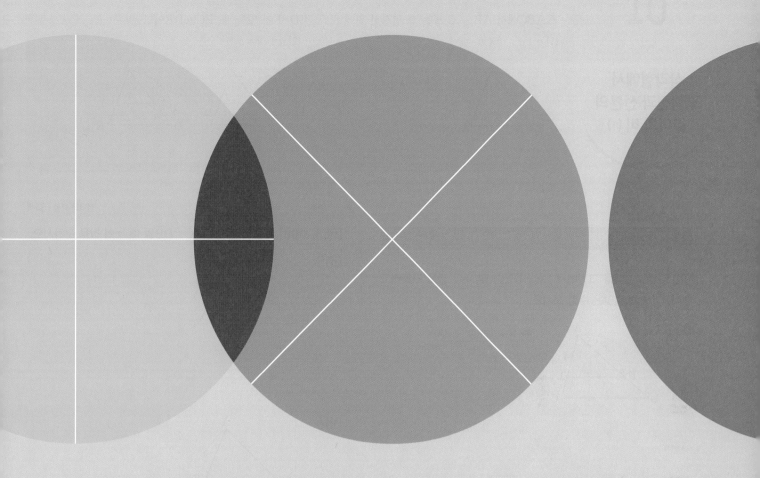

01

삼각형에서
평행선과 선분의
길이의 비 (1)

△ABC에서 $\overline{AB}$, $\overline{AC}$ 또는 그 연장선 위에 각각 점 D, E가 있을 때, $\overline{BC} /\!/ \overline{DE}$이면

(1) $a : a' = b : b' = c : c'$

(2) $a : a' = b : b'$

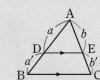

정답과 해설 • **34**쪽

● 삼각형에서 평행선과 선분의 길이의 비 (1) 〔중요〕

[001~004] 다음 그림에서 $\overline{BC} /\!/ \overline{DE}$일 때, x의 값을 구하려고 한다. □ 안에 알맞은 수를 쓰시오.

001

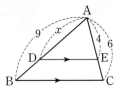

➡ $9 : x = \boxed{} : 4$

∴ $x = \boxed{}$

002

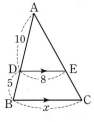

➡ $\boxed{} : 10 = x : 8$

∴ $x = \boxed{}$

003

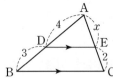

➡ $4 : 3 = x : \boxed{}$

∴ $x = \boxed{}$

004

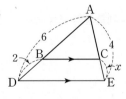

➡ $6 : \boxed{} = \boxed{} : x$

∴ $x = \boxed{}$

[005~008] 다음 그림에서 $\overline{BC} /\!/ \overline{DE}$일 때, x의 값을 구하시오.

005

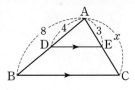

006

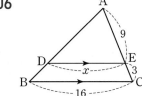

007

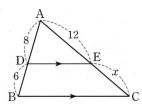

008

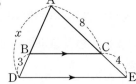

102 • Ⅱ. 도형의 닮음

02

삼각형에서 평행선과 선분의 길이의 비 (2)

△ABC에서 두 점 D, E가 각각 $\overline{AB}$, $\overline{AC}$의 연장선 위의 점일 때, $\overline{BC} /\!/ \overline{DE}$이면

(1) $a : a' = b : b' = c : c'$

(2) $a : a' = b : b'$

정답과 해설 • **34**쪽

● 삼각형에서 평행선과 선분의 길이의 비 (2)　　중요

[009~012] 다음 그림에서 $\overline{BC} /\!/ \overline{DE}$일 때, x의 값을 구하려고 한다. □ 안에 알맞은 수를 쓰시오.

009

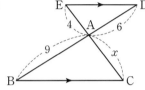

➡ $9 : \boxed{} = x : 4$

∴ $x = \boxed{}$

010

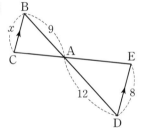

➡ $9 : 12 = x : \boxed{}$

∴ $x = \boxed{}$

011

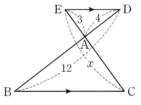

➡ $4 : \boxed{} = 3 : x$

∴ $x = \boxed{}$

012

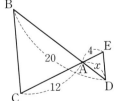

➡ $4 : \boxed{} = x : 20$

∴ $x = \boxed{}$

[013~015] 다음 그림에서 $\overline{BC} /\!/ \overline{DE}$일 때, x의 값을 구하시오.

013

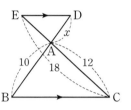

014

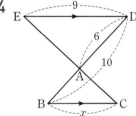

015

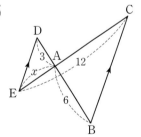

● 학교 시험 문제는 이렇게

016 오른쪽 그림에서 $\overline{BC} /\!/ \overline{DE}$일 때, △ABC의 둘레의 길이를 구하시오.

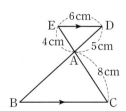

03

✕

평행선 찾기

△ABC에서 $\overline{\text{AB}}$, $\overline{\text{AC}}$ 또는 그 연장선 위에 각각 점 D, E가 있을 때,
$a : a' = b : b'$이면 $\overline{\text{BC}} /\!/ \overline{\text{DE}}$

(1)

(2)

(3)

(4)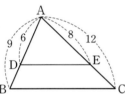

(5)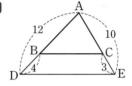

정답과 해설 • 34쪽

● 삼각형에서 평행선 찾기

[017~022] 다음 그림에서 $\overline{\text{BC}} /\!/ \overline{\text{DE}}$인 것은 ○표, 아닌 것은 ✕표를 ( ) 안에 쓰시오.

017

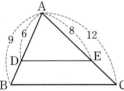

( )

018

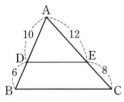

( )

019

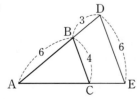

( )

020

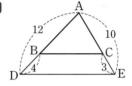

( )

021

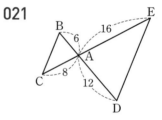

( )

022

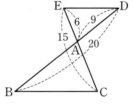

( )

04

삼각형의 각의 이등분선

(1) **삼각형의 내각의 이등분선**

△ABC에서 ∠A의 이등분선이 $\overline{BC}$와 만나는 점을 D라 하면 └ ∠BAD=∠CAD

➡ $\overline{AB} : \overline{AC} = \overline{BD} : \overline{CD}$

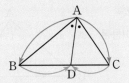

(2) **삼각형의 외각의 이등분선**

△ABC에서 ∠A의 외각의 이등분선이 $\overline{BC}$의 연장선과 만나는 점을 D라 하면 └ ∠CAD=∠EAD

➡ $\overline{AB} : \overline{AC} = \overline{BD} : \overline{CD}$

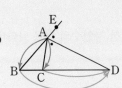

● 삼각형의 내각의 이등분선과 삼각형의 넓이의 비

△ABD : △ADC
= $\overline{BD} : \overline{DC}$
= $\overline{AB} : \overline{AC}$
= $a : b$

정답과 해설 • **34**쪽

● **삼각형의 내각의 이등분선**   [중요]

[023~028] 다음 그림과 같은 △ABC에서 $\overline{AD}$가 ∠A의 이등분선일 때, x의 값을 구하시오.

023

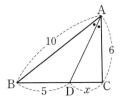

➡ 10 : ☐ = 5 : ☐   ∴ $x =$ ☐

024

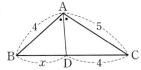

025

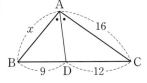

026

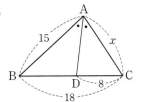

027

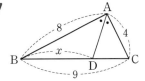

028

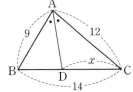

● 삼각형의 내각의 이등분선과 넓이

[029~033] 오른쪽 그림과 같은 △ABC에서 $\overline{AD}$가 ∠A의 이등분선일 때, 다음을 구하시오.

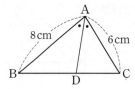

029 $\overline{BD}$와 $\overline{CD}$의 길이의 비

(단, 가장 간단한 자연수의 비로 나타내시오.)

030 △ABD와 △ADC의 넓이의 비

(단, 가장 간단한 자연수의 비로 나타내시오.)

031 △ABD$=12\,cm^2$일 때, △ADC의 넓이

032 △ADC$=6\,cm^2$일 때, △ABD의 넓이

033 △ABC$=28\,cm^2$일 때, △ABD의 넓이

● 삼각형의 외각의 이등분선

[034~037] 다음 그림과 같은 △ABC에서 $\overline{AD}$가 ∠A의 외각의 이등분선일 때, x의 값을 구하시오.

034

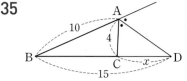

➡ $5 : \boxed{} = x : \boxed{}$ ∴ $x = \boxed{}$

035

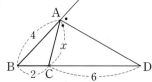

036

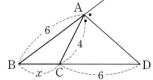

037

05

삼각형의 두 변의 중점을 연결한 선분의 성질

(1) 삼각형의 두 변의 중점을 연결한 선분은 나머지 한 변과 평행하고, 그 길이는 나머지 한 변의 길이의 $\frac{1}{2}$이다.

➡ $\overline{AM}=\overline{MB}$, $\overline{AN}=\overline{NC}$이면 $\overline{MN}/\!/\overline{BC}$, $\overline{MN}=\frac{1}{2}\overline{BC}$

(2) 삼각형의 한 변의 중점을 지나고 다른 한 변에 평행한 직선은 나머지 한 변의 중점을 지난다.

➡ $\overline{AM}=\overline{MB}$, $\overline{MN}/\!/\overline{BC}$이면 $\overline{AN}=\overline{NC}$

참고 이때 (1)에 의해 $\overline{MN}=\frac{1}{2}\overline{BC}$가 성립한다.

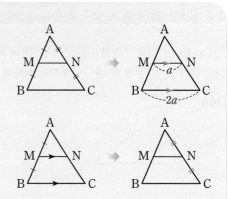

정답과 해설 • 35쪽

● 삼각형의 두 변의 중점을 연결한 선분의 성질 (1) 중요

[038~040] 다음 그림과 같은 △ABC에서 $\overline{AB}$, $\overline{AC}$의 중점을 각각 M, N이라 할 때, x의 값을 구하시오.

038

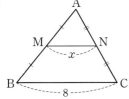

039

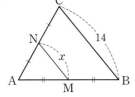

040

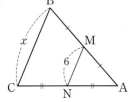

● 삼각형의 두 변의 중점을 연결한 선분의 성질 (2)

[041~043] 다음 그림과 같은 △ABC에서 점 M은 $\overline{AB}$의 중점이고 $\overline{MN}/\!/\overline{BC}$일 때, x, y의 값을 각각 구하시오.

041

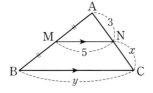

042

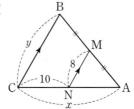

043

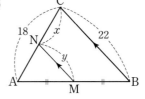

● 삼각형의 각 변의 중점을 연결하여 만든 삼각형

[044~046] 다음 그림과 같은 △ABC에서 $\overline{AB}$, $\overline{BC}$, $\overline{CA}$의 중점을 각각 D, E, F라 할 때, △DEF의 둘레의 길이를 구하시오.

044

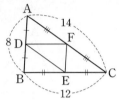

(△DEF의 둘레의 길이)$=\overline{DF}+\overline{DE}+\overline{EF}$

$=\dfrac{1}{2}\overline{BC}+\dfrac{1}{2}\boxed{}+\dfrac{1}{2}\boxed{}$

$=\boxed{}+\boxed{}+\boxed{}=\boxed{}$

045

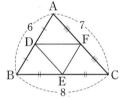

046

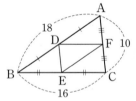

🔖 학교 시험 문제는 이렇게

047 오른쪽 그림과 같은 △ABC에서 $\overline{AB}$, $\overline{BC}$, $\overline{CA}$의 중점을 각각 D, E, F라 하자. △DEF의 둘레의 길이가 23 cm일 때, △ABC의 둘레의 길이를 구하시오.

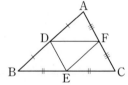

● 사각형의 각 변의 중점을 연결하여 만든 사각형

[048~051] 다음 그림과 같은 □ABCD에서 네 변의 중점을 각각 P, Q, R, S라 할 때, □PQRS의 둘레의 길이를 구하시오.

048

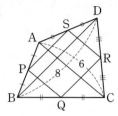

(□PQRS의 둘레의 길이)
$=\overline{PQ}+\overline{QR}+\overline{RS}+\overline{SP}$

$=\dfrac{1}{2}\overline{AC}+\dfrac{1}{2}\boxed{}+\dfrac{1}{2}\boxed{}+\dfrac{1}{2}\boxed{}$

$=\boxed{}+\boxed{}+\boxed{}+\boxed{}=\boxed{}$

049

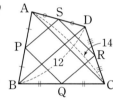

050

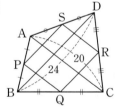

051

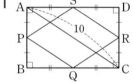

06

사다리꼴에서 삼각형의 두 변의 중점을 연결한 선분의 성질의 응용

$\overline{AD} /\!/ \overline{BC}$인 사다리꼴 ABCD에서 $\overline{AB}$, $\overline{DC}$의 중점을 각각 M, N이라 하면
$\overline{AD} /\!/ \overline{MN} /\!/ \overline{BC}$이므로

(1)

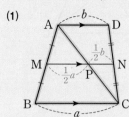

(2)

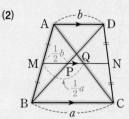

$\overline{MN} = \overline{MP} + \overline{PN} = \dfrac{1}{2}(\overline{BC} + \overline{AD})$

$\overline{PQ} = \overline{MQ} - \overline{MP} = \dfrac{1}{2}(\overline{BC} - \overline{AD})$

(단, $\overline{BC} > \overline{AD}$)

정답과 해설 · **36**쪽

● 사다리꼴에서 삼각형의 두 변의 중점을 연결한 선분의 성질의 응용

[052~056] 다음 그림과 같이 $\overline{AD} /\!/ \overline{BC}$인 사다리꼴 ABCD에서 $\overline{AB}$, $\overline{DC}$의 중점을 각각 M, N이라 할 때, x의 값을 구하시오.

052

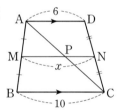

$\triangle$ABC에서 $\overline{MP} = \dfrac{1}{2}\overline{BC} = \boxed{}$

$\triangle$ACD에서 $\overline{PN} = \dfrac{1}{2}\boxed{} = \boxed{}$

$\therefore\ x = \overline{MP} + \overline{PN} = \boxed{} + \boxed{} = \boxed{}$

053

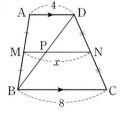

054

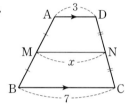

055

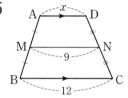

056

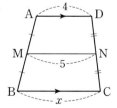

5. 평행선 사이의 선분의 길이의 비 · **109**

[057~063] 다음 그림과 같이 $\overline{AD}$ // $\overline{BC}$인 사다리꼴 ABCD에서 $\overline{AB}$, $\overline{DC}$의 중점을 각각 M, N이라 할 때, x의 값을 구하시오.

057

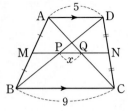

$\triangle ABC$에서 $\overline{MQ}=\dfrac{1}{2}\overline{BC}=$ □

$\triangle ABD$에서 $\overline{MP}=\dfrac{1}{2}$ □ $=$ □

$\therefore x=\overline{MQ}-\overline{MP}=$ □ $-$ □ $=$ □

058

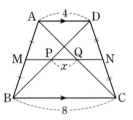

059

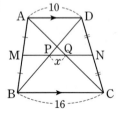

060

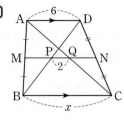

061

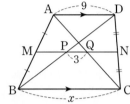

062

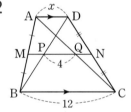

063

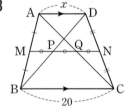

07

평행선 사이에 있는 선분의 길이의 비

세 개의 평행선이 다른 두 직선과 만나서 생긴 선분의 길이의 비는 같다.

➡ $l /\!/ m /\!/ n$이면 $a : b = c : d$

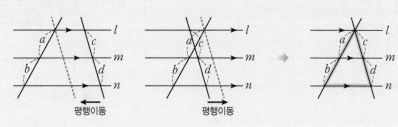

정답과 해설 • 37쪽

● 평행선 사이에 있는 선분의 길이의 비　　　중요

[064~066] 다음 그림에서 $l /\!/ m /\!/ n$일 때, x의 값을 구하시오.

064

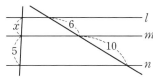

➡ $x :$ ☐ $= 6 :$ ☐ 　　∴ $x =$ ☐

065

066

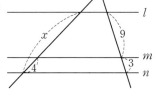

[067~069] 다음 그림에서 $l /\!/ m /\!/ n /\!/ k$일 때, x, y의 값을 각각 구하시오.

067

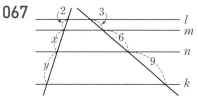

➡ $2 : x = 3 :$ ☐ 　　∴ $x =$ ☐

☐ $: y = 6 :$ ☐ 　　∴ $y =$ ☐

068

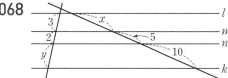

069

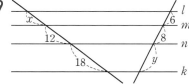

5. 평행선 사이의 선분의 길이의 비 • **111**

[070~073] 다음 그림에서 $l /\!/ m /\!/ n$일 때, x의 값을 구하시오.

070

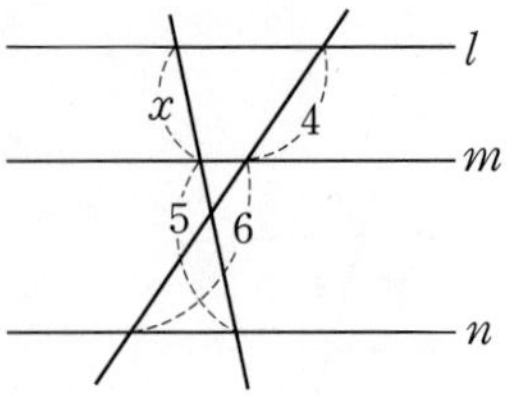

$\Rightarrow x : \boxed{} = 4 : 6 \qquad \therefore x = \boxed{}$

071

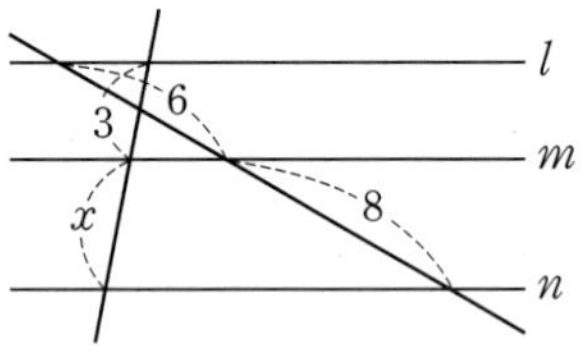

072

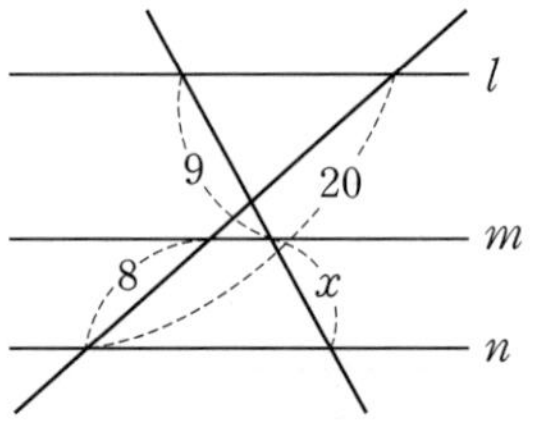

073

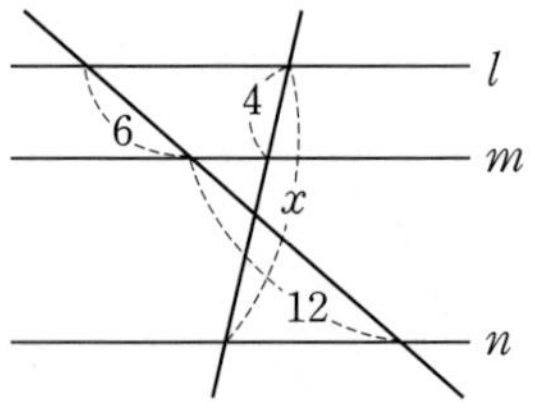

[074~077] 다음 그림에서 $l /\!/ m /\!/ n$일 때, x, y의 값을 각각 구하시오.

074

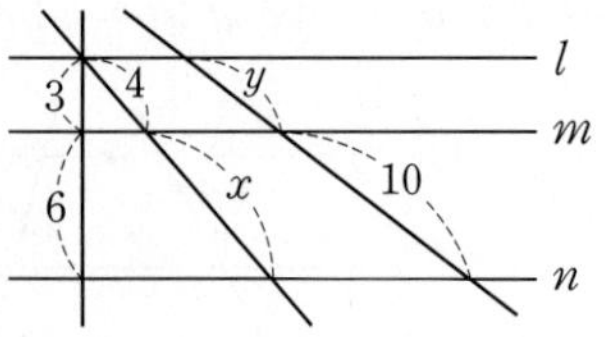

$\Rightarrow 3 : 6 = \boxed{} : x \qquad \therefore x = \boxed{}$

$\quad\;\, 3 : 6 = y : \boxed{} \qquad \therefore y = \boxed{}$

075

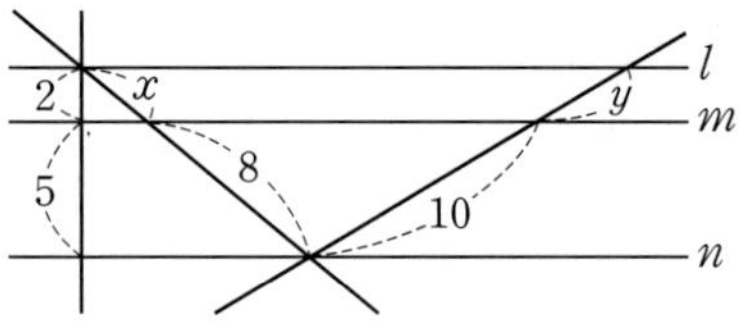

076

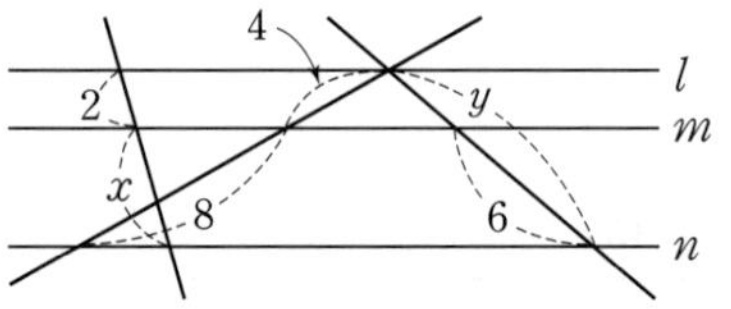

077

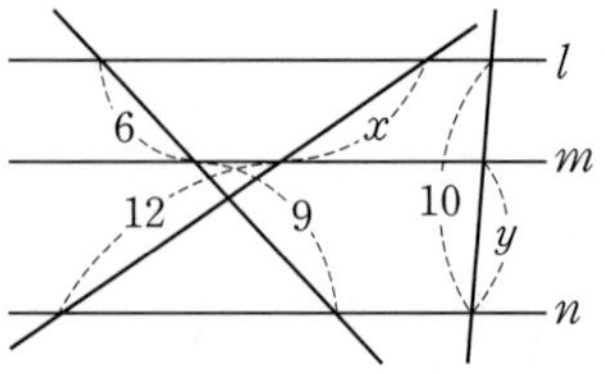

사다리꼴에서 평행선과 선분의 길이의 비

사다리꼴 ABCD에서 $\overline{AD} /\!/ \overline{EF} /\!/ \overline{BC}$일 때, $\overline{EF}$의 길이는 다음과 같은 방법으로 구한다.

방법 ① 평행선 이용 → $\overline{DC}$와 평행한 $\overline{AH}$ 긋기

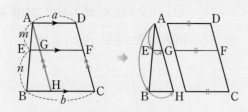

□AHCD에서 $\overline{GF}=\overline{HC}=\overline{AD}=a$
△ABH에서 $m:(m+n)=\overline{EG}:\underset{\underset{b-a}{\uparrow}}{\overline{BH}}$
➡ $\overline{EF}=\overline{EG}+\overline{GF}$

방법 ② 대각선 이용 → 대각선 AC 긋기

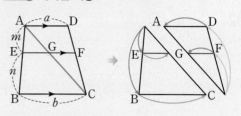

△ABC에서 $m:(m+n)=\overline{EG}:b$
△ACD에서 $n:(n+m)=\overline{GF}:a$
➡ $\overline{EF}=\overline{EG}+\overline{GF}$

정답과 해설 • **37**쪽

● 사다리꼴에서 평행선과 선분의 길이의 비

[078~079] 다음은 사다리꼴 ABCD에서 $\overline{AD} /\!/ \overline{EF} /\!/ \overline{BC}$일 때, $\overline{EF}$의 길이를 구하는 과정이다. □ 안에 알맞은 수를 쓰시오.

078 방법① 평행선 이용

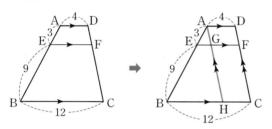

□AHCD에서 $\overline{GF}=\overline{HC}=\overline{AD}=\boxed{}$
∴ $\overline{BH}=\overline{BC}-\overline{HC}=12-\boxed{}=\boxed{}$
△ABH에서 $3:(3+9)=\overline{EG}:\boxed{}$ ∴ $\overline{EG}=\boxed{}$
∴ $\overline{EF}=\overline{EG}+\overline{GF}=\boxed{}+\boxed{}=\boxed{}$

079 방법② 대각선 이용

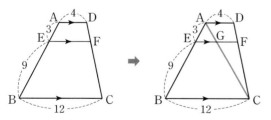

△ABC에서 $3:(3+9)=\overline{EG}:\boxed{}$ ∴ $\overline{EG}=\boxed{}$
△ACD에서 $9:(9+3)=\overline{GF}:\boxed{}$ ∴ $\overline{GF}=\boxed{}$
∴ $\overline{EF}=\overline{EG}+\overline{GF}=\boxed{}+\boxed{}=\boxed{}$

[080~081] 다음 그림과 같은 사다리꼴 ABCD에서 $\overline{AD} /\!/ \overline{EF} /\!/ \overline{BC}$, $\overline{AH} /\!/ \overline{DC}$이고 점 G는 $\overline{AH}$와 $\overline{EF}$의 교점일 때, $\overline{EF}$의 길이를 구하시오.

080

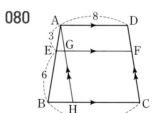

081

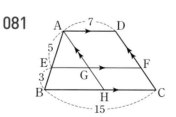

[082~083] 다음 그림과 같은 사다리꼴 ABCD에서
$\overline{AD} /\!/ \overline{EF} /\!/ \overline{BC}$이고 점 G는 $\overline{AC}$와 $\overline{EF}$의 교점일 때, $\overline{EF}$의 길이를 구하시오.

082

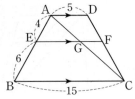

083

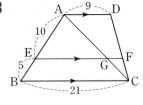

[084~085] 다음 그림과 같은 사다리꼴 ABCD에서
$\overline{AD} /\!/ \overline{EF} /\!/ \overline{BC}$일 때, $\overline{EF}$의 길이를 구하시오.

084

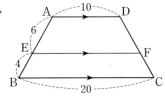

085

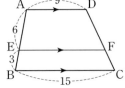

● 사다리꼴에서 평행선과 선분의 길이의 비의 응용

[086~088] 다음 그림과 같은 사다리꼴 ABCD에서
$\overline{AD} /\!/ \overline{EF} /\!/ \overline{BC}$일 때, $\overline{GH}$의 길이를 구하시오.

086 $\overline{AE} : \overline{EB} = 2 : 1$일 때

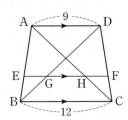

$\triangle$ABC에서 $\overline{AE} : \overline{AB} = \overline{EH} : \boxed{}$이므로

$2 : \boxed{} = \overline{EH} : \boxed{}$ $\therefore \overline{EH} = \boxed{}$

$\triangle$ABD에서 $\overline{BE} : \overline{BA} = \overline{EG} : \boxed{}$이므로

$1 : \boxed{} = \overline{EG} : \boxed{}$ $\therefore \overline{EG} = \boxed{}$

$\therefore \overline{GH} = \overline{EH} - \overline{EG} = \boxed{} - \boxed{} = \boxed{}$

087 $\overline{AE} : \overline{EB} = 3 : 2$일 때

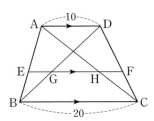

088 $\overline{AE} : \overline{EB} = 4 : 3$일 때

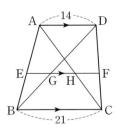

09

평행선과 선분의 길이의 비의 응용

$\overline{AC}$와 $\overline{BD}$의 교점을 E라 할 때, $\overline{AB}/\!/\overline{EF}/\!/\overline{DC}$이고 $\overline{AB}=a$, $\overline{DC}=b$이면
(1) $\triangle ABE \infty \triangle CDE$ (AA 닮음) ➡ 닮음비는 $a:b$
(2) $\triangle CEF \infty \triangle CAB$ (AA 닮음) ➡ 닮음비는 $b:(a+b)$
(3) $\triangle BFE \infty \triangle BCD$ (AA 닮음) ➡ 닮음비는 $a:(a+b)$

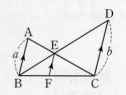

정답과 해설 · **38**쪽

● 평행선과 선분의 길이의 비의 응용

089 오른쪽 그림에서
$\overline{AB}/\!/\overline{EF}/\!/\overline{DC}$일 때, $\overline{EF}$의 길이를
구하려고 한다. ☐ 안에 알맞은 것을
쓰시오.

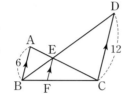

$\triangle ABE \infty \triangle CDE$ (AA 닮음)이므로

$\overline{BE}:\overline{DE}=\overline{AB}:\boxed{}=1:\boxed{}$

$\triangle BCD$에서 $\overline{EF}/\!/\overline{DC}$이므로

$\overline{BE}:\boxed{}=\overline{EF}:\overline{DC}$

$1:\boxed{}=\overline{EF}:12$ ∴ $\overline{EF}=\boxed{}$

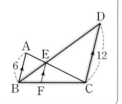

[090~095] 다음 그림에서 $\overline{AB}/\!/\overline{EF}/\!/\overline{DC}$일 때, x의 값을 구하시오.

090

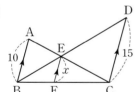

$\overline{BE}:\overline{DE}=\boxed{}:\boxed{}$

$\overline{BE}:\overline{BD}=\boxed{}:\boxed{}$

$x=\boxed{}$

091

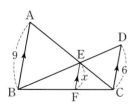

092

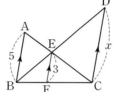

$\overline{CF}:\overline{CB}=\boxed{}:\boxed{}$

$\overline{BF}:\overline{BC}=\boxed{}:\boxed{}$

$x=\boxed{}$

093

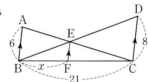

094

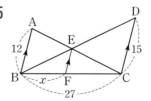

$\overline{BE}:\overline{DE}=\boxed{}:\boxed{}$

$\overline{BE}:\overline{BD}=\boxed{}:\boxed{}$

$x=\boxed{}$

095

5. 평행선 사이의 선분의 길이의 비 · **115**

(1) **삼각형의 중선**: 삼각형의 한 꼭짓점과 그 대변의 중점을 이은 선분

(2) **삼각형의 무게중심**

① 삼각형의 무게중심: 삼각형의 세 중선의 교점

② 삼각형의 무게중심은 세 중선의 길이를 각 꼭짓점으로부터 각각 2 : 1

로 나눈다.

➡ 점 G가 △ABC의 무게중심일 때

$\overline{AG} : \overline{GD} = \overline{BG} : \overline{GE} = \overline{CG} : \overline{GF} = 2 : 1$

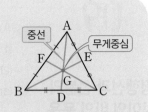

정답과 해설 • **38**쪽

● **삼각형의 무게중심** 중요

[096~099] 다음 그림에서 점 G가 △ABC의 무게중심일 때, x의 값을 구하시오.

096

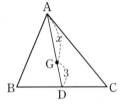

097

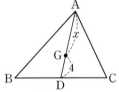

098

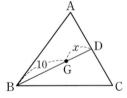

099

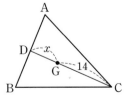

[100~101] 다음 그림에서 점 G가 △ABC의 무게중심일 때, x, y의 값을 각각 구하시오.

100

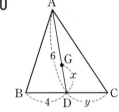

101

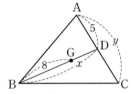

[102~103] 다음 그림에서 점 G가 ∠B=90°인 직각삼각형 ABC의 무게중심일 때, x, y의 값을 각각 구하시오.

102

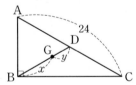

103

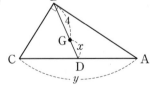

[104~107] 다음 그림에서 점 G는 △ABC의 무게중심이고 점 G'은 △GBC의 무게중심일 때, x의 값을 구하시오.

104

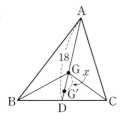

점 G는 △ABC의 무게중심이므로

$$\overline{GD} = \boxed{} \ \overline{AD} = \boxed{}$$

점 G'은 △GBC의 무게중심이므로

$$x = \boxed{} \ \overline{GD} = \boxed{}$$

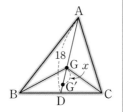

105

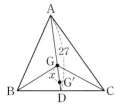

106

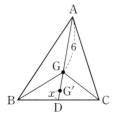

107

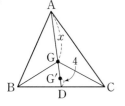

● **삼각형의 무게중심의 응용**
- 두 변의 중점을 연결한 선분의 성질 이용

[108~111] 다음 그림에서 점 G가 △ABC의 무게중심일 때, x의 값을 구하시오.

108

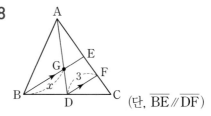

(단, $\overline{BE} /\!/ \overline{DF}$)

❶ △BCE에서

$\overline{BD} = \overline{DC}$, $\overline{BE} /\!/ \overline{DF}$이므로

$$\overline{BE} = \boxed{} \ \overline{DF} = \boxed{}$$

❷ 점 G는 △ABC의 무게중심이므로

$$x = \boxed{} \ \overline{BE} = \boxed{}$$

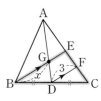

109

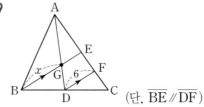

(단, $\overline{BE} /\!/ \overline{DF}$)

110

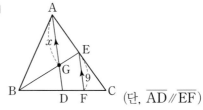

(단, $\overline{AD} /\!/ \overline{EF}$)

111

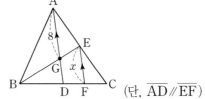

(단, $\overline{AD} /\!/ \overline{EF}$)

11

× 삼각형의 무게중심과 넓이

△ABC에서 점 G가 △ABC의 무게중심일 때

(1) 삼각형의 세 중선 AD, BE, CF에 의해 삼각형의 넓이는 6등분된다.

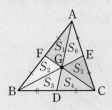

➡ $S_1 = S_2 = S_3 = S_4 = S_5 = S_6 = \dfrac{1}{6}\triangle ABC$

(2) 삼각형의 무게중심과 세 꼭짓점을 이어서 생기는 세 삼각형의 넓이는 같다.

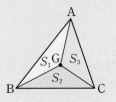

➡ $S_1 = S_2 = S_3 = \dfrac{1}{3}\triangle ABC$

참고 삼각형의 한 중선은 그 삼각형의 넓이를 이등분한다.

➡ $\triangle ABD = \triangle ADC = \dfrac{1}{2}\triangle ABC$

정답과 해설 · **39**쪽

● 삼각형의 무게중심과 넓이 　중요

[112~117] 다음 그림에서 점 G는 △ABC의 무게중심이고 △ABC의 넓이가 $60\,cm^2$일 때, 색칠한 부분의 넓이를 구하시오.

112

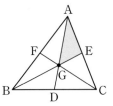

113

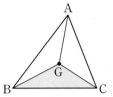

114

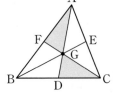

115

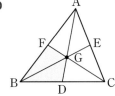

116

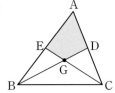

117

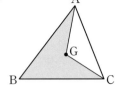

[118~121] 다음 그림에서 점 G가 △ABC의 무게중심일 때,
△ABC의 넓이를 구하시오.

118 △GDC＝6 cm²일 때

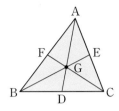

119 △GCA＝5 cm²일 때

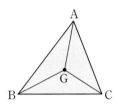

120 △GAF＋△GBD＋△GCE＝9 cm²일 때

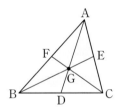

121 □FBDG＝8 cm²일 때

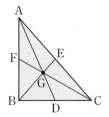

[122~124] 다음 그림에서 점 G는 △ABC의 무게중심이고
△ABC의 넓이가 24 cm²일 때, 색칠한 부분의 넓이를 구하시오.

122

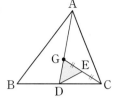

△GDC＝□△ABC＝□(cm²)

이때 $\overline{GE}=\overline{EC}$이므로

△GDE＝□△GDC＝□(cm²)

123

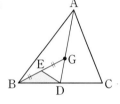

124

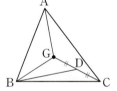

🔎 **학교 시험 문제는** 이렇게

125 오른쪽 그림에서 점 G는
△ABC의 무게중심이고, 두 점 D, E
는 각각 $\overline{BG}$, $\overline{CG}$의 중점이다.
△ABC의 넓이가 51 cm²일 때, 색칠
한 부분의 넓이를 구하시오.

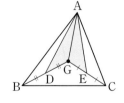

12

평행사변형에서 삼각형의 무게중심의 응용

평행사변형 ABCD에서 두 대각선의 교점을 O, $\overline{BC}$, $\overline{CD}$의 중점을 각각 M, N이라 하고, $\overline{AM}$, $\overline{AN}$이 대각선 BD와 만나는 점을 각각 P, Q라 하면

(1) 점 P는 △ABC의 무게중심이고,
　　점 Q는 △ACD의 무게중심이다.

(2) $\overline{BP} : \overline{PO} = \overline{DQ} : \overline{QO} = 2 : 1$, $\overline{BP} = \overline{PQ} = \overline{QD} = \dfrac{1}{3}\overline{BD}$

└ △ABP = △APQ = △AQD = $\dfrac{1}{3}$△ABD

정답과 해설 • 40쪽

● 평행사변형에서 삼각형의 무게중심의 응용 (1)
- 길이 구하기

[126~128] 다음 그림과 같은 평행사변형 ABCD에서 두 대각선의 교점을 O라 하고 $\overline{BC}$, $\overline{CD}$의 중점을 각각 M, N이라 할 때, x의 값을 구하시오.

126

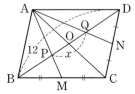

127

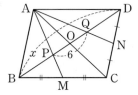

128

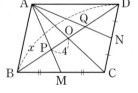

● 평행사변형에서 삼각형의 무게중심의 응용 (2)
- 넓이 구하기

[129~131] 다음 그림과 같은 평행사변형 ABCD에서 두 대각선의 교점을 O라 하자. □ABCD의 넓이가 $36\,cm^2$일 때, 색칠한 부분의 넓이를 구하시오.

129

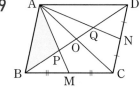

$$\triangle ABC = \dfrac{1}{2}\square ABCD = \boxed{}\,(cm^2)$$

이때 점 P는 △ABC의 무게중심이므로

$$\therefore \triangle ABP = \dfrac{1}{\boxed{}}\triangle ABC = \boxed{}\,(cm^2)$$

130

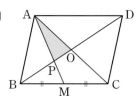

131

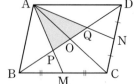

1 다음 그림에서 $\overline{BC} \parallel \overline{DE}$일 때, x, y의 값을 각각 구하시오.

(1)
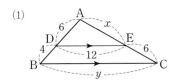

(2)
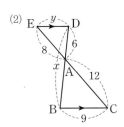

2 다음 그림과 같은 △ABC에서 $\overline{AD}$가 ∠A의 이등분선일 때, x의 값을 구하시오.

(1)
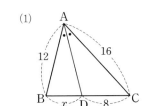

(2)
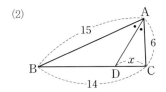

3 다음 그림과 같은 △ABC에서 $\overline{AD}$가 ∠A의 외각의 이등분선일 때, x의 값을 구하시오.

(1)
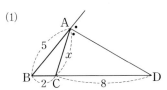

(2)
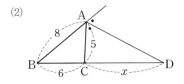

4 다음 그림과 같은 △ABC에서 $\overline{AB}$, $\overline{AC}$의 중점을 각각 M, N이라 할 때, x, y의 값을 각각 구하시오.

(1)
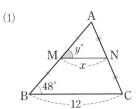

(2)
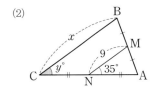

5 다음 그림과 같은 △ABC에서 점 M은 $\overline{AB}$의 중점이고 $\overline{BC} \parallel \overline{MN}$일 때, x, y의 값을 각각 구하시오.

(1)
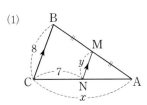

(2)
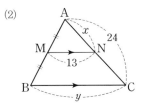

6 다음 그림에서 $l \parallel m \parallel n$일 때, x의 값을 구하시오.

(1)
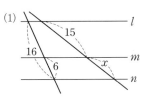

(2)
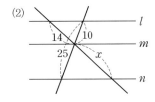

7 다음 그림과 같은 사다리꼴 ABCD에서 $\overline{AD} /\!/ \overline{EF} /\!/ \overline{BC}$ 일 때, x, y의 값을 각각 구하시오.

(1)
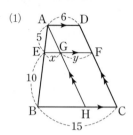
(단, $\overline{AH} /\!/ \overline{DC}$)

(2)
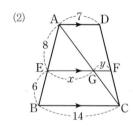

8 다음 그림에서 점 G가 △ABC의 무게중심일 때, x, y의 값을 각각 구하시오.

(1)
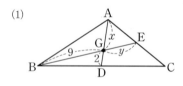

(2)
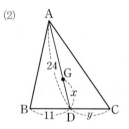

(3)
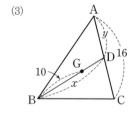

9 다음 그림에서 점 G가 직각삼각형 ABC의 무게중심일 때, x의 값을 구하시오.

(1)
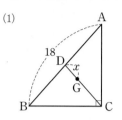

(2)
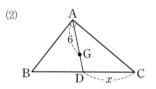

10 다음 그림에서 점 G는 △ABC의 무게중심이고 △ABC의 넓이가 48 cm²일 때, 색칠한 부분의 넓이를 구하시오.

(1)
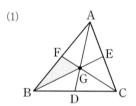

(2)
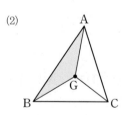

(3)
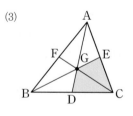

1 오른쪽 그림과 같은 △ABC 에서 $\overline{BC} /\!/ \overline{DE}$일 때, $x+y$의 값은?

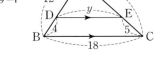

① 24   ② 25

③ 26   ④ 27

⑤ 28

2 오른쪽 그림에서 $\overline{BC} /\!/ \overline{DE} /\!/ \overline{FG}$일 때, $\overline{AB}+\overline{AE}$의 길이를 구하시오.

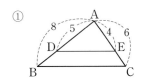

3 다음 중 $\overline{BC} /\!/ \overline{DE}$인 것을 모두 고르면? (정답 2개)

①

②
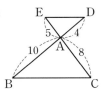

③
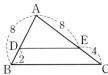

④
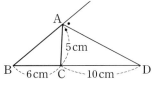

⑤
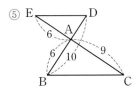

4 오른쪽 그림과 같은 △ABC에서 ∠A의 이등 분선과 $\overline{BC}$의 교점을 D라 하자. $\overline{AB} : \overline{AC}=3 : 2$이 고 △ADC의 넓이가 $8\,\mathrm{cm}^2$일 때, △ABD의 넓이는?

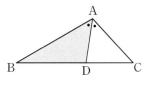

① $10\,\mathrm{cm}^2$ ② $12\,\mathrm{cm}^2$ ③ $14\,\mathrm{cm}^2$

④ $16\,\mathrm{cm}^2$ ⑤ $18\,\mathrm{cm}^2$

5 오른쪽 그림과 같은 △ABC에서 $\overline{AD}$가 ∠A의 외각의 이등분선 일 때, $\overline{AB}$의 길이는?

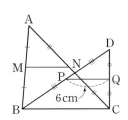

① $7\,\mathrm{cm}$ ② $\dfrac{15}{2}\,\mathrm{cm}$ ③ $8\,\mathrm{cm}$

④ $\dfrac{17}{2}\,\mathrm{cm}$ ⑤ $9\,\mathrm{cm}$

6 오른쪽 그림에서 $\overline{AB}, \overline{AC}, \overline{DB}$, $\overline{DC}$의 중점을 각각 M, N, P, Q 라 하자. $\overline{PQ}=6\,\mathrm{cm}$일 때, $\overline{MN}$의 길이를 구하시오.

7 오른쪽 그림과 같은 △ABC에서 세 점 D, E, F는 각각 $\overline{AB}$, $\overline{BC}$, $\overline{CA}$의 중점이다. △ABC의 둘레의 길이가 50 cm일 때, △DEF의 둘레의 길이를 구하시오.

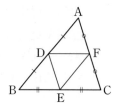

8 오른쪽 그림과 같이 $\overline{AD} /\!/ \overline{BC}$인 사다리꼴 ABCD에서 $\overline{AB}$, $\overline{DC}$의 중점을 각각 M, N이라 하자. $\overline{AD}=8$ cm, $\overline{BC}=14$ cm일 때, $\overline{MN}$의 길이는?

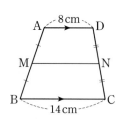

① 9 cm   ② 10 cm   ③ 11 cm
④ 12 cm   ⑤ 13 cm

9 다음 그림에서 $l /\!/ m /\!/ n /\!/ k$일 때, $x+3y$의 값은?

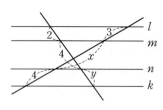

① 10   ② 11   ③ 12
④ 13   ⑤ 14

10 오른쪽 그림과 같은 사다리꼴 ABCD에서 $\overline{AD} /\!/ \overline{EF} /\!/ \overline{BC}$일 때, $\overline{EF}$의 길이를 구하시오.

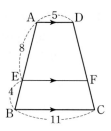

11 오른쪽 그림에서 점 E는 $\overline{AC}$와 $\overline{BD}$의 교점이고, $\overline{AB} /\!/ \overline{EF} /\!/ \overline{DC}$이다. $\overline{AB}=12$, $\overline{DC}=16$일 때, $\overline{EF}$의 길이는?

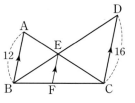

① 6   ② $\dfrac{13}{2}$ ③ $\dfrac{48}{7}$
④ 7   ⑤ $\dfrac{36}{5}$

12 오른쪽 그림에서 점 G는 △ABC의 무게중심이고 $\overline{AG}=4$ cm, $\overline{GE}=3$ cm일 때, $\overline{AD}+\overline{BE}$의 길이는?

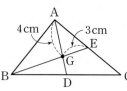

① 12 cm   ② 13 cm   ③ 14 cm
④ 15 cm   ⑤ 16 cm

13 오른쪽 그림에서 두 점 G, G′은 각각 △ABC, △GBC의 무게중심이다. $\overline{GG'}=4\,cm$일 때, $\overline{AG}$의 길이는?

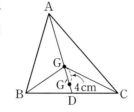

① 8 cm   ② 10 cm

③ 12 cm   ④ 15 cm

⑤ 18 cm

16 오른쪽 그림에서 점 G는 △ABC의 무게중심이고, 점 E는 $\overline{GC}$의 중점이다. △ABC의 넓이가 42 cm²일 때, △EDC의 넓이는?

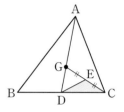

① 3 cm²   ② $\dfrac{7}{2}$ cm²   ③ 4 cm²

④ $\dfrac{9}{2}$ cm²   ⑤ 5 cm²

14 오른쪽 그림에서 점 G는 △ABC의 무게중심이고, $\overline{BE} /\!/ \overline{DF}$이다. $\overline{DF}=12$일 때, $\overline{BG}$의 길이는?

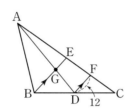

① 14   ② 15

③ 16   ④ 17

⑤ 18

17 오른쪽 그림과 같은 평행사변형 ABCD에서 두 대각선의 교점을 O라 하고, $\overline{BC}$의 중점을 M이라 하자. $\overline{BD}=24\,cm$일 때, $\overline{BP}$의 길이를 구하시오.

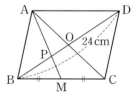

15 오른쪽 그림에서 점 G는 ∠C=90°인 직각삼각형 ABC의 무게중심이다. 이때 □GDCE의 넓이를 구하시오.

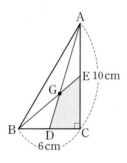

18 오른쪽 그림과 같은 평행사변형 ABCD에서 $\overline{BC}$, $\overline{DC}$의 중점을 각각 M, N이라 하고, $\overline{BD}$와 $\overline{AM}$, $\overline{AN}$의 교점을 각각 P, Q라 하자. □ABCD의 넓이가 12 cm²일 때, △APQ의 넓이는?

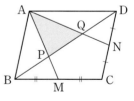

① 2 cm²   ② 3 cm²   ③ 4 cm²

④ 5 cm²   ⑤ 6 cm²

6

경우의 수

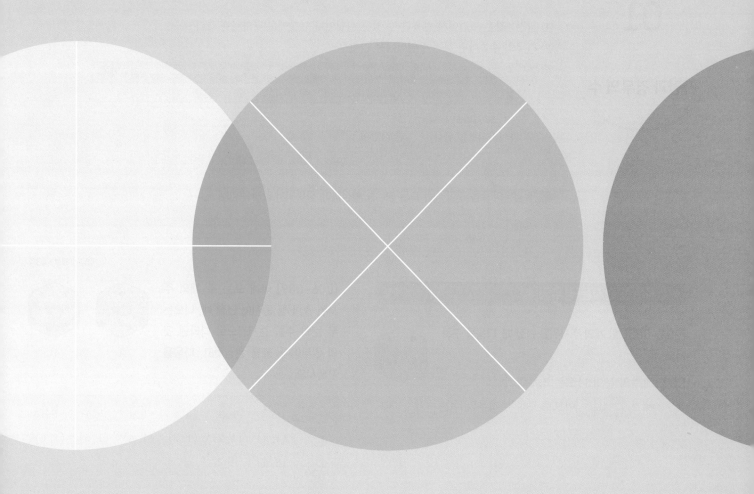

01

사건과 경우의 수

(1) 사건: 같은 조건에서 반복할 수 있는 실험이나 관찰에서 나타나는 결과
(2) 경우의 수: 어떤 사건이 일어나는 가짓수

예

실험·관찰	사건	경우	경우의 수
두 사람이 가위바위보를 한다.	비긴다.	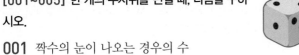	3
	한 사람이 이긴다.		6

주의 경우의 수를 구할 때는 모든 경우를 빠짐없이, 중복되지 않게 구한다.

정답과 해설 · **43**쪽

● 주사위를 던지는 경우의 수   중요

[001~005] 한 개의 주사위를 던질 때, 다음을 구하시오.

001 짝수의 눈이 나오는 경우의 수

➡ 2, ☐, ☐이므로 구하는 경우의 수는 ☐

002 소수의 눈이 나오는 경우의 수

003 4 이상의 눈이 나오는 경우의 수

004 3의 배수의 눈이 나오는 경우의 수

005 6의 약수의 눈이 나오는 경우의 수

[006~009] 아래 표는 두 개의 주사위 A, B를 동시에 던질 때, 나오는 두 눈의 수를 순서쌍으로 나타낸 것의 일부이다. 표를 완성하고, 다음을 구하시오.

A   B

A \ B	⚀	⚁	⚂	⚃	⚄	⚅
⚀	(1, 1)	(1, 2)	(1, 3)	(1, 4)	(1, 5)	(1, 6)
⚁	(2, 1)					
⚂						
⚃						
⚄						
⚅						

006 일어나는 모든 경우의 수

007 두 눈의 수가 같은 경우의 수

008 두 눈의 수의 합이 6인 경우의 수

009 두 눈의 수의 차가 3인 경우의 수

● 수를 뽑는 경우의 수

[010~014] 1부터 12까지의 자연수가 각각 하나씩 적힌 12개의 공이 들어 있는 주머니에서 한 개의 공을 꺼낼 때, 다음을 구하시오.

010 소수가 적힌 공이 나오는 경우의 수

011 6 이상 10 이하의 수가 적힌 공이 나오는 경우의 수

012 두 자리의 자연수가 적힌 공이 나오는 경우의 수

013 3의 배수가 적힌 공이 나오는 경우의 수

014 12의 약수가 적힌 공이 나오는 경우의 수

● 동전을 던지는 경우의 수

[015~017] 서로 다른 두 개의 동전을 동시에 던질 때, 다음을 구하시오.

015 일어나는 모든 경우의 수
➡ 모든 경우를 순서쌍으로 나타내면
 (앞면, 앞면), (앞면, 뒷면), ＿＿＿＿＿＿＿＿
➡ 모든 경우의 수: ＿＿＿＿＿＿

016 앞면이 한 개만 나오는 경우의 수

017 뒷면이 두 개 나오는 경우의 수

● 돈을 지불하는 방법의 수

[018~020] 50원짜리, 100원짜리 동전을 각각 6개씩 가지고 있을 때, 다음을 구하시오. (단, 거스름돈은 없다.)

018 400원을 지불하는 방법의 수

100원(개)	4	3	
50원(개)	0		4

➡ 400원을 지불하는 방법의 수: ＿＿＿＿＿＿

019 600원을 지불하는 방법의 수

100원(개)	6	
50원(개)	0	

➡ 600원을 지불하는 방법의 수: ＿＿＿＿＿＿

020 250원을 지불하는 방법의 수

두 사건 A, B가 동시에 일어나지 않을 때,
사건 A가 일어나는 경우의 수를 a, 사건 B가 일어나는 경우의 수를 b라 하면

$$\left(\begin{array}{c}\text{사건 } A \text{ 또는 사건 } B\text{가}\\ \text{일어나는 경우의 수}\end{array}\right)=\left(\underbrace{\begin{array}{c}\text{사건 } A\text{가 일어나는}\\ \text{경우의 수}\end{array}}_{a}\right)+\left(\underbrace{\begin{array}{c}\text{사건 } B\text{가 일어나는}\\ \text{경우의 수}\end{array}}_{b}\right)$$

$$=a+b$$

참고 일반적으로 문제에 '또는', '~이거나'라는 말이 있으면 두 사건이 일어나는 경우의 수를 더한다.

정답과 해설 • **43**쪽

● 사건 A 또는 사건 B가 일어나는 경우의 수 (1)
 - 교통수단을 선택하는 경우

[021~023] 승준이네 집에서 놀이공원까지 가는 버스는 3가지, 지하철은 2가지 노선이 있다. 승준이네 집에서 놀이공원까지 갈 때, 다음을 구하시오.

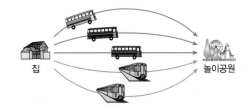

021 버스를 타고 가는 경우의 수

022 지하철을 타고 가는 경우의 수

023 버스 또는 지하철을 타고 가는 경우의 수

024 서울에서 광주까지 가는 기차편은 새마을호가 하루에 4번, KTX가 하루에 12번 있다고 한다. 서울에서 광주까지 새마을호 또는 KTX를 타고 가는 경우의 수를 구하시오.

● 사건 A 또는 사건 B가 일어나는 경우의 수 (2)　중요
 - 물건을 선택하는 경우

025 어느 자판기에는 탄산음료 3종류와 과일 주스 5종류가 있다. 이 중에서 음료수 한 가지를 선택하는 경우의 수를 구하시오.

026 오른쪽 그림은 어느 해 11월의 달력이다. 지수가 이 달의 어느 하루를 정하여 동아리 모임을 하려고 할 때, 정한 날이 목요일이거나 일요일인 경우의 수를 구하시오.

027 예지가 서점에서 소설책 6권, 만화책 3권, 시집 2권 중에서 한 권의 책을 살 때, 소설책 또는 시집을 사는 경우의 수를 구하시오.

● 사건 A 또는 사건 B가 일어나는 경우의 수 (3)
 - 주사위를 던지는 경우

[028~031] 서로 다른 두 개의 주사위를 동시에 던질 때, 다음을 구하시오.

028 나오는 두 눈의 수의 합이 3 또는 8인 경우의 수

❶ 두 눈의 수의 합이 3인 경우는
  (1, 2), _____의 ☐가지
❷ 두 눈의 수의 합이 8인 경우는
  (2, 6), _____의 ☐가지
❸ 두 눈의 수의 합이 3 또는 8인 경우의 수는
  ☐+☐=☐

029 나오는 두 눈의 수의 합이 4 또는 11인 경우의 수

030 나오는 두 눈의 수의 차가 1 또는 2인 경우의 수

031 나오는 두 눈의 수의 차가 4 또는 5인 경우의 수

● 사건 A 또는 사건 B가 일어나는 경우의 수 (4)   중요
 - 수를 뽑는 경우

[032~035] 1부터 20까지의 자연수가 각각 하나씩 적힌 20장의 카드 중에서 한 장을 뽑을 때, 다음을 구하시오.

032 4의 배수 또는 5의 배수가 적힌 카드가 나오는 경우의 수

❶ 4의 배수가 적힌 카드가 나오는 경우는
  4, 8, _____의 ☐가지
❷ 5의 배수가 적힌 카드가 나오는 경우는
  _____의 ☐가지
❸ 4와 5의 공배수가 적힌 카드가 나오는 경우는
  _____의 ☐가지
❹ 따라서 구하는 경우의 수는
  ☐+☐-☐=☐

033 3의 배수 또는 8의 배수가 적힌 카드가 나오는 경우의 수

034 소수 또는 9의 배수가 적힌 카드가 나오는 경우의 수

035 짝수 또는 16의 약수가 적힌 카드가 나오는 경우의 수

사건 A와 사건 B가 동시에 일어나는 경우의 수

사건 A가 일어나는 경우의 수를 a,

그 각각에 대하여 사건 B가 일어나는 경우의 수를 b라 하면

$$\binom{\text{사건 }A\text{와 사건 }B\text{가 동시에}}{\text{일어나는 경우의 수}}=\left(\underbrace{\begin{matrix}\text{사건 }A\text{가 일어나는}\\\text{경우의 수}\end{matrix}}_{a}\right)\times\left(\underbrace{\begin{matrix}\text{사건 }B\text{가 일어나는}\\\text{경우의 수}\end{matrix}}_{b}\right)$$

$$=a\times b$$

참고 일반적으로 문제에 '동시에', '그리고', '~와', '~하고 나서'라는 말이 있으면 두 사건이 일어나는 경우의 수를 곱한다.

정답과 해설 • 44쪽

● 사건 A와 사건 B가 동시에 일어나는 경우의 수 (1) - 물건을 선택하는 경우 중요

036 빨간색, 초록색, 노란색, 분홍색 4종류의 티셔츠와 흰색, 검은색 2종류의 바지가 있을 때, 티셔츠와 바지를 각각 하나씩 짝 지어 입는 경우의 수를 구하시오.

037 서로 다른 연필 6자루와 볼펜 4자루 중에서 연필과 볼 펜을 각각 한 자루씩 고르는 경우의 수를 구하시오.

038 어느 가게에서 아이스크림 6종류와 와플 3종류를 판매 하고 있다. 아이스크림과 와플을 한 종류씩 고르는 경우의 수 를 구하시오.

039 3개의 자음과 5개의 모음이 각각 하나씩 적힌 8장의 카 드가 있다. 자음이 적힌 카드와 모음이 적힌 카드를 각각 한 장씩 사용하여 만들 수 있는 글자의 개수를 구하시오.

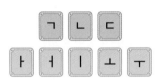

040 어느 서점에 6종류의 영어 참고서와 7종류의 수학 참 고서가 있다. 영어 참고서와 수학 참고서를 각각 한 종류씩 고르는 경우의 수를 구하시오.

041 어느 영화관에서 2편의 공포 영화와 5편의 액션 영화 를 상영하고 있다. 이 영화관에서 공포 영화와 액션 영화를 각각 한 편씩 관람하는 경우의 수를 구하시오.

[042~045] A, B 두 사람이 가위바위보를 한 번 할 때, 다음을 구하시오.

042 일어날 수 있는 모든 경우의 수

043 A가 이기는 경우의 수

044 B가 이기는 경우의 수

045 비기는 경우의 수

◝ 학교 시험 문제는 **이렇게**
046 다음과 같은 차림표가 걸려 있는 식당에서 파스타, 피자, 주스를 각각 하나씩 주문하려고 한다. 이때 주문하는 경우의 수를 구하시오.

🍝 **파스타**	🍕 **피자**	🍌 **생과일 주스**
· 까르보나라	· 마르게리따	· 딸기 주스
· 알리오 올리오	· 페퍼로니 피자	· 키위 주스
· 봉골레	· 고르곤졸라 피자	· 바나나 주스
· 로제 파스타		· 망고 주스
		· 오렌지 주스

● 사건 *A*와 사건 *B*가 동시에 일어나는 경우의 수 (2) – 길을 선택하는 경우 **중요**

[047~049] 아래 그림은 학교, 병원, 혜지네 집 사이의 길을 나타낸 것이다. 혜지가 학교에서 병원을 거쳐 집까지 가려고 할 때, 다음을 구하시오. (단, 한 번 지나간 곳은 다시 지나지 않는다.)

047 학교에서 병원까지 가는 경우의 수

048 병원에서 집까지 가는 경우의 수

049 학교에서 병원을 거쳐 집까지 가는 경우의 수

050 서울에서 대전으로 가는 길은 4가지, 대전에서 부산으로 가는 길은 3가지가 있다. 이때 서울에서 대전을 거쳐 부산으로 가는 방법의 수를 구하시오. (단, 한 번 지나간 지점은 다시 지나지 않는다.)

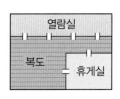

◝ 학교 시험 문제는 **이렇게**
051 오른쪽 그림은 어느 도서관의 평면도이다. 휴게실에서 나와 복도를 거쳐 열람실로 들어가는 방법의 수는? (단, 한 번 지나간 곳은 다시 지나지 않는다.)

열람실	
복도	휴게실

① 4   ② 6   ③ 8
④ 10   ⑤ 12

● 사건 A와 사건 B가 동시에 일어나는
경우의 수 (3) - 동전 또는 주사위를 던지는 경우

● 여러 개의 동전 또는 주사위를 던지는 경우의 수
(1) 서로 다른 m개의 동전을 동시에 던질 때, 일어나는 모든 경우의 수
➡ $\underbrace{2 \times 2 \times \cdots \times 2}_{m개} = 2^m$ └ 앞면, 뒷면의 2가지
(2) 서로 다른 n개의 주사위를 동시에 던질 때, 일어나는 모든 경우의 수
➡ $\underbrace{6 \times 6 \times \cdots \times 6}_{n개} = 6^n$ └ 1, 2, 3, 4, 5, 6의 6가지

[052~055] 다음 사건에 대하여 일어날 수 있는 모든 경우의 수를 구하시오.

052 10원, 50원, 100원짜리 동전 3개를 동시에 던질 때

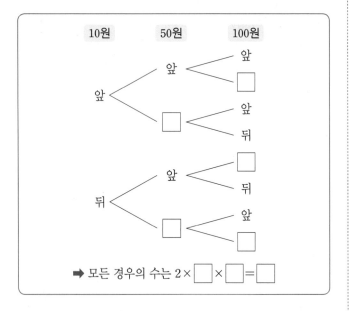

053 서로 다른 주사위 2개를 동시에 던질 때

054 서로 다른 동전 2개와 주사위 1개를 동시에 던질 때

055 100원짜리 동전 1개, 500원짜리 동전 2개, 주사위 1개를 동시에 던질 때

[056~058] 동전 1개와 주사위 1개를 동시에 던질 때, 다음을 구하시오.

056 일어날 수 있는 모든 경우의 수

057 동전은 앞면이 나오고, 주사위는 짝수의 눈이 나오는 경우의 수

➡ $\boxed{} \times \boxed{} = \boxed{}$
　　앞면　　짝수

058 동전은 뒷면이 나오고, 주사위는 6의 약수의 눈이 나오는 경우의 수

[059~061] 한 개의 주사위를 두 번 던질 때, 다음을 구하시오.

059 일어날 수 있는 모든 경우의 수

060 첫 번째는 홀수의 눈, 두 번째는 짝수의 눈이 나오는 경우의 수

061 첫 번째는 소수의 눈, 두 번째는 3의 배수의 눈이 나오는 경우의 수

04

한 줄로 세우는 경우의 수

(1) 한 줄로 세우는 경우의 수

① n명을 한 줄로 세우는 경우의 수

➡ $\underline{n} \times \underline{(n-1)} \times \underline{(n-2)} \times \cdots \times 3 \times 2 \times 1$

   └ 2명을 뽑고, 남은 $(n-2)$명 중에서 1명을 뽑는 경우의 수

  └ 1명을 뽑고, 남은 $(n-1)$명 중에서 1명을 뽑는 경우의 수

 └ n명 중에서 1명을 뽑는 경우의 수

② n명 중에서 2명을 뽑아 한 줄로 세우는 경우의 수

➡ $n \times (n-1)$

③ n명 중에서 3명을 뽑아 한 줄로 세우는 경우의 수

➡ $n \times (n-1) \times (n-2)$

(2) 이웃하여 한 줄로 세우는 경우의 수

➡ $\left(\begin{array}{c} \text{이웃하는 것을 하나로 묶어} \\ \text{전체를 한 줄로 세우는 경우의 수} \end{array} \right) \times \left(\begin{array}{c} \underline{\text{묶음 안에서}} \\ \underline{\text{자리를 바꾸는 경우의 수}} \end{array} \right)$

               └ 묶음 안에서 한 줄로 세우는 경우의 수와 같다.

정답과 해설 · **45**쪽

● 한 줄로 세우는 경우의 수 (1)   중요

[062~067] 다음을 구하시오.

062 학생 3명을 한 줄로 세우는 경우의 수

   첫 번째 두 번째 세 번째

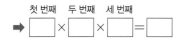

063 학생 5명을 한 줄로 세우는 경우의 수

064 수학, 국어, 영어, 과학 교과서 한 권씩을 책꽂이에 일렬로 꽂는 경우의 수

065 학생 4명 중에서 2명을 뽑아 한 줄로 세우는 경우의 수

   첫 번째 두 번째

 4명 중 1명 └ 첫 번째에 선 학생을 제외한 3명 중 1명

066 학생 5명 중에서 3명을 뽑아 한 줄로 세우는 경우의 수

067 6개의 알파벳 F, R, I, E, N, D 중에서 4개를 골라 일렬로 나열하는 경우의 수

● 한 줄로 세우는 경우의 수 (2)
  - 특정한 사람의 자리를 고정하는 경우

[068~070] A, B, C, D 4명을 한 줄로 세울 때, 다음을 구하시오.

068 A가 맨 앞에 서는 경우의 수

069 A가 맨 앞에, B가 맨 뒤에 서는 경우의 수

070 A와 B가 양 끝에 서는 경우의 수

❶ A와 B가 양 끝에 서는 경우는
  A▩▩B, B▩▩A의 ☐가지

❷ A, B 사이에 나머지 2명을 한 줄로 세우는 경우의 수는
  ☐×☐=☐

❸ 따라서 구하는 경우의 수는 ☐×☐=☐

[071~074] A, B, C, D, E 5명을 한 줄로 세울 때, 다음을 구하시오.

071 A가 맨 뒤에 서는 경우의 수

072 B가 한가운데에 서는 경우의 수

073 C가 맨 앞에, D가 맨 뒤에 서는 경우의 수

074 C와 D가 양 끝에 서는 경우의 수

● 한 줄로 세우는 경우의 수 (3) [중요]
  - 이웃하는 경우

[075~078] A, B, C, D 4명을 한 줄로 세울 때, 다음을 구하시오.

075 A와 B가 이웃하여 서는 경우의 수

❶ A, B를 하나로 묶어 ⟦A, B,⟧ C, D 3명을 한 줄로 세우는
  경우의 수는 ☐

❷ A, B가 자리를 바꾸는 경우의 수는 ☐

❸ 따라서 구하는 경우의 수는 ☐×☐=☐

076 C와 D가 이웃하여 서는 경우의 수

077 A, B, C가 이웃하여 서는 경우의 수

❶ A, B, C를 하나로 묶어 ⟦A, B, C,⟧ D 2명을 한 줄로 세
  우는 경우의 수는 ☐

❷ A, B, C가 자리를 바꾸는 경우의 수는
  ☐×☐×☐=☐

❸ 따라서 구하는 경우의 수는 ☐×☐=☐

078 B, C, D가 이웃하여 서는 경우의 수

[079~080] 남학생 2명, 여학생 3명을 한 줄로 세울 때, 다음을
구하시오.

079 남학생끼리 이웃하게 서는 경우의 수

080 여학생끼리 이웃하게 서는 경우의 수

● 색칠하는 경우의 수

[081~082] 오른쪽 그림과 같이 A, B, C 세 부분으로 나누어진 도형을 빨강, 주황, 노랑, 파랑의 4가지 색을 사용하여 칠하려고 한다. 다음을 구하시오.

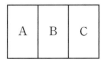

081 각 부분에 서로 다른 색을 칠하는 경우의 수

082 같은 색을 여러 번 사용할 수 있으나 이웃하는 부분은 서로 다른 색을 칠하는 경우의 수

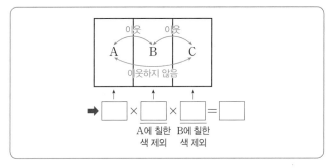

[083~085] 다음 그림과 같이 나누어진 도형을 빨강, 주황, 노랑, 초록, 파랑의 5가지 색을 사용하여 칠하려고 한다. 각 부분에 서로 다른 색을 칠하는 경우의 수를 구하시오.

083

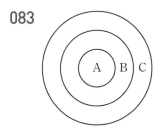

084

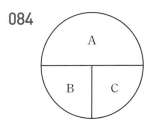

085

A
B
C
D

[086~088] 다음 그림과 같이 나누어진 도형을 빨강, 주황, 노랑, 파랑의 4가지 색을 사용하여 칠하려고 한다. 같은 색을 여러 번 사용해도 좋으나 이웃하는 부분에는 서로 다른 색을 칠하는 경우의 수를 구하시오.

086

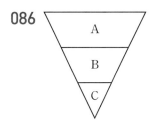

087

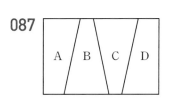

088

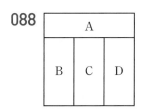

05
자연수의 개수

서로 다른 한 자리의 숫자가 각각 하나씩 적힌 n장의 카드 중에서

(1) 0을 포함하지 않는 경우

① 2장을 동시에 뽑아 만들 수 있는 두 자리의 자연수의 개수

➡ $\underbrace{n}\times\underbrace{(n-1)}$

└ 뽑은 1장을 제외한 $(n-1)$장 중에서 1장을 뽑는 경우의 수

└ n장 중에서 1장을 뽑는 경우의 수

② 3장을 동시에 뽑아 만들 수 있는 세 자리의 자연수의 개수

➡ $n\times(n-1)\times(n-2)$

(2) 0을 포함하는 경우

① 2장을 동시에 뽑아 만들 수 있는 두 자리의 자연수의 개수

➡ $\underbrace{(n-1)}\times\underbrace{(n-1)}$

└ 뽑은 1장을 제외하고, 0을 포함한 $(n-1)$장 중에서 1장을 뽑는 경우의 수

└ 0을 제외한 $(n-1)$장 중에서 1장을 뽑는 경우의 수

② 3장을 동시에 뽑아 만들 수 있는 세 자리의 자연수의 개수

➡ $(n-1)\times(n-1)\times(n-2)$

주의 0은 맨 앞자리에 올 수 없다.

정답과 해설 • **46**쪽

● 자연수의 개수 (1) – 0을 포함하지 않는 경우

[089~091] 1, 2, 3, 4, 5의 **숫자가 각각 하나씩 적힌 5장의 카드가 있다.** 다음을 구하시오.

089 2장을 동시에 뽑아 만들 수 있는 두 자리의 자연수의 개수

십의 자리   일의 자리

➡ [　] × [　] = [　]

└ 십의 자리의 숫자를 제외한 나머지

090 3장을 동시에 뽑아 만들 수 있는 세 자리의 자연수의 개수

백의 자리   십의 자리   일의 자리

➡ [　] × [　] × [　] = [　]

091 2장을 동시에 뽑아 만들 수 있는 두 자리의 자연수 중에서 짝수의 개수

> 짝수가 되려면 일의 자리에 올 수 있는 숫자는 2 또는 4이다.
>
> ┌ 일의 자리의 숫자를 제외한 나머지
>
> (i) ■2인 경우: 십의 자리에 올 수 있는 숫자는 [　]개
>
> (ii) ■4인 경우: 십의 자리에 올 수 있는 숫자는 [　]개
>
> 따라서 (i), (ii)에 의해 구하는 짝수의 개수는
>
> [　] + [　] = [　]

[092~095] 1, 2, 3, 4, 5, 6의 **숫자가 각각 하나씩 적힌 6장의 카드가 있다.** 다음을 구하시오.

092 2장을 동시에 뽑아 만들 수 있는 두 자리의 자연수의 개수

093 3장을 동시에 뽑아 만들 수 있는 세 자리의 자연수의 개수

094 2장을 동시에 뽑아 만들 수 있는 50보다 큰 두 자리의 자연수의 개수

095 3장을 동시에 뽑아 만들 수 있는 세 자리의 자연수 중에서 홀수의 개수

● 자연수의 개수 (2) - 0을 포함하는 경우   중요

[096~099] 0, 1, 2, 3, 4의 숫자가 각각 하나씩 적힌 5장의 카드가 있다. 다음을 구하시오.

096 2장을 동시에 뽑아 만들 수 있는 두 자리의 자연수의 개수

➡ $\boxed{}$ $\times$ $\boxed{}$ $=$ $\boxed{}$

└ 0을 제외한 나머지   └ 0을 포함하고, 십의 자리의 숫자를 제외한 나머지

십의 자리   일의 자리

097 3장을 동시에 뽑아 만들 수 있는 세 자리의 자연수의 개수

백의 자리   십의 자리   일의 자리

➡ $\boxed{}$ $\times$ $\boxed{}$ $\times$ $\boxed{}$ $=$ $\boxed{}$

└ 0을 제외한 나머지

098 2장을 동시에 뽑아 만들 수 있는 두 자리의 자연수 중에서 홀수의 개수

> 홀수가 되려면 일의 자리에 올 수 있는 숫자는 1 또는 3이다.
>
> ┌ 0과 일의 자리의 숫자를 제외한 나머지
> (ⅰ) ■1인 경우: 십의 자리에 올 수 있는 숫자는 $\boxed{}$ 개
>
> (ⅱ) ■3인 경우: 십의 자리에 올 수 있는 숫자는 $\boxed{}$ 개
>
> 따라서 (ⅰ), (ⅱ)에 의해 구하는 홀수의 개수는
>
> $\boxed{}$ $+$ $\boxed{}$ $=$ $\boxed{}$

099 3장을 동시에 뽑아 만들 수 있는 세 자리의 자연수 중에서 짝수의 개수

> 짝수가 되려면 일의 자리에 올 수 있는 숫자는 0 또는 2 또는 4이다.
>
> 백의 자리   ┌ 백과 일의 자리의 숫자를 제외한 나머지
> (ⅰ) ■■0인 경우: $\boxed{}$ $\times 3=$ $\boxed{}$ (개)
>
> (ⅱ) ■■2인 경우: $\boxed{}$ $\times 3=$ $\boxed{}$ (개)
>
> (ⅲ) ■■4인 경우: $\boxed{}$ $\times 3=$ $\boxed{}$ (개)
>
> 따라서 (ⅰ)~(ⅲ)에 의해 구하는 짝수의 개수는
>
> $\boxed{}$ $+$ $\boxed{}$ $+$ $\boxed{}$ $=$ $\boxed{}$

[100~104] 0, 1, 2, 3, 4, 5의 숫자가 각각 하나씩 적힌 6장의 카드가 있다. 다음을 구하시오.

100 2장을 동시에 뽑아 만들 수 있는 두 자리의 자연수의 개수

101 3장을 동시에 뽑아 만들 수 있는 세 자리의 자연수의 개수

102 2장을 동시에 뽑아 만들 수 있는 40 이상의 두 자리의 자연수의 개수

103 2장을 동시에 뽑아 만들 수 있는 두 자리의 자연수 중에서 홀수의 개수

104 3장을 동시에 뽑아 만들 수 있는 세 자리의 자연수 중에서 짝수의 개수

대표를 뽑는 경우의 수

(1) **자격이 다른 대표를 뽑는 경우** → 뽑는 순서와 관계가 있다.

　① n명 중에서 자격이 다른 대표 2명을 뽑는 경우의 수

　　➡ $n \times (n-1)$

　② n명 중에서 자격이 다른 대표 3명을 뽑는 경우의 수

　　➡ $n \times (n-1) \times (n-2)$

(2) **자격이 같은 대표를 뽑는 경우** → 뽑는 순서와 관계가 없다.

　① n명 중에서 자격이 같은 대표 2명을 뽑는 경우의 수

　　➡ $\dfrac{n \times (n-1)}{2}$

　　　└→ 대표로 (A, B)와 (B, A)를 뽑는 경우는 같은 경우이므로 2로 나눈다.

　② n명 중에서 자격이 같은 대표 3명을 뽑는 경우의 수

　　➡ $\dfrac{n \times (n-1) \times (n-2)}{6}$

　　　└→ 대표로 (A, B, C), (A, C, B), (B, A, C), (B, C, A), (C, A, B), (C, B, A)를 뽑는 경우는
　　　　같은 경우이므로 6으로 나눈다.

정답과 해설 • **47**쪽

● **대표를 뽑는 경우의 수**　　　　　　　중요

[105~108] 4명의 학생 중에서 다음과 같은 대표를 뽑는 경우의 수를 구하시오.

105 반장 1명, 부반장 1명

106 반장 1명, 부반장 1명, 서기 1명

107 대표 2명

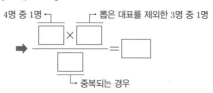

108 대표 3명

[109~113] A, B, C, D, E 5명의 학생 중에서 대표를 뽑을 때, 다음을 구하시오.

109 대표 1명, 부대표 1명을 뽑는 경우의 수

110 대표 1명, 부대표 1명, 총무 1명을 뽑는 경우의 수

111 대표 1명, 부대표 1명, 총무 1명, 서기 1명을 뽑는 경우의 수

112 대의원 2명을 뽑는 경우의 수

113 대의원 3명을 뽑는 경우의 수

[114~119] 남학생 3명, 여학생 4명 중에서 다음과 같은 대표를 뽑는 경우의 수를 구하시오.

114 회장 1명, 부회장 1명

115 회장 1명, 부회장 1명, 총무 1명

116 대표 2명

117 남학생 대표 1명, 여학생 대표 1명

118 남학생 대표 1명, 여학생 대표 2명

119 회장 1명, 부회장 2명

[120~124] A, B, C, D, E 5명의 학생 중에서 체육대회에 출전할 대표 선수를 뽑을 때, 다음을 구하시오.

120 피구 선수 1명, 달리기 선수 2명을 뽑을 때, A가 달리기 선수로 뽑히는 경우의 수

➡ A를 제외한 ☐명 중에서 피구 선수 ☐명, 달리기 선수 ☐명을 뽑는 경우의 수와 같다.

121 피구 선수 2명, 달리기 선수 1명을 뽑을 때, B가 피구 선수로 뽑히는 경우의 수

122 피구 선수 2명, 달리기 선수 1명을 뽑을 때, A가 달리기 선수로 뽑히는 경우의 수

➡ A를 제외한 ☐명 중에서 피구 선수 ☐명을 뽑는 경우의 수와 같다.

123 피구 선수 1명, 달리기 선수 2명을 뽑을 때, C가 피구 선수로 뽑히는 경우의 수

124 대표 2명을 뽑을 때, D가 뽑히지 않는 경우의 수

1 오른쪽 그림과 같이 각 면에 1부터 12까지의 자연수가 각각 하나씩 적힌 정십이면체를 던져 바닥에 닿은 면에 적힌 수를 읽을 때, 다음을 구하시오.

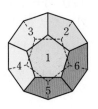

(1) 홀수의 눈이 나오는 경우의 수

(2) 9보다 큰 수의 눈이 나오는 경우의 수

(3) 6 미만인 수의 눈이 나오는 경우의 수

(4) 합성수의 눈이 나오는 경우의 수

(5) 10의 약수의 눈이 나오는 경우의 수

2 서로 다른 두 개의 주사위를 동시에 던질 때, 다음을 구하시오.

(1) 나오는 두 눈의 수의 합이 10인 경우의 수

(2) 나오는 두 눈의 수의 차가 2인 경우의 수

(3) 나오는 두 눈의 수의 곱이 12인 경우의 수

3 1부터 25까지의 자연수가 각각 하나씩 적힌 25개의 공이 들어 있는 상자가 있다. 이 상자에서 한 개의 공을 꺼낼 때, 다음을 구하시오.

(1) 5 이하의 수 또는 23 이상의 수가 적힌 공이 나오는 경우의 수

(2) 10의 배수 또는 25의 약수가 적힌 공이 나오는 경우의 수

(3) 3의 배수 또는 7의 배수가 적힌 공이 나오는 경우의 수

(4) 소수 또는 18의 약수가 적힌 공이 나오는 경우의 수

4 아래 그림은 A, B, C 세 지점 사이의 길을 나타낸 것이다. A 지점에서 B 지점을 거쳐 C 지점까지 가려고 할 때, 다음을 구하시오.

(단, 한 번 지나간 지점은 다시 지나지 않는다.)

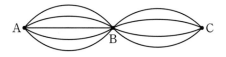

(1) A 지점에서 B 지점까지 가는 경우의 수

(2) B 지점에서 C 지점까지 가는 경우의 수

(3) A 지점에서 B 지점을 거쳐 C 지점까지 가는 경우의 수

5 다음을 구하시오.

(1) 초콜릿 5종류와 젤리 3종류가 있을 때, 초콜릿과 젤리를 각각 한 종류씩 고르는 경우의 수

(2) 책상 4종류와 의자 6종류가 있을 때, 책상과 의자를 각각 하나씩 짝 지어 한 쌍으로 판매하는 경우의 수

(3) 4개의 자음 ㄱ, ㄴ, ㄷ, ㄹ과 4개의 모음 ㅏ, ㅓ, ㅗ, ㅜ 중에서 자음 1개와 모음 1개를 짝 지어 만들 수 있는 글자의 개수

(4) 동전 1개와 서로 다른 주사위 2개를 동시에 던질 때, 일어날 수 있는 모든 경우의 수

6 4명의 학생이 있을 때, 다음을 구하시오.

(1) 4명을 한 줄로 세우는 경우의 수

(2) 4명 중에서 3명을 뽑아 한 줄로 세우는 경우의 수

7 6개의 알파벳 S, I, M, P, L, E를 일렬로 나열할 때, 다음을 구하시오.

(1) M이 맨 앞에 오는 경우의 수

(2) P와 L이 양 끝에 오는 경우의 수

(3) S와 E가 이웃하는 경우의 수

8 1, 2, 3, 4의 숫자가 각각 하나씩 적힌 4장의 카드가 있다. 다음을 구하시오.

(1) 2장을 동시에 뽑아 만들 수 있는 두 자리의 자연수의 개수

(2) 3장을 동시에 뽑아 만들 수 있는 세 자리의 자연수의 개수

(3) 2장을 동시에 뽑아 만들 수 있는 두 자리의 자연수 중에서 홀수의 개수

9 0, 1, 2, 3의 숫자가 각각 하나씩 적힌 4장의 카드가 있다. 다음을 구하시오.

(1) 2장을 동시에 뽑아 만들 수 있는 두 자리의 자연수의 개수

(2) 3장을 동시에 뽑아 만들 수 있는 세 자리의 자연수의 개수

10 A, B, C, D, E, F 6명의 학생 중에서 대표를 뽑을 때, 다음을 구하시오.

(1) 대표 1명, 부대표 1명을 뽑는 경우의 수

(2) 대표 1명, 부대표 1명, 총무 1명을 뽑는 경우의 수

(3) 대의원 2명을 뽑는 경우의 수

(4) 대의원 3명을 뽑는 경우의 수

1 한 개의 주사위를 던질 때, 다음 중 그 경우의 수가 가장 작은 것은?

① 홀수의 눈이 나온다.
② 소수의 눈이 나온다.
③ 3 이상의 눈이 나온다.
④ 4의 배수의 눈이 나온다.
⑤ 5의 약수의 눈이 나온다.

2 진희는 100원짜리 동전 7개, 50원짜리 동전 6개를 가지고 있다. 문구점에서 700원짜리 볼펜 1자루를 살 때, 볼펜 값을 지불하는 방법의 수는? (단, 거스름돈은 없다.)

① 3   ② 4   ③ 5
④ 6   ⑤ 7

3 다음 표는 동재네 반 학생들의 혈액형을 조사하여 나타낸 것이다. 동재네 반 학생 중에서 한 명을 뽑을 때, 혈액형이 A형 또는 O형인 경우의 수를 구하시오.

혈액형	A형	B형	O형	AB형
학생 수(명)	11	9	7	5

4 한 개의 주사위를 두 번 던질 때, 나오는 두 눈의 수의 합이 7 또는 9인 경우의 수는?

① 8   ② 9   ③ 10
④ 11   ⑤ 12

5 1부터 15까지의 자연수가 각각 하나씩 적힌 15개의 공이 들어 있는 상자에서 한 개의 공을 꺼낼 때, 2의 배수 또는 3의 배수가 적힌 공이 나오는 경우의 수를 구하시오.

6 은지가 아이스크림 가게에서 바닐라, 딸기, 초콜릿, 녹차, 망고 아이스크림 중에서 한 가지를 골라 콘과 컵 중 한 가지에 담아 달라고 주문하는 경우의 수를 구하시오.

7 채원, 가은, 재준이가 가위바위보를 할 때, 일어날 수 있는 모든 경우의 수는?

① 9   ② 15   ③ 21
④ 27   ⑤ 32

8 다음 그림과 같이 세 지점 A, B, C를 연결하는 도로가 있다. 이때 A 지점에서 C 지점까지 가는 방법의 수를 구하시오. (단, 한 번 지나간 지점은 다시 지나지 않는다.)

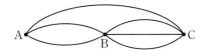

12 부모님을 포함한 5명의 가족이 나란히 서서 사진을 찍으려고 한다. 이때 부모님이 이웃하여 서는 경우의 수는?

① 12   ② 24   ③ 48

④ 60   ⑤ 120

9 서로 다른 동전 2개와 주사위 1개를 동시에 던질 때, 동전은 같은 면이 나오고, 주사위는 4의 약수의 눈이 나오는 경우의 수는?

① 4   ② 5   ③ 6

④ 7   ⑤ 8

13 1부터 5까지의 자연수가 각각 하나씩 적힌 5장의 카드 중에서 3장을 동시에 뽑아 세 자리의 자연수를 만들 때, 홀수의 개수를 구하시오.

10 다혜는 올 한 해 동안 수원, 대전, 경주, 전주의 대표 문화재를 보기 위해 각 도시에 한 번씩 방문하려고 한다. 네 도시를 방문하는 순서를 정하는 경우의 수는?

① 4   ② 6   ③ 12

④ 18   ⑤ 24

14 6, 7, 8, 9, 0의 숫자가 각각 하나씩 적힌 5장의 카드 중에서 3장을 동시에 뽑아 세 자리의 자연수를 만들 때, 짝수의 개수는?

① 14   ② 18   ③ 22

④ 26   ⑤ 30

11 서로 다른 동화책 2권, 소설책 3권을 책꽂이에 나란히 꽂을 때, 동화책 2권을 양 끝에 꽂는 경우의 수를 구하시오.

15 어느 중학교의 탁구부 선수 8명 중에서 대회에 출전할 대표 3명을 뽑는 경우의 수를 구하시오.

7

확률

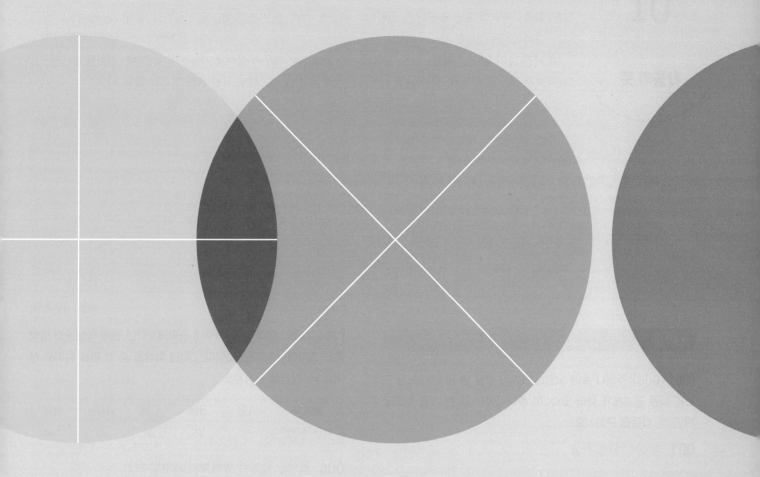

01

확률의 뜻

(1) **확률:** 동일한 조건에서 같은 실험이나 관찰을 여러 번 반복할 때, 어떤 사건이 일어나는 상대도수가 가까워지는 일정한 값
전체 도수에 대한 각 계급의 도수의 비율

(2) **사건 A가 일어날 확률:** 어떤 실험이나 관찰에서 각 경우가 일어날 가능성이 같을 때, 일어날 수 있는 모든 경우의 수를 n, 사건 A가 일어나는 경우의 수를 a라 하면 사건 A가 일어날 확률 p는

➡ $p = \dfrac{(\text{사건 } A \text{가 일어나는 경우의 수})}{(\text{모든 경우의 수})} = \dfrac{a}{n}$

예 한 개의 주사위를 던질 때
일어나는 모든 경우는 1, 2, 3, 4, 5, 6의 6가지
짝수의 눈이 나오는 경우는 2, 4, 6의 3가지
따라서 짝수의 눈이 나올 확률은 $\dfrac{(\text{짝수의 눈이 나오는 경우의 수})}{(\text{모든 경우의 수})} = \dfrac{3}{6} = \dfrac{1}{2}$

참고 확률은 어떤 사건이 일어날 가능성을 수로 나타낸 것이다.

정답과 해설 • 51쪽

● 확률

[001~003] 주머니 속에 모양과 크기가 같은 흰 공 1개, 노란 공 4개, 파란 공 5개가 들어 있다. 이 주머니에서 공 한 개를 임의로 꺼낼 때, 다음을 구하시오.

001 흰 공이 나올 확률

❶ 모든 경우의 수는 ☐

❷ 흰 공이 나오는 경우의 수는 ☐

❸ 따라서 흰 공이 나올 확률은 ☐

002 노란 공이 나올 확률

003 파란 공이 나올 확률

[004~005] 아래 표는 지우네 중학교 2학년 전체 학생들의 혈액형을 조사하여 나타낸 것이다. 2학년 학생들 중 한 명을 임의로 선택할 때, 다음을 구하시오.

혈액형	A형	B형	O형	AB형	합계
학생 수(명)	60	45	30	15	150

004 선택한 학생의 혈액형이 A형일 확률

005 선택한 학생의 혈액형이 AB형일 확률

[006~007] 오른쪽 그림과 같이 8등분된 원판에 0, 1, 2, 3이 적혀 있다. 이 원판에 화살을 한 번 쏠 때, 다음을 구하시오.
(단, 화살이 원판을 벗어나거나 경계선에 맞는 경우는 생각하지 않는다.)

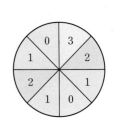

006 1이 적힌 부분에 꽂힐 확률

007 2가 적힌 부분에 꽂힐 확률

● 수를 뽑는 경우의 확률

[008~010] 상자 속에 1부터 16까지의 자연수가 각각 하나씩 적힌 16개의 공이 들어 있다. 이 상자에서 공 한 개를 임의로 꺼낼 때, 다음을 구하시오.

008 4의 배수가 적힌 공이 나올 확률

❶ 모든 경우의 수는 ☐

❷ 4의 배수가 적힌 공이 나오는 경우는

_____ 의 ☐ 가지

❸ 따라서 구하는 확률은 ☐

009 짝수가 적힌 공이 나올 확률

010 12의 약수가 적힌 공이 나올 확률

[011~013] 1부터 25까지의 자연수가 각각 하나씩 적힌 25장의 카드 중에서 한 장을 임의로 뽑을 때, 다음을 구하시오.

011 5의 배수가 적힌 카드가 나올 확률

012 소수가 적힌 카드가 나올 확률

013 20의 약수가 적힌 카드가 나올 확률

● 동전을 던지는 경우의 확률

[014~016] 서로 다른 동전 두 개를 동시에 던질 때, 다음을 구하시오.

014 모두 앞면이 나올 확률

❶ 모든 경우의 수는 ☐ × ☐ = ☐

❷ 모두 앞면이 나오는 경우는

(☐ , ☐)의 ☐ 가지

❸ 따라서 모두 앞면이 나올 확률은 ☐

015 앞면이 1개 나올 확률

016 모두 같은 면이 나올 확률

[017~019] 서로 다른 동전 세 개를 동시에 던질 때, 다음을 구하시오.

017 뒷면이 1개 나올 확률

018 뒷면이 2개 나올 확률

019 모두 같은 면이 나올 확률

● 주사위를 던지는 경우의 확률 중요

[020~024] 서로 다른 두 개의 주사위를 동시에 던질 때, 다음을 구하시오.

020 나오는 두 눈의 수의 합이 9일 확률

❶ 모든 경우의 수는 □ × □ = □
❷ 두 눈의 수의 합이 9인 경우는
  (3, 6), _____ 의 □ 가지
❸ 따라서 두 눈의 수의 합이 9일 확률은 □

021 나오는 두 눈의 수가 같을 확률

022 나오는 두 눈의 수의 합이 8일 확률

023 나오는 두 눈의 수의 차가 3일 확률

024 나오는 두 눈의 수의 곱이 6일 확률

● 여러 가지 확률

[025~027] A, B, C, D 4명의 학생을 한 줄로 세울 때, 다음을 구하시오.

025 D가 맨 뒤에 설 확률

❶ 모든 경우의 수는 □ × □ × □ × □ = □
❷ D가 맨 뒤에 서는 경우의 수는 □ × □ × □ = □
❸ 따라서 D가 맨 뒤에 설 확률은 □

026 C가 앞에서 두 번째에 설 확률

027 A와 B가 이웃하여 설 확률

[028~030] 1, 2, 3, 4의 숫자가 각각 하나씩 적힌 4장의 카드 중에서 2장을 동시에 뽑아 두 자리의 자연수를 만들 때, 다음을 구하시오.

028 두 자리의 자연수가 31 이상일 확률

❶ 모든 경우의 수는 □ × □ = □
❷ 두 자리의 자연수가 31 이상인 경우는
  31, _____ 의 □ 개
❸ 따라서 두 자리의 자연수가 31 이상일 확률은 □

029 두 자리의 자연수가 24 미만일 확률

030 두 자리의 자연수가 홀수일 확률

02

확률의 성질

(1) 어떤 사건 A가 일어날 확률을 p라 하면 $0 \leq p \leq 1$이다.
(2) 반드시 일어나는 사건의 확률은 1이다.
(3) 절대로 일어나지 않는 사건의 확률은 0이다.

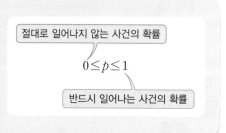

절대로 일어나지 않는 사건의 확률

$$0 \leq p \leq 1$$

반드시 일어나는 사건의 확률

정답과 해설 • 52쪽

● 확률의 성질

[031~033] 주머니 속에 모양과 크기가 같은 흰 공 3개, 검은 공 4개가 들어 있다. 이 주머니 속에서 한 개의 공을 임의로 꺼낼 때, □ 안에 알맞은 수를 쓰시오.

031 흰 공이 나오는 경우의 수: ☐

➡ 흰 공이 나올 확률: ☐

032 흰 공 또는 검은 공이 나오는 경우의 수: ☐

➡ 흰 공 또는 검은 공이 나올 확률: ☐

033 빨간 공이 나오는 경우의 수: ☐

➡ 빨간 공이 나올 확률: ☐

[034~036] 1부터 5까지의 자연수가 각각 하나씩 적힌 5장의 카드 중에서 한 장을 임의로 뽑을 때, 다음을 구하시오.

034 짝수가 적힌 카드가 나올 확률

035 6보다 작은 수가 적힌 카드가 나올 확률

036 두 자리의 자연수가 적힌 카드가 나올 확률

[037~041] 다음을 구하시오.

037 한 개의 주사위를 던질 때, 나오는 눈의 수가 6 이하일 확률

038 한 개의 주사위를 던질 때, 나오는 눈의 수가 7일 확률

039 서로 다른 두 개의 주사위를 동시에 던질 때, 나오는 두 눈의 수의 차가 6일 확률

040 서로 다른 두 개의 주사위를 동시에 던질 때, 나오는 두 눈의 수의 합이 2 이상일 확률

041 서로 다른 두 개의 동전을 동시에 던질 때, 앞면이 3개 나올 확률

03

어떤 사건이 일어나지 않을 확률

(1) **사건 A가 일어나지 않을 확률**

　사건 A가 일어날 확률을 p라 하면

　➡ (사건 A가 일어나지 않을 확률)$=1-p$

　참고 사건 A가 일어날 확률을 p, 사건 A가 일어나지 않을 확률을 q라 하면 ➡ $p+q=1$

(2) **적어도 하나는 A일 확률**

　➡ (적어도 하나는 A일 확률)$=1-$(모두 A가 <u>아닐</u> 확률)

정답과 해설 • 53쪽

● 사건 A가 일어나지 않을 확률

[042~045] 다음을 구하시오.

042 사건 A가 일어날 확률이 $\dfrac{2}{3}$일 때, 사건 A가 일어나지 않을 확률

043 승준이가 시험에 합격할 확률이 $\dfrac{3}{5}$일 때, 승준이가 시험에 불합격할 확률

044 세영이와 은석이가 테니스 경기를 하는데 세영이가 이길 확률이 $\dfrac{5}{8}$일 때, 은석이가 이길 확률

（단, 비기는 경우는 없다.）

045 내일 비가 올 확률이 $\dfrac{1}{4}$일 때, 내일 비가 오지 않을 확률

[046~051] 다음을 구하시오.

046 1부터 16까지의 자연수가 각각 하나씩 적힌 16장의 카드 중에서 한 장을 임의로 뽑을 때, 16의 약수가 아닌 수가 적힌 카드가 나올 확률

모든 경우의 수는 $\boxed{}$

16의 약수가 적힌 카드가 나오는 경우는

$\underline{}$의 $\boxed{}$가지

즉, (16의 약수가 적힌 카드가 나올 확률)$=\boxed{}$

∴ (16의 약수가 아닌 수가 적힌 카드가 나올 확률)

$=1-$(16의 약수가 적힌 카드가 나올 확률)

$=1-\boxed{}=\boxed{}$

047 1부터 15까지의 자연수가 각각 하나씩 적힌 15장의 카드가 들어 있는 주머니에서 한 장을 임의로 꺼낼 때, 카드에 적힌 수가 4의 배수가 아닐 확률

152 • Ⅲ. 확률

048 서로 다른 두 개의 주사위를 동시에 던질 때, 나오는 두 눈의 수가 서로 다를 확률

049 서로 다른 두 개의 주사위를 동시에 던질 때, 나오는 두 눈의 수의 곱이 12가 아닐 확률

050 A, B, C, D 네 사람을 한 줄로 세울 때, A가 맨 앞에 서지 않을 확률

051 A, B, C, D, E 5명을 한 줄로 세울 때, B와 C가 이웃하여 서지 않을 확률

● **적어도 하나는 A일 확률** 중요

[052~055] 다음을 구하시오.

052 서로 다른 세 개의 동전을 동시에 던질 때, 적어도 한 개는 앞면이 나올 확률

모든 경우의 수는 $\boxed{}\times\boxed{}\times\boxed{}=\boxed{}$

모두 뒷면이 나오는 경우의 수는 $\boxed{}$

즉, (모두 뒷면이 나올 확률)$=\boxed{}$

∴ (적어도 한 개는 앞면이 나올 확률)

$\quad$=1−(모두 뒷면이 나올 확률)

$\quad$=1$-\boxed{}=\boxed{}$

053 한 개의 주사위를 두 번 던질 때, 적어도 하나는 짝수의 눈이 나올 확률

054 ○, ×로 답하는 3개의 문제에 대하여 각 문제에 임의로 ○, × 중 하나로 답할 때, 적어도 한 문제는 맞힐 확률

055 남학생 3명과 여학생 5명 중에서 대표 2명을 뽑을 때, 적어도 한 명은 여학생이 뽑힐 확률

사건 A 또는 사건 B가 일어날 확률

동일한 실험이나 관찰에서 두 사건 A, B가 동시에 일어나지 않을 때,
사건 A가 일어날 확률을 p, 사건 B가 일어날 확률을 q라 하면
➡ (사건 A 또는 사건 B가 일어날 확률)$=p+q$

참고 일반적으로 문제에 '또는', '~이거나'라는 말이 있으면 두 사건이 일어날 확률을 더한다.

정답과 해설 • 54쪽

● 사건 A 또는 사건 B가 일어날 확률   중요

[056~058] 모양과 크기가 같은 파란 공 8개, 노란 공 6개, 빨간 공 4개가 들어 있는 주머니에서 한 개의 공을 임의로 꺼낼 때, 다음을 구하시오.

056 파란 공을 꺼낼 확률

057 빨간 공을 꺼낼 확률

058 파란 공 또는 빨간 공을 꺼낼 확률

059 다음 표는 어느 학급 학생들의 일주일 동안의 도서관 방문 횟수를 조사하여 나타낸 것이다. 이 학급 학생 중 한 명을 임의로 선택할 때, 이 학생의 도서관 방문 횟수가 3회 이상일 확률을 구하시오.

횟수(회)	1	2	3	4	합계
학생 수(명)	3	12	6	4	25

060 1부터 20까지의 자연수가 각각 하나씩 적힌 20장의 카드 중에서 한 장을 임의로 뽑을 때, 소수 또는 4의 배수가 적힌 카드가 나올 확률을 구하시오.

061 서로 다른 두 개의 주사위를 동시에 던질 때, 나오는 두 눈의 수의 차가 2 또는 4일 확률을 구하시오.

062 정국, 은지, 지민, 화연, 수지 5명을 한 줄로 나란히 세울 때, 정국 또는 수지가 맨 앞에 설 확률을 구하시오.

063 0, 1, 2, 3, 4의 숫자가 각각 하나씩 적힌 5장의 카드 중에서 두 장을 임의로 뽑아 두 자리의 자연수를 만들 때, 그 수가 20 이하이거나 32 이상일 확률을 구하시오.

05

사건 A와 사건 B가 동시에 일어날 확률

두 사건 A, B가 서로 영향을 끼치지 않을 때,
사건 A가 일어날 확률을 p, 사건 B가 일어날 확률을 q라 하면
➡ (사건 A와 사건 B가 동시에 일어날 확률)$=p \times q$

참고 일반적으로 문제에 '동시에', '그리고', '~와', '~하고 나서'라는 말이 있으면 두 사건이 일어날 확률을 곱한다.

정답과 해설 · **54**쪽

● 사건 A와 사건 B가 동시에 일어날 확률 (1)　중요

[064~067] 동전 1개와 주사위 1개를 동시에 던질 때, 다음을 구하시오.

064 동전은 앞면이 나올 확률

065 주사위는 소수의 눈이 나올 확률

066 동전은 앞면이 나오고 주사위는 소수의 눈이 나올 확률

067 동전은 뒷면이 나오고 주사위는 3의 배수의 눈이 나올 확률

068 A, B 두 개의 주사위를 동시에 던질 때, A 주사위는 짝수의 눈이 나오고 B 주사위는 6의 약수의 눈이 나올 확률을 구하시오.

069 핸드폰에 내장되어 있는 부속품 A가 불량품일 확률은 $\dfrac{1}{10}$, 부속품 B가 불량품일 확률은 $\dfrac{1}{4}$이다. 이때 부속품 A, B가 모두 불량품일 확률을 구하시오.

070 두 농구 선수 A, B가 자유투를 성공시킬 확률은 각각 $\dfrac{3}{4}$, $\dfrac{5}{6}$이다. 두 선수가 한 번씩 자유투를 던질 때, 두 선수 모두 성공시킬 확률을 구하시오.

071 봉선화 씨앗, 해바라기 씨앗을 화단에 심을 때, 싹이 날 확률이 각각 $\dfrac{3}{5}$, $\dfrac{4}{5}$라 한다. 이때 두 씨앗이 모두 싹이 날 확률을 구하시오.

> 학교 시험 문제는 이렇게

072 다음 그림과 같이 4등분된 원판 A와 5등분된 원판 B를 각각 한 번씩 돌린 후 멈추었을 때, 두 원판의 바늘이 모두 짝수가 적힌 부분을 가리킬 확률을 구하시오.
(단, 바늘이 경계선을 가리키는 경우는 생각하지 않는다.)

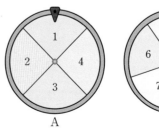
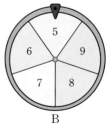

● 사건 A와 사건 B가 동시에 일어날 확률 (2)

• 두 사건 A, B가 서로 영향을 끼치지 않을 때, 사건 A가 일어날 확률을 p, 사건 B가 일어날 확률을 q라 하면
(1) 사건 A는 일어나고, 사건 B는 일어나지 않을 확률
　➡ $p \times (1-q)$
(2) 두 사건 A, B가 모두 일어나지 않을 확률
　➡ $(1-p) \times (1-q)$
(3) 두 사건 A, B 중에서 적어도 하나가 일어날 확률
　➡ $1-$(두 사건 A, B가 모두 일어나지 않을 확률)
　　 $=1-(1-p) \times (1-q)$

[073~075] 태민이가 학교에 지각할 확률이 $\frac{3}{4}$일 때, 다음을 구하시오.

073 오늘은 지각하고, 내일은 지각하지 않을 확률

074 오늘과 내일 모두 지각하지 않을 확률

075 <u>오늘과 내일 중 적어도 한 번은 지각할 확률</u>
　　$=1-$(오늘과 내일 모두 지각하지 않을 확률)

[076~078] 재영이가 어느 퀴즈 대회에서 첫 번째 문제를 맞힐 확률은 $\frac{4}{5}$, 두 번째 문제를 맞힐 확률은 $\frac{2}{3}$일 때, 다음을 구하시오.

076 첫 번째 문제는 틀리고, 두 번째 문제는 맞힐 확률

077 두 문제 모두 틀릴 확률

078 <u>적어도 한 문제는 맞힐 확률</u>
　　$=1-$(두 문제 모두 틀릴 확률)

079 두 양궁 선수 A, B가 화살을 과녁에 명중시킬 확률은 각각 $\frac{5}{6}$, $\frac{4}{5}$이다. 두 선수가 화살을 각각 한 발씩 쏘았을 때, 선수 A만 명중시킬 확률을 구하시오.

080 일기 예보에서 내일 비가 올 확률은 $\frac{2}{5}$, 모레 비가 올 확률은 $\frac{1}{3}$이라 할 때, 내일은 비가 오고, 모레는 비가 오지 않을 확률을 구하시오. (단, 내일 비가 오는 사건은 모레 비가 오는 사건에 영향을 끼치지 않는다.)

081 어떤 오디션에 참가한 은우와 서희가 본선에 진출할 확률이 각각 $\frac{3}{5}$, $\frac{1}{3}$일 때, 두 사람 모두 본선에 진출하지 못할 확률을 구하시오.

082 어느 야구 선수가 타석에 한 번 설 때, 안타를 칠 확률이 0.2이다. 이 선수가 타석에 두 번 설 때, <u>적어도</u> 한 번은 안타를 칠 확률을 구하시오.

083 두 축구 선수 A, B가 경기에서 승부차기를 성공할 확률은 각각 $\frac{5}{6}$, $\frac{1}{4}$이다. 두 선수가 각각 한 번씩 승부차기를 할 때, <u>적어도</u> 한 선수는 성공할 확률을 구하시오.

(1) **꺼낸 것을 다시 넣고 꺼내는 경우**

처음에 꺼낸 것을 다시 꺼낼 수 있으므로 처음에 일어난 사건이 나중에 일어나는 사건에 영향을 주지 않는다.

➡ 처음과 나중의 조건이 같다.

➡ (처음에 꺼낼 때의 전체 개수) = (나중에 꺼낼 때의 전체 개수)

(2) **꺼낸 것을 다시 넣지 않고 꺼내는 경우**

처음에 꺼낸 것을 다시 꺼낼 수 없으므로 처음에 일어난 사건이 나중에 일어나는 사건에 영향을 준다.

➡ 처음과 나중의 조건이 다르다.

➡ (처음에 꺼낼 때의 전체 개수) ≠ (나중에 꺼낼 때의 전체 개수)

⟮예⟯ 모양과 크기가 같은 빨간 공 3개와 파란 공 3개가 들어 있는 주머니에서 공 2개를 연속하여 꺼낼 때, 2개 모두 파란 공이 나올 확률은 다음과 같은 두 경우로 생각할 수 있다.

(1) 처음 꺼낸 공을 다시 넣는 경우

첫 번째, 두 번째 모두 6개의 공 중에서 꺼낸다.

(2) 처음 꺼낸 공을 다시 넣지 않는 경우

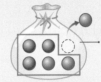

첫 번째에는 6개의 공 중에서, 두 번째에는 5개의 공 중에서 꺼낸다.

정답과 해설 • **55**쪽

● 연속하여 꺼내는 경우의 확률 ⟮중요⟯

084 상자 안에 모양과 크기가 같은 노란 공 4개와 빨간 공 5개가 들어 있다. 이 상자에서 2개의 공을 연속하여 꺼낼 때, 다음의 각 경우에 대하여 두 공이 모두 노란 공일 확률을 구하시오.

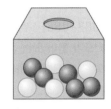

	(1) 꺼낸 공을 다시 넣는 경우	(2) 꺼낸 공을 다시 넣지 않는 경우
첫 번째에 노란 공을 꺼낼 확률	$\dfrac{4}{9}$	$\dfrac{4}{9}$
두 번째에도 노란 공을 꺼낼 확률	남은 공의 개수: ☐ 개 노란 공의 개수: ☐ 개 ➡ 확률: ☐	남은 공의 개수: ☐ 개 노란 공의 개수: ☐ 개 ➡ 확률: ☐
꺼낸 2개의 공이 모두 노란 공일 확률	$\dfrac{4}{9} \times$ ☐ = ☐	$\dfrac{4}{9} \times$ ☐ = ☐

[085~086] 모양과 크기가 같은 흰 구슬 6개, 검은 구슬 3개가 들어 있는 주머니에서 2개의 구슬을 연속하여 꺼낼 때, 다음의 각 경우에 대하여 두 구슬이 모두 흰 구슬일 확률을 구하시오.

085 처음 꺼낸 구슬을 다시 넣는 경우

086 처음 꺼낸 구슬을 다시 넣지 않는 경우

[087~088] 1부터 15까지의 자연수가 각각 하나씩 적힌 15장의 카드가 들어 있는 상자에서 2장의 카드를 연속하여 꺼낼 때, 다음의 각 경우에 대하여 두 카드 모두 5의 배수가 적힌 카드일 확률을 구하시오.

087 처음 꺼낸 카드를 다시 넣는 경우

088 처음 꺼낸 카드를 다시 넣지 않는 경우

[089~090] 4개의 당첨 제비를 포함한 10개의 제비가 들어 있는 주머니에서 A, B가 차례로 한 개씩 제비를 뽑을 때, 다음의 각 경우에 대하여 A만 당첨될 확률을 구하시오.

089 처음 뽑은 제비를 다시 넣는 경우

090 처음 뽑은 제비를 다시 넣지 않는 경우

[091~092] 5개의 불량품을 포함한 20개의 제품이 들어 있는 상자에서 2개의 제품을 연속하여 꺼낼 때, 다음의 각 경우에 대하여 두 번째에만 불량품이 나올 확률을 구하시오.

091 처음 꺼낸 제품을 다시 넣는 경우

092 처음 꺼낸 제품을 다시 넣지 않는 경우

1 오른쪽 원그래프는 승현이네 중학교 학생 100명이 좋아하는 급식 메뉴를 조사하여 나타낸 것이다. 설문에 답한 학생들 중 한 명을 임의로 선택할 때, 다음을 구하시오.

(1) 돈가스라고 답한 학생이 선택될 확률

(2) 제육볶음이라고 답한 학생이 선택될 확률

2 한 개의 주사위를 던질 때, 다음을 구하시오.

(1) 짝수의 눈이 나올 확률

(2) 4의 약수의 눈이 나올 확률

3 서로 다른 두 개의 주사위를 동시에 던질 때, 다음을 구하시오.

(1) 일어나는 모든 경우의 수

(2) 나오는 두 눈의 수의 합이 7일 확률

(3) 나오는 두 눈의 수의 차가 1일 확률

(4) 나오는 두 눈의 수의 곱이 15일 확률

4 다음을 구하시오.

(1) 모양과 크기가 같은 빨간 공 4개, 파란 공 5개가 들어 있는 주머니에서 노란 공을 꺼낼 확률

(2) 1부터 9까지의 자연수가 각각 하나씩 적힌 9장의 카드 중에서 한 장을 임의로 뽑을 때, 카드에 적힌 수가 한 자리의 자연수일 확률

(3) 한 개의 주사위를 던질 때, 나오는 눈의 수가 1 미만일 확률

(4) 서로 다른 두 개의 주사위를 동시에 던질 때, 나오는 두 눈의 수의 합이 12 이하일 확률

5 다음을 구하시오.

(1) 은수가 약속 시간에 늦을 확률이 $\frac{2}{7}$일 때, 약속 시간에 늦지 않을 확률

(2) 명중률이 $\frac{5}{6}$인 사격 선수가 표적을 향해 총을 쏘았을 때, 표적을 맞히지 못할 확률

6 1부터 12까지의 자연수가 각각 하나씩 적힌 12장의 카드 중에서 한 장을 임의로 뽑을 때, 다음을 구하시오.

(1) 카드에 적힌 수가 소수일 확률

(2) 카드에 적힌 수가 소수가 아닐 확률

7 ○, ✕로 답하는 2개의 문제에 대하여 임의로 각 문제에 답을 할 때, 다음을 구하시오.

(1) 두 문제를 모두 틀릴 확률

(2) 적어도 한 문제는 맞힐 확률

8 모양과 크기가 같은 빨간 공 6개, 파란 공 4개, 노란 공 5개가 들어 있는 상자에서 한 개의 공을 임의로 꺼낼 때, 다음을 구하시오.

(1) 빨간 공을 꺼낼 확률

(2) 노란 공을 꺼낼 확률

(3) 빨간 공 또는 노란 공을 꺼낼 확률

9 1부터 25까지의 자연수가 각각 하나씩 적힌 25장의 카드 중에서 한 장을 임의로 뽑을 때, 다음을 구하시오.

(1) 카드에 적힌 수가 4 이하이거나 23 이상일 확률

(2) 7의 배수 또는 9의 배수가 적힌 카드가 나올 확률

(3) 6의 배수 또는 16의 약수가 적힌 카드가 나올 확률

10 다음 그림과 같이 A 주머니에는 모양과 크기가 같은 흰 공 3개, 검은 공 2개가 들어 있고, B 주머니에는 모양과 크기가 같은 흰 공 2개, 검은 공 4개가 들어 있다. 두 주머니에서 공을 각각 한 개씩 꺼낼 때, 다음을 구하시오.

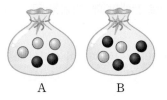

A   B

(1) A 주머니에서 흰 공, B 주머니에서 검은 공을 꺼낼 확률

(2) 두 공 모두 검은 공일 확률

11 어떤 자격 시험에서 윤재가 합격할 확률은 $\frac{4}{5}$, 지소가 합격할 확률은 $\frac{1}{3}$일 때, 다음을 구하시오.

(1) 두 사람 모두 합격할 확률

(2) 지소만 합격할 확률

(3) 두 사람 모두 불합격할 확률

(4) 적어도 한 사람은 합격할 확률

12 9개의 제비 중 2개의 당첨 제비가 들어 있는 주머니에서 연속하여 제비를 1개씩 두 번 뽑을 때, 다음의 각 경우에 대하여 두 번 모두 당첨 제비가 나올 확률을 구하시오.

(1) 처음 뽑은 제비를 다시 넣는 경우

(2) 처음 뽑은 제비를 다시 넣지 않는 경우

1 오른쪽 그림과 같이 정사각형을 16 등분 한 과녁에 화살을 한 번 쏠 때, 색칠한 부분을 맞힐 확률을 구하시 오. (단, 화살이 과녁을 벗어나거나 경계선에 맞는 경우는 생각하지 않 는다.)

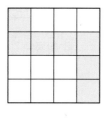

2 서로 다른 세 개의 동전을 동시에 던질 때, 앞면이 2개 나 올 확률은?

① $\dfrac{1}{8}$ 　② $\dfrac{1}{4}$ 　③ $\dfrac{3}{8}$

④ $\dfrac{1}{2}$ 　⑤ $\dfrac{5}{8}$

3 서로 다른 두 개의 주사위를 동시에 던질 때, 나오는 두 눈의 수의 곱이 25 이상일 확률을 구하시오.

4 영우, 동미, 시은, 영석, 준호 5명이 일렬로 서서 사진을 찍을 때, 영우가 한가운데에 설 확률은?

① $\dfrac{1}{5}$ 　② $\dfrac{1}{3}$ 　③ $\dfrac{2}{5}$

④ $\dfrac{3}{5}$ 　⑤ $\dfrac{2}{3}$

5 0, 1, 2, 3의 숫자가 각각 하나씩 적힌 4장의 카드 중에서 2장을 동시에 뽑아 두 자리의 자연수를 만들 때, 20 이하 일 확률은?

① $\dfrac{1}{3}$ 　② $\dfrac{2}{5}$ 　③ $\dfrac{4}{9}$

④ $\dfrac{3}{5}$ 　⑤ $\dfrac{2}{3}$

6 1부터 9까지의 자연수가 각각 하나씩 적힌 9장의 카드 중 에서 한 장을 임의로 뽑을 때, 다음 중 옳은 것을 모두 고 르면? (정답 2개)

① 0이 적힌 카드가 나올 확률은 $\dfrac{1}{9}$이다.

② 홀수가 적힌 카드가 나올 확률은 $\dfrac{4}{9}$이다.

③ 9의 약수가 적힌 카드가 나올 확률은 $\dfrac{1}{3}$이다.

④ 9 이상의 수가 적힌 카드가 나올 확률은 0이다.

⑤ 9 이하의 수가 적힌 카드가 나올 확률은 1이다.

7 1부터 30까지의 자연수가 각각 하나씩 적힌 30장의 카드 가 있다. 이 중에서 한 장의 카드를 뽑아 나온 수를 6으로 나눌 때, 그 수가 정수가 아닐 확률은?

① $\dfrac{1}{2}$ 　② $\dfrac{2}{3}$ 　③ $\dfrac{3}{4}$

④ $\dfrac{4}{5}$ 　⑤ $\dfrac{5}{6}$

8 남학생 3명과 여학생 4명 중에서 대표 2명을 뽑을 때, 적어도 한 명은 남학생이 뽑힐 확률은?

① $\dfrac{4}{7}$　　② $\dfrac{5}{8}$　　③ $\dfrac{5}{7}$

④ $\dfrac{3}{4}$　　⑤ $\dfrac{7}{8}$

9 서로 다른 두 개의 주사위를 동시에 던질 때, 나오는 두 눈의 수의 합이 4 또는 9일 확률을 구하시오.

10 각 면에 1부터 12까지의 자연수가 각각 하나씩 적힌 정십이면체 모양의 주사위를 두 번 던질 때, 바닥에 닿는 면에 적힌 수가 첫 번째에는 소수이고 두 번째에는 10의 약수일 확률을 구하시오.

11 A, B 두 학생이 어떤 수학 문제를 맞힐 확률이 각각 $\dfrac{3}{4}$, $\dfrac{2}{5}$일 때, A만 이 문제를 맞힐 확률은?

① $\dfrac{1}{4}$　　② $\dfrac{3}{10}$　　③ $\dfrac{7}{20}$

④ $\dfrac{2}{5}$　　⑤ $\dfrac{9}{20}$

12 이번 주 토요일에 비가 올 확률은 $\dfrac{5}{6}$이고 일요일에 비가 올 확률은 $\dfrac{3}{7}$이라 할 때, 이번 주 주말에 비가 오지 않을 확률은? (단, 토요일에 비가 오는 사건은 일요일에 비가 오는 사건에 영향을 끼치지 않는다.)

① $\dfrac{1}{15}$　　② $\dfrac{1}{14}$　　③ $\dfrac{2}{21}$

④ $\dfrac{2}{15}$　　⑤ $\dfrac{1}{7}$

13 공을 던져 표적을 맞히면 경품을 주는 게임이 있다. 표적을 맞힐 확률이 각각 $\dfrac{3}{5}$, $\dfrac{1}{4}$인 민수와 지우가 동시에 공을 던질 때, 적어도 한 명은 경품을 받을 확률은?

(단, 던지는 두 공은 서로 영향을 끼치지 않는다.)

① $\dfrac{2}{5}$　　② $\dfrac{1}{2}$　　③ $\dfrac{3}{5}$

④ $\dfrac{7}{10}$　　⑤ $\dfrac{4}{5}$

14 상자 안에 들어 있는 장난감 12개 중에서 불량품이 3개 섞여 있다. 이 상자에서 장난감 2개를 연속하여 꺼낼 때, 2개 모두 불량품일 확률을 구하시오.

(단, 꺼낸 장난감은 다시 넣지 않는다.)

memo

개념⁺연산

정답과 해설

중등 수학
2·2

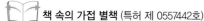

우리는 남다른 상상과 혁신으로
교육 문화의 새로운 전형을 만들어
모든 이의 행복한 경험과 성장에 기여한다

ABOVE IMAGINATION

우리는 남다른 상상과 혁신으로
교육 문화의 새로운 전형을 만들어
모든 이의 행복한 경험과 성장에 기여한다

1 삼각형의 성질

001 답 **40°**

△ABC에서 $\overline{AB}=\overline{AC}$이므로

$\angle x=\dfrac{1}{2}\times(180°-100°)=40°$

002 답 **80°**

△ABC에서 $\overline{AB}=\overline{AC}$이므로 $\angle C=\angle B=50°$

$\therefore \angle x=180°-(50°+50°)=80°$

003 답 **96°**

△ABC에서 $\overline{AB}=\overline{AC}$이므로 $\angle C=\angle B=42°$

$\therefore \angle x=180°-(42°+42°)=96°$

004 답 **140°, 40°**

005 답 **150°**

△ABC에서 $\overline{AB}=\overline{AC}$이므로

$\angle ABC=\dfrac{1}{2}\times(180°-120°)=30°$

$\therefore \angle x=180°-30°=150°$

006 답 **130°**

△ABC에서 $\overline{AB}=\overline{AC}$이므로 $\angle B=\angle C=65°$

$\therefore \angle x=65°+65°=130°$

참고 삼각형의 한 외각의 크기는 그와 이웃하지 않는 두 내각의 크기의 합과 같다.

007 답 **40°, 70°, 70°**

008 답 **66°**

△ABC에서 $\overline{AB}=\overline{AC}$이므로

$\angle B=\dfrac{1}{2}\times(180°-48°)=66°$

따라서 △CDB에서 $\overline{CD}=\overline{CB}$이므로 $\angle x=\angle B=66°$

009 답 **50°**

△DBC에서 $\overline{BC}=\overline{DC}$이므로 $\angle B=\angle BDC=65°$

따라서 △ABC에서 $\overline{AB}=\overline{AC}$이므로 $\angle ACB=\angle B=65°$

$\therefore \angle x=180°-(65°+65°)=50°$

010 답 **36°**

△CDB에서 $\overline{CB}=\overline{CD}$이므로 $\angle B=\angle CDB=72°$

따라서 △ABC에서 $\overline{AB}=\overline{AC}$이므로 $\angle ACB=\angle B=72°$

$\therefore \angle x=180°-(72°+72°)=36°$

011 답 **52°**

△BCD에서 $\overline{BC}=\overline{BD}$이므로

$\angle C=\dfrac{1}{2}\times(180°-52°)=64°$

따라서 △ABC에서 $\overline{AB}=\overline{AC}$이므로 $\angle ABC=\angle C=64°$

$\therefore \angle x=180°-(64°+64°)=52°$

012 답 **46°, 46°, 67°, 67°, 46°, 21°**

013 답 **24°**

△BCD에서 $\overline{BC}=\overline{BD}$이므로 $\angle BDC=\angle BCD=68°$

$\therefore \angle DBC=180°-(68°+68°)=44°$

△ABC에서 $\overline{AB}=\overline{AC}$이므로 $\angle ABC=\angle C=68°$

$\therefore \angle x=68°-44°=24°$

014 답 **30°**

△CDB에서 $\overline{CB}=\overline{CD}$이므로

$\angle B=\angle CDB=180°-110°=70°$

$\therefore \angle BCD=180°-(70°+70°)=40°$

△ABC에서 $\overline{AB}=\overline{AC}$이므로 $\angle ACB=\angle B=70°$

$\therefore \angle x=70°-40°=30°$

015 답 $x=3,\ y=90$

$\overline{AD}$는 $\angle A$의 이등분선이므로 $x=\overline{DC}=3$

$\overline{AD}\perp\overline{BC}$이므로 $\angle ADC=90°$ $\therefore y=90$

016 답 $x=16,\ y=40$

$\overline{AD}$는 $\angle A$의 이등분선이므로 $\overline{BD}=\overline{CD}$

$\therefore x=2\overline{DC}=2\times8=16$

$\overline{AD}\perp\overline{BC}$이므로 $\angle ADB=90°$

△ABD에서 $\angle BAD=180°-(50°+90°)=40°$

$\therefore y=40$

017 답 $x=5,\ y=20$

$\overline{AD}$는 $\angle A$의 이등분선이므로 $\overline{BD}=\overline{CD}$

$\therefore x=\dfrac{1}{2}\overline{BC}=\dfrac{1}{2}\times10=5$

△ABC에서 $\overline{AB}=\overline{AC}$이므로 $\angle C=\angle B=70°$

이때 $\overline{AD}\perp\overline{BC}$이므로 $\angle ADC=90°$

△ADC에서 $\angle CAD=180°-(90°+70°)=20°$

$\therefore y=20$

018 답 $x=90,\ y=62$

$\overline{AD}$는 꼭짓점 A와 밑변의 중점 D를 이은 선분이므로 $\angle A$의 이등분선이다.

$\overline{AD}\perp\overline{BC}$이므로 $\angle ADB=90°$ $\therefore x=90$

또 $\angle CAD=\angle BAD=28°$이므로

△ADC에서 $\angle C=180°-(90°+28°)=62°$ $\therefore y=62$

019 답 30°, 30°, 60°, 60°, 60°, 60°, 60°

020 답 68°
△DBC에서 $\overline{DB}=\overline{DC}$이므로 ∠DCB=∠B=28°
∴ ∠ADC=28°+28°=56°
△ADC에서 $\overline{AC}=\overline{DC}$이므로 ∠A=∠ADC=56°
∴ ∠x=180°-(56°+56°)=68°

021 답 47°
△ABD에서 $\overline{AD}=\overline{BD}$이므로 ∠B=∠BAD=43°
∴ ∠ADC=43°+43°=86°
따라서 △ADC에서 $\overline{AD}=\overline{CD}$이므로
∠$x=\dfrac{1}{2}×(180°-86°)=47°$

022 답 35°
△ADC에서 $\overline{AC}=\overline{DC}$이므로 ∠ADC=∠A=70°
∴ ∠BDC=180°-70°=110°
따라서 △DBC에서 $\overline{DB}=\overline{DC}$이므로
∠$x=\dfrac{1}{2}×(180°-110°)=35°$

023 답 52°, 26°, 26°, 78°

024 답 96°
△ABC에서 $\overline{AB}=\overline{AC}$이므로 ∠ACB=∠B=64°
∴ ∠DCB=$\dfrac{1}{2}$∠ACB=$\dfrac{1}{2}×64°=32°$
따라서 △DBC에서 ∠x=64°+32°=96°

025 답 75°
△ABC에서 $\overline{AB}=\overline{AC}$이므로
∠ABC=$\dfrac{1}{2}×(180°-40°)=70°$
∴ ∠ABD=$\dfrac{1}{2}$∠ABC=$\dfrac{1}{2}×70°=35°$
따라서 △ABD에서 ∠x=40°+35°=75°

026 답 40°, 70°, 35°, 110°, 55°, 35°, 55°, 20°

027 답 18°
△ABC에서 $\overline{AB}=\overline{AC}$이므로
∠ABC=∠ACB=$\dfrac{1}{2}×(180°-36°)=72°$
∴ ∠DBC=$\dfrac{1}{2}$∠ABC=$\dfrac{1}{2}×72°=36°$
이때 ∠ACE=180°-∠ACB=180°-72°=108°이므로
∠DCE=$\dfrac{1}{2}$∠ACE=$\dfrac{1}{2}×108°=54°$
따라서 △DBC에서 ∠x+36°=54°   ∴ ∠x=18°

028 답 26°
△ABC에서 $\overline{AB}=\overline{AC}$이므로
∠ABC=∠ACB=$\dfrac{1}{2}×(180°-52°)=64°$
∴ ∠DBC=$\dfrac{1}{2}$∠ABC=$\dfrac{1}{2}×64°=32°$
이때 ∠ACE=180°-∠ACB=180°-64°=116°이므로
∠DCE=$\dfrac{1}{2}$∠ACE=$\dfrac{1}{2}×116°=58°$
따라서 △DBC에서 ∠x+32°=58°   ∴ ∠x=26°

029 답 8
∠B=∠C이므로 △ABC는 $\overline{AB}=\overline{AC}$인 이등변삼각형이다.
∴ $x=\overline{AC}$=8

030 답 6
∠A=∠B이므로 △ABC는 $\overline{AC}=\overline{BC}$인 이등변삼각형이다.
즉, $3x-5=x+7$이므로 $2x=12$ ∴ $x=6$

031 답 5
△ABC에서 ∠C=180°-(35°+110°)=35°
즉, ∠A=∠C이므로 △ABC는 $\overline{AB}=\overline{CB}$인 이등변삼각형이다.
∴ $x=\overline{AB}$=5

032 답 7
△ABC에서 ∠A=180°-(45°+90°)=45°
즉, ∠A=∠B이므로 △ABC는 $\overline{AC}=\overline{BC}$인 이등변삼각형이다.
∴ $x=\overline{BC}$=7

033 답 9
△ABC에서 ∠ACB=180°-115°=65°
즉, ∠B=∠C이므로 △ABC는 $\overline{AB}=\overline{AC}$인 이등변삼각형이다.
∴ $x=\overline{AB}$=9

034 답 4
△ABC에서 ∠A+27°=54°   ∴ ∠A=27°
즉, ∠A=∠C이므로 △ABC는 $\overline{AB}=\overline{CB}$인 이등변삼각형이다.
∴ $x=\overline{AB}$=4

035 답 3
∠A=∠ADC이므로 △ADC는 $\overline{AC}=\overline{DC}$인 이등변삼각형이다.
∴ $\overline{DC}=\overline{AC}$=3
∠B=∠DCB이므로 △DBC는 $\overline{DB}=\overline{DC}$인 이등변삼각형이다.
∴ $x=\overline{DC}$=3

036 답 6
∠A=∠ADB이므로 △ABD는 $\overline{AB}=\overline{DB}$인 이등변삼각형이다.
∴ $\overline{DB}=\overline{AB}$=6
∠DBC=∠C이므로 △DBC는 $\overline{DB}=\overline{DC}$인 이등변삼각형이다.
∴ $x=\overline{DB}$=6

037 답 5

△ADC에서 ∠ADB=35°+35°=70°

∠B=∠ADB이므로 △ABD는 $\overline{AB}=\overline{AD}$인 이등변삼각형이다.

∴ $\overline{AD}=\overline{AB}=5$

∠DAC=∠C이므로 △ADC는 $\overline{AD}=\overline{CD}$인 이등변삼각형이다.

∴ $x=\overline{AD}=5$

038 답 ○

△ABC에서 $\overline{AB}=\overline{AC}$이므로

∠ABC=∠C=$\frac{1}{2}$×(180°−36°)=72°

∴ ∠ABD=$\frac{1}{2}$∠ABC=$\frac{1}{2}$×72°=36°

따라서 △ABD는 $\overline{AD}=\overline{BD}$인 이등변삼각형이다.

039 답 ○

△ABD에서 ∠BDC=∠A+∠ABD=36°+36°=72°

040 답 ×

∠ADB=180°−∠BDC=180°−72°=108°

이때 2∠C=2×72°=144°이므로

∠ADB≠2∠C

041 답 ○

∠BDC=∠C=72°이므로 △DBC는 $\overline{BC}=\overline{BD}$인 이등변삼각형이다.

042 답 10

△ABC에서 $\overline{AB}=\overline{AC}$이므로

∠ABC=∠C=$\frac{1}{2}$×(180°−36°)=72°

∴ ∠ABD=$\frac{1}{2}$∠ABC=$\frac{1}{2}$×72°=36°

즉, △ABD는 $\overline{AD}=\overline{BD}$인 이등변삼각형이다.

△ABD에서 ∠BDC=36°+36°=72°

즉, △DBC는 $\overline{BC}=\overline{BD}$인 이등변삼각형이다.

∴ $x=\overline{BD}=\overline{BC}=10$

043 답 9

△ABC에서 $\overline{AB}=\overline{AC}$이므로

∠BCA=∠B=72°

∴ ∠DCA=$\frac{1}{2}$∠BCA

    =$\frac{1}{2}$×72°=36°

△ABC에서 ∠A=180°−(72°+72°)=36°이므로

∠DCA=∠A

즉, △DCA는 $\overline{DC}=\overline{DA}$인 이등변삼각형이다.

△DCA에서 ∠BDC=36°+36°=72°

즉, △BCD는 $\overline{BC}=\overline{DC}$인 이등변삼각형이다.

∴ $x=\overline{DC}=\overline{BC}=9$

044 답 ∠CBD, ∠CBD, $\overline{AB}$, 이등변, 4

045 답 7

$\overline{AC}/\!/\overline{BD}$이므로 ∠ACB=∠CBD(엇각)

∠ABC=∠CBD(접은 각)   ∴ ∠ACB=∠ABC

따라서 △ABC는 $\overline{AB}=\overline{AC}$인 이등변삼각형이므로

$x=\overline{AB}=7$

046 답 8

$\overline{AD}/\!/\overline{BC}$이므로 ∠DAC=∠ACB(엇각)

∠BAC=∠DAC(접은 각)   ∴ ∠BAC=∠BCA

따라서 △ABC는 $\overline{BA}=\overline{BC}$인 이등변삼각형이므로

$x=\overline{AB}=8$

047 답 12

$\overline{AD}/\!/\overline{BC}$이므로 ∠DAC=∠ACB(엇각)

∠BAC=∠DAC(접은 각)   ∴ ∠BAC=∠BCA

따라서 △ABC는 $\overline{BA}=\overline{BC}$인 이등변삼각형이므로

$x=\overline{BC}=12$

048 답 ○

RHS 합동

049 답 ○

SAS 합동

050 답 ×

세 쌍의 대응하는 각의 크기가 같은 두 삼각형은 모양은 같지만 항상 합동이라 할 수 없다.

051 답 ○

ASA 합동

052 답 ○

RHA 합동 또는 ASA 합동

053 답 8

△ABC와 △FDE에서

∠C=∠E=90°, $\overline{AB}=\overline{FD}$, ∠A=∠F이므로

△ABC≡△FDE(RHA 합동)

∴ $x=\overline{BC}=8$

054 답 37

△ABC와 △EDF에서

∠C=∠F=90°, $\overline{AB}=\overline{ED}$, $\overline{BC}=\overline{DF}$이므로

△ABC≡△EDF(RHS 합동)

∠E=∠A=180°−(90°+53°)=37°   ∴ $x=37$

055 답 △ABC≡△HIG(RHS 합동)
△DEF≡△MON(RHA 합동)

△ABC와 △HIG에서
∠B=∠I=90°, $\overline{AC}=\overline{HG}$, $\overline{AB}=\overline{HI}$이므로
△ABC≡△HIG (RHS 합동)
△DEF와 △MON에서
∠E=∠O=90°, $\overline{DF}=\overline{MN}$,
∠D=180°−(90°+30°)=60°=∠M이므로
△DEF≡△MON (RHA 합동)

056 답 ∠CEA, $\overline{CA}$, ∠EAC, ∠EAC, RHA

057 답 2

△DBA≡△EAC(RHA 합동)이므로
$\overline{AD}=\overline{CE}$ ∴ $x=2$

058 답 9

△ADB≡△BEC(RHA 합동)이므로
$\overline{DB}=\overline{EC}=6$, $\overline{BE}=\overline{AD}=3$
∴ $x=\overline{DB}+\overline{BE}=6+3=9$

059 답 10

△DBA≡△EAC(RHA 합동)이므로 $\overline{AE}=\overline{BD}=5$
∴ $x=\overline{DA}=\overline{DE}-\overline{AE}=15-5=10$

060 답 ∠ACD, $\overline{AD}$, $\overline{AC}$, RHS

061 답 25°

△AED≡△ACD(RHS 합동)이므로
∠ADE=∠ADC=65°
따라서 △AED에서 ∠x=180°−(90°+65°)=25°

062 답 42°

△BED≡△BCD(RHS 합동)이므로
∠EBD=∠CBD=24°
따라서 △ABC에서 ∠x=180°−(90°+24°+24°)=42°

063 답 30°

△ABC에서 ∠BAC=180°−(90°+30°)=60°
이때 △ABD≡△AED(RHS 합동)이므로
∠x=∠BAD=$\frac{1}{2}$∠BAC=$\frac{1}{2}$×60°=30°

064 답 ∠PBO, $\overline{OP}$, ∠BOP, RHA, $\overline{PB}$

065 답 ∠PBO, $\overline{OP}$, $\overline{PB}$, RHS, ∠BOP

066 답 3

△AOP≡△BOP(RHA 합동)이므로
$\overline{PB}=\overline{PA}=3$ ∴ $x=3$

067 답 30

△AOP≡△BOP(RHS 합동)이므로
∠AOP=∠BOP=30°   ∴ $x=30$

068 답 70

△AOP≡△BOP(RHS 합동)이므로
∠BOP=∠AOP=20°
따라서 △BOP에서 ∠BPO=180°−(90°+20°)=70°
∴ $x=70$

069 답 27

△AOP≡△BOP(RHS 합동)이므로
∠BPO=∠APO=63°
따라서 △BOP에서 ∠BOP=180°−(90°+63°)=27°
∴ $x=27$

070 답 5

△EBD≡△CBD(RHA 합동)이므로 $\overline{DE}=\overline{DC}=5$
∴ $x=5$

071 답 4

△ABD≡△EBD(RHA 합동)이므로 $\overline{DE}=\overline{DA}=4$
△DEC에서 ∠CDE=180°−(90°+45°)=45°
즉, △DEC는 $\overline{CE}=\overline{DE}$인 직각이등변삼각형이다.
∴ $x=\overline{DE}=4$

072 답 38

△EBD≡△CBD(RHS 합동)이므로
∠ABC=2∠ABD=2×26°=52°
따라서 △ABC에서 ∠A=180°−(90°+52°)=38°
∴ $x=38$

073 답 21

△ABC에서 ∠ABC=180°−(90°+48°)=42°
이때 △EBD≡△CBD(RHS 합동)이므로
∠DBC=$\frac{1}{2}$∠ABC=$\frac{1}{2}$×42°=21°
∴ $x=21$

074 답 △ACD, 3, 10, 3, 15

075 답 7

오른쪽 그림과 같이 점 D에서 $\overline{AC}$에 내린 수선
의 발을 E라 하면
△ABD≡△AED(RHA 합동)이므로
$\overline{DE}=\overline{DB}=2$
∴ △ADC=$\frac{1}{2}$×7×2=7

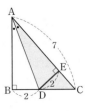

076 답 32

오른쪽 그림과 같이 점 D에서 $\overline{AC}$에 내린
수선의 발을 E라 하면
$\triangle EAD \equiv \triangle BAD$ (RHA 합동)이므로
$\overline{DE} = \overline{DB} = 4$

$\therefore \triangle ADC = \dfrac{1}{2} \times 16 \times 4 = 32$

077 답 62°

$\triangle ABC$에서 $\angle ABC = 180° - (90° + 34°) = 56°$

이때 $\triangle ABD \equiv \triangle EBD$ (RHS 합동)이므로

$\angle ABD = \dfrac{1}{2} \angle ABC = \dfrac{1}{2} \times 56° = 28°$

따라서 $\triangle ABD$에서 $\angle x = 180° - (90° + 28°) = 62°$

078 답 8, 100, 10

079 답 5

$x^2 = 4^2 + 3^2 = 25$

이때 $x > 0$이므로 $x = 5$

080 답 20

$x^2 = 16^2 + 12^2 = 400$

이때 $x > 0$이므로 $x = 20$

081 답 12

$x^2 + 9^2 = 15^2$이므로

$x^2 = 15^2 - 9^2 = 144$

이때 $x > 0$이므로 $x = 12$

082 답 5

$12^2 + x^2 = 13^2$이므로

$x^2 = 13^2 - 12^2 = 25$

이때 $x > 0$이므로 $x = 5$

083 답 ③

$\triangle ABC$에서 $15^2 + \overline{AC}^2 = 17^2$이므로

$\overline{AC}^2 = 17^2 - 15^2 = 64$

이때 $\overline{AC} > 0$이므로 $\overline{AC} = 8\,(\text{cm})$

$\therefore \triangle ABC = \dfrac{1}{2} \times 15 \times 8 = 60\,(\text{cm}^2)$

084 답 ❶ 16, 144, 12 ❷ 12, 169, 13

085 답 $x = 8$, $y = 10$

$\triangle ABD$에서 $15^2 + x^2 = 17^2$이므로

$x^2 = 17^2 - 15^2 = 64$

이때 $x > 0$이므로 $x = 8$

$\triangle ADC$에서 $y^2 = 6^2 + 8^2 = 100$

이때 $y > 0$이므로 $y = 10$

086 답 $x = 12$, $y = 16$

$\triangle ABD$에서 $9^2 + x^2 = 15^2$이므로

$x^2 = 15^2 - 9^2 = 144$

이때 $x > 0$이므로 $x = 12$

$\triangle ADC$에서 $y^2 + 12^2 = 20^2$이므로

$y^2 = 20^2 - 12^2 = 256$

이때 $y > 0$이므로 $y = 16$

087 답 $x = 40$, $y = 30$

$\triangle ADC$에서 $9^2 + x^2 = 41^2$이므로

$x^2 = 41^2 - 9^2 = 1600$

이때 $x > 0$이므로 $x = 40$

$\triangle ABD$에서 $y^2 + 40^2 = 50^2$이므로

$y^2 = 50^2 - 40^2 = 900$

이때 $y > 0$이므로 $y = 30$

088 답 $x = 15$, $y = 20$

$\triangle ABC$에서 $8^2 + x^2 = 17^2$이므로

$x^2 = 17^2 - 8^2 = 225$

이때 $x > 0$이므로 $x = 15$

$\triangle ACD$에서 $y^2 + 15^2 = 25^2$이므로

$y^2 = 25^2 - 15^2 = 400$

이때 $y > 0$이므로 $y = 20$

089 답 $x = 5$, $y = 12$

$\triangle ABC$에서 $x^2 = 3^2 + 4^2 = 25$

이때 $x > 0$이므로 $x = 5$

$\triangle ACD$에서 $y^2 + 5^2 = 13^2$이므로

$y^2 = 13^2 - 5^2 = 144$

이때 $y > 0$이므로 $y = 12$

090 답 ②

$\triangle ABC$에서 $\overline{AC}^2 = 12^2 + 9^2 = 225$

이때 $\overline{AC} > 0$이므로 $\overline{AC} = 15$

$\triangle ACD$에서 $x^2 = 15^2 + 20^2 = 625$

이때 $x > 0$이므로 $x = 25$

091 답 ❶ 5, 144, 12 ❷ 11, 12, 400, 20

092 답 $x = 8$, $y = 25$

$\triangle ABD$에서 $x^2 + 15^2 = 17^2$이므로

$x^2 = 17^2 - 15^2 = 64$

이때 $x > 0$이므로 $x = 8$

$\triangle ABC$에서 $y^2 = (8 + 12)^2 + 15^2 = 625$

이때 $y > 0$이므로 $y = 25$

093 답 $x = 12$, $y = 7$

$\triangle ADC$에서 $9^2 + x^2 = 15^2$이므로

$x^2 = 15^2 - 9^2 = 144$

이때 $x > 0$이므로 $x = 12$

$\triangle$ABC에서 $\overline{BC}^2+12^2=20^2$이므로
$\overline{BC}^2=20^2-12^2=256$
이때 $\overline{BC}>0$이므로 $\overline{BC}=16$
$\therefore y=\overline{BC}-\overline{DC}=16-9=7$

094 답 $x=8$, $y=10$
$\triangle$ABC에서 $x^2+(9+6)^2=17^2$이므로
$x^2=17^2-15^2=64$
이때 $x>0$이므로 $x=8$
$\triangle$BCD에서 $y^2=8^2+6^2=100$
이때 $y>0$이므로 $y=10$

095 답 80
$\triangle$ADC에서 $\overline{AD}^2=3^2+4^2=25$
이때 $\overline{AD}>0$이므로 $\overline{AD}=5$
즉, $\overline{BD}=\overline{AD}=5$이므로
$\triangle$ABC에서 $x^2=(5+3)^2+4^2=80$

096 답 244
$\triangle$BCD에서 $12^2+\overline{CD}^2=13^2$이므로
$\overline{CD}^2=13^2-12^2=25$
이때 $\overline{CD}>0$이므로 $\overline{CD}=5$
즉, $\overline{AD}=\overline{CD}=5$이므로
$\triangle$ABC에서 $x^2=12^2+(5+5)^2=244$

097 답 208
$\triangle$ABC에서 $\overline{BC}^2+12^2=20^2$이므로
$\overline{BC}^2=20^2-12^2=256$
이때 $\overline{BC}>0$이므로 $\overline{BC}=16$
즉, $\overline{BD}=\dfrac{1}{2}\overline{BC}=\dfrac{1}{2}\times16=8$이므로
$\triangle$ABD에서 $x^2=8^2+12^2=208$

098 답 15, 625, 625, 24, 49, 7

099 답 9
오른쪽 그림과 같이 $\overline{AC}$를 그으면
$\triangle$ABC에서 $\overline{AC}^2=7^2+6^2=85$
$\triangle$ACD에서 $x^2+2^2=85$이므로
$x^2=85-2^2=81$
이때 $x>0$이므로 $x=9$

100 답 20
오른쪽 그림과 같이 $\overline{BD}$를 그으면
$\triangle$ABD에서 $\overline{BD}^2=16^2+15^2=481$
$\triangle$BCD에서 $x^2+9^2=481$이므로
$x^2=481-9^2=400$
이때 $x>0$이므로 $x=20$

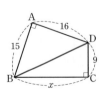

101 답 5
오른쪽 그림과 같이 $\overline{AC}$를 그으면
$\triangle$ABC에서 $\overline{AC}^2=7^2+1^2=50$
$\overline{AD}=\overline{CD}=x$이므로
$\triangle$ACD에서 $x^2+x^2=50$, $x^2=25$
이때 $x>0$이므로 $x=5$

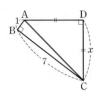

102 답 7, 7, 9, 12, 9, 12, 225, 15

103 답 5
오른쪽 그림과 같이 꼭짓점 D에서 $\overline{BC}$
에 내린 수선의 발을 H라 하면
$\overline{BH}=\overline{AD}=4$이므로
$\overline{HC}=\overline{BC}-\overline{BH}=8-4=4$
$\overline{DH}=\overline{AB}=3$이므로 $\triangle$DHC에서 $x^2=4^2+3^2=25$
이때 $x>0$이므로 $x=5$

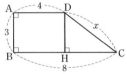

104 답 8
오른쪽 그림과 같이 꼭짓점 C에서 $\overline{AD}$에
내린 수선의 발을 H라 하면
$\overline{AH}=\overline{BC}=8$이므로
$\overline{HD}=\overline{AD}-\overline{AH}=14-8=6$
$\triangle$CDH에서 $6^2+\overline{CH}^2=10^2$이므로
$\overline{CH}^2=10^2-6^2=64$
이때 $\overline{CH}>0$이므로 $\overline{CH}=8$
$\therefore x=\overline{CH}=8$

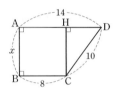

105 답 20
오른쪽 그림과 같이 꼭짓점 A에서 $\overline{BC}$에 내린
수선의 발을 H라 하면
$\overline{HC}=\overline{AD}=11$이므로
$\overline{BH}=\overline{BC}-\overline{HC}=16-11=5$
$\triangle$ABH에서 $5^2+\overline{AH}^2=13^2$이므로
$\overline{AH}^2=13^2-5^2=144$
이때 $\overline{AH}>0$이므로 $\overline{AH}=12$
$\overline{DC}=\overline{AH}=12$이므로
$\triangle$BCD에서 $x^2=16^2+12^2=400$
이때 $x>0$이므로 $x=20$

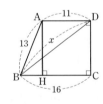

106 답 60
$\triangle$ABC에서 $\overline{AC}^2+\overline{AB}^2=\overline{BC}^2$이므로
(정사각형 ACDE의 넓이)+(정사각형 AFGB의 넓이)
=(정사각형 BHIC의 넓이)
$\therefore$ (정사각형 BHIC의 넓이)$=24+36=60$

107 답 17
$\triangle$ABC에서 $\overline{AC}^2+\overline{AB}^2=\overline{BC}^2$이므로
(정사각형 ACDE의 넓이)+(정사각형 AFGB의 넓이)
=(정사각형 BHIC의 넓이)

즉, (정사각형 ACDE의 넓이)$+15=32$
∴ (정사각형 ACDE의 넓이)$=17$

108 탭 **25**
△ABC에서 $\overline{AB}^2+\overline{AC}^2=\overline{BC}^2$이므로
(정사각형 AFGB의 넓이)$+$(정사각형 ACDE의 넓이)
$=$(정사각형 BHIC의 넓이)
즉, (정사각형 AFGB의 넓이)$+144=169$
∴ (정사각형 AFGB의 넓이)$=25$

109 탭 **6**
△ABC에서 $\overline{AC}^2+\overline{BC}^2=\overline{AB}^2$이므로
(정사각형 ACDE의 넓이)$+$(정사각형 BHIC의 넓이)
$=$(정사각형 AFGB의 넓이)
∴ (정사각형 AFGB의 넓이)$=20+16=36$
따라서 $\overline{AB}^2=36$이고, $\overline{AB}>0$이므로 $\overline{AB}=6$

110 탭 **8**
△ABC에서 $\overline{AC}^2+\overline{BC}^2=\overline{AB}^2$이므로
(정사각형 ACDE의 넓이)$+$(정사각형 BHIC의 넓이)
$=$(정사각형 AFGB의 넓이)
즉, (정사각형 ACDE의 넓이)$+48=112$
∴ (정사각형 ACDE의 넓이)$=64$
따라서 $\overline{AC}^2=64$이고, $\overline{AC}>0$이므로 $\overline{AC}=8$

111 탭 **7**
△ABC에서 $\overline{AC}^2+\overline{BC}^2=\overline{AB}^2$이므로
(정사각형 ACDE의 넓이)$+$(정사각형 BHIC의 넓이)
$=$(정사각형 AFGB의 넓이)
즉, (정사각형 ACDE의 넓이)$+56=105$
∴ (정사각형 ACDE의 넓이)$=49$
따라서 $\overline{AC}^2=49$이고, $\overline{AC}>0$이므로 $\overline{AC}=7$

112 탭 정사각형, 8, 100, 100

113 탭 **225**
사각형 EFGH는 정사각형이다.
이때 △CGF≡△DHG이므로 $\overline{DH}=\overline{CG}=9$
△DHG에서 $\overline{HG}^2=9^2+12^2=225$
∴ (정사각형 EFGH의 넓이)$=\overline{HG}^2=225$

114 탭 **169**
사각형 EFGH는 정사각형이다.
이때 △AEH≡△DHG이므로 $\overline{DG}=\overline{AH}=5$
△DHG에서 $\overline{HG}^2=5^2+12^2=169$
∴ (정사각형 EFGH의 넓이)$=\overline{HG}^2=169$

115 탭 **676**
사각형 EFGH는 정사각형이다.
이때 △AEH≡△DHG이므로 $\overline{DH}=\overline{AE}=10$

∴ $\overline{AH}=\overline{AD}-\overline{DH}=34-10=24$
△AEH에서 $\overline{EH}^2=24^2+10^2=676$
∴ (정사각형 EFGH의 넓이)$=\overline{EH}^2=676$

116 탭 **17**
△AEH≡△BFE≡△CGF≡△DHG (SAS 합동)이므로
사각형 EFGH는 정사각형이다.
정사각형 EFGH의 넓이가 289이므로 $\overline{EH}^2=289$
이때 $\overline{EH}>0$이므로 $\overline{EH}=17$

117 탭 **8**
△AEH에서 $\overline{AH}^2+15^2=17^2$이므로
$\overline{AH}^2=17^2-15^2=64$
이때 $\overline{AH}>0$이므로 $\overline{AH}=8$

118 탭 **529**
$\overline{AD}=\overline{AH}+\overline{DH}=8+15=23$이므로
(정사각형 ABCD의 넓이)$=\overline{AD}^2=23^2=529$

119 탭 **49**
△AEH≡△BFE≡△CGF≡△DHG (SAS 합동)이므로
사각형 EFGH는 정사각형이다.
정사각형 EFGH의 넓이가 25이므로 $\overline{EH}^2=25$
이때 $\overline{EH}>0$이므로 $\overline{EH}=5$
△AEH에서 $4^2+\overline{AE}^2=5^2$이므로
$\overline{AE}^2=5^2-4^2=9$
이때 $\overline{AE}>0$이므로 $\overline{AE}=3$
따라서 $\overline{AB}=\overline{AE}+\overline{BE}=3+4=7$이므로
(정사각형 ABCD의 넓이)$=\overline{AB}^2=7^2=49$

120 탭 ○
$5^2+12^2=13^2$이므로 빗변의 길이가 13 cm인 직각삼각형이다.

121 탭 ×
$6^2+10^2\neq12^2$이므로 직각삼각형이 아니다.

122 탭 ×
$2^2+5^2\neq6^2$이므로 직각삼각형이 아니다.

123 탭 ×
$8^2+14^2\neq17^2$이므로 직각삼각형이 아니다.

124 탭 ○
$20^2+21^2=29^2$이므로 빗변의 길이가 29 cm인 직각삼각형이다.

125 탭 ○
$9^2+40^2=41^2$이므로 빗변의 길이가 41 cm인 직각삼각형이다.

126 탭 8, 100, x, 28, 28, 100

127 답 9, 41

(i) x가 가장 긴 변의 길이일 때

$x^2=4^2+5^2=41$

(ii) 5가 가장 긴 변의 길이일 때

$5^2=4^2+x^2$에서 $x^2=5^2-4^2=9$

따라서 (i), (ii)에 의해 x^2의 값은 9, 41이다.

128 답 161, 289

(i) x가 가장 긴 변의 길이일 때

$x^2=8^2+15^2=289$

(ii) 15가 가장 긴 변의 길이일 때

$15^2=8^2+x^2$에서 $x^2=15^2-8^2=161$

따라서 (i), (ii)에 의해 x^2의 값은 161, 289이다.

129 답 44, 244

(i) x가 가장 긴 변의 길이일 때

$x^2=10^2+12^2=244$

(ii) 12가 가장 긴 변의 길이일 때

$12^2=10^2+x^2$에서 $x^2=12^2-10^2=44$

따라서 (i), (ii)에 의해 x^2의 값은 44, 244이다.

130 답 11, 130

131 답 104

$\overline{BE}^2+\overline{CD}^2=\overline{DE}^2+\overline{BC}^2=2^2+10^2=104$

132 답 100

$\overline{DE}^2+\overline{BC}^2=\overline{BE}^2+\overline{CD}^2=6^2+8^2=100$

133 답 36

$\overline{DE}^2+\overline{BC}^2=\overline{BE}^2+\overline{CD}^2$이므로

$2^2+9^2=x^2+7^2$ ∴ $x^2=36$

134 답 5

$\overline{DE}^2+\overline{BC}^2=\overline{BE}^2+\overline{CD}^2$이므로

$x^2+6^2=5^2+4^2$ ∴ $x^2=5$

135 답 12

$\overline{DE}^2+\overline{BC}^2=\overline{BE}^2+\overline{CD}^2$이므로

$x^2+7^2=6^2+5^2$ ∴ $x^2=12$

136 답 139

$\overline{DE}^2+\overline{BC}^2=\overline{BE}^2+\overline{CD}^2$이므로

$5^2+x^2=8^2+10^2$ ∴ $x^2=139$

137 답 185

$\overline{AB}^2+\overline{CD}^2=\overline{AD}^2+\overline{BC}^2$이므로

$x^2+y^2=8^2+11^2=185$

138 답 45

$\overline{AD}^2+\overline{BC}^2=\overline{AB}^2+\overline{CD}^2$이므로

$x^2+y^2=3^2+6^2=45$

139 답 41

$\overline{AD}^2+\overline{BC}^2=\overline{AB}^2+\overline{CD}^2$이므로

$x^2+y^2=4^2+5^2=41$

140 답 75

$\overline{AB}^2+\overline{CD}^2=\overline{AD}^2+\overline{BC}^2$이므로

$6^2+8^2=5^2+x^2$ ∴ $x^2=75$

141 답 3

$\overline{AB}^2+\overline{CD}^2=\overline{AD}^2+\overline{BC}^2$이므로

$7^2+x^2=6^2+4^2$ ∴ $x^2=3$

142 답 60

△AOD에서 $\overline{AD}^2=3^2+4^2=25$

이때 $\overline{AB}^2+\overline{CD}^2=\overline{AD}^2+\overline{BC}^2$이므로

$6^2+7^2=25+\overline{BC}^2$ ∴ $\overline{BC}^2=60$

143 답 56π

(색칠한 부분의 넓이)$=24\pi+32\pi=56\pi$

144 답 20π

(색칠한 부분의 넓이)$=70\pi-50\pi=20\pi$

145 답 64π

(색칠한 부분의 넓이)$=164\pi-100\pi=64\pi$

146 답 $\dfrac{25}{2}\pi$

($\overline{BC}$를 지름으로 하는 반원의 넓이)$=\dfrac{1}{2}\times\pi\times\left(\dfrac{10}{2}\right)^2=\dfrac{25}{2}\pi$

∴ (색칠한 부분의 넓이)$=\dfrac{25}{2}\pi$

147 답 6π

($\overline{AC}$를 지름으로 하는 반원의 넓이)$=\dfrac{1}{2}\times\pi\times\left(\dfrac{4}{2}\right)^2=2\pi$

∴ (색칠한 부분의 넓이)$=4\pi+2\pi=6\pi$

148 답 22π

($\overline{AB}$를 지름으로 하는 반원의 넓이)$=\dfrac{1}{2}\times\pi\times\left(\dfrac{12}{2}\right)^2=18\pi$

∴ (색칠한 부분의 넓이)$=40\pi-18\pi=22\pi$

149 답 54

(색칠한 부분의 넓이)$=$△ABC$=\dfrac{1}{2}\times12\times9=54$

150 답 9

(색칠한 부분의 넓이)$=$△ABC$=\dfrac{1}{2}\times3\times6=9$

151 답 15

(색칠한 부분의 넓이)$=\triangle ABC=\dfrac{1}{2}\times6\times5=15$

152 답 60

$\triangle ABC$에서 $\overline{AC}^2+8^2=17^2$이므로

$\overline{AC}^2=17^2-8^2=225$

이때 $\overline{AC}>0$이므로 $\overline{AC}=15$

$\therefore$ (색칠한 부분의 넓이)$=\triangle ABC=\dfrac{1}{2}\times8\times15=60$

153 답 96

$\triangle ABC$에서 $\overline{AB}^2+12^2=20^2$이므로

$\overline{AB}^2=20^2-12^2=256$

이때 $\overline{AB}>0$이므로 $\overline{AB}=16$

$\therefore$ (색칠한 부분의 넓이)$=\triangle ABC=\dfrac{1}{2}\times16\times12=96$

154 답 60 cm²

$\triangle ABC$에서 $\overline{AC}^2+5^2=13^2$이므로

$\overline{AC}^2=13^2-5^2=144$

이때 $\overline{AC}>0$이므로 $\overline{AC}=12$(cm)

$\therefore$ (색칠한 부분의 넓이)$=2\triangle ABC$

$\qquad\qquad\qquad\qquad=2\times\left(\dfrac{1}{2}\times5\times12\right)=60(\mathrm{cm^2})$

기본 문제 × 확인하기   29~31쪽

1 (1) $38°$ (2) $56°$ (3) $134°$

2 (1) $x=6$, $y=90$ (2) $x=4$, $y=58$ (3) $x=14$, $y=43$

3 (1) $84°$ (2) $81°$

4 (1) 3 (2) 5 (3) 7 (4) 11

5 (1) 합동이다, RHS 합동 (2) 합동이 아니다.

   (3) 합동이다, SAS 합동

6 (1) 6 (2) 62

7 (1) 26 (2) 20

8 (1) $x=8$, $y=17$ (2) $x=5$, $y=15$

9 (1) 20 (2) 14 (3) 56

10 (1) 41 (2) 117 (3) 80

11 (1) × (2) ○ (3) × (4) ○ (5) × (6) ○

12 (1) 74 (2) 180

13 (1) 60π (2) 24π (3) 57π

---

1 (1) $\triangle ABC$에서 $\overline{AB}=\overline{AC}$이므로

$\angle x=\dfrac{1}{2}\times(180°-104°)=38°$

(2) $\angle ACB=180°-118°=62°$

$\triangle ABC$에서 $\overline{AB}=\overline{AC}$이므로 $\angle B=\angle ACB=62°$

$\therefore \angle x=180°-(62°+62°)=56°$

---

(3) $\triangle ABC$에서 $\overline{AB}=\overline{AC}$이므로 $\angle B=\angle C=67°$

$\therefore \angle x=67°+67°=134°$

2 (1) $\overline{AD}$는 $\angle A$의 이등분선이므로 $x=\overline{BD}=6$

$\overline{AD}\perp\overline{BC}$이므로 $\angle ADB=90°$ $\therefore y=90$

(2) $\overline{AD}$는 $\angle A$의 이등분선이므로 $\overline{BD}=\overline{CD}$

$\therefore x=\dfrac{1}{2}\overline{BC}=\dfrac{1}{2}\times8=4$

$\angle CAD=\angle BAD=32°$이고, $\angle ADC=90°$이므로

$\triangle ADC$에서 $\angle C=180°-(90°+32°)=58°$

$\therefore y=58$

(3) $\overline{AD}$는 $\angle A$의 이등분선이므로 $\overline{BD}=\overline{CD}$

$\therefore x=2\overline{CD}=2\times7=14$

$\angle C=\angle B=47°$이고, $\angle ADC=90°$이므로

$\triangle ADC$에서 $\angle CAD=180°-(90°+47°)=43°$

$\therefore y=43$

3 (1) $\triangle ABC$에서 $\overline{AB}=\overline{AC}$이므로 $\angle ACB=\angle B=56°$

$\therefore \angle DCB=\dfrac{1}{2}\angle ACB=\dfrac{1}{2}\times56°=28°$

따라서 $\triangle DBC$에서 $\angle x=56°+28°=84°$

(2) $\triangle ABC$에서 $\overline{AB}=\overline{AC}$이므로

$\angle ABC=\angle C=\dfrac{1}{2}\times(180°-48°)=66°$

$\therefore \angle ABD=\dfrac{1}{2}\angle ABC=\dfrac{1}{2}\times66°=33°$

따라서 $\triangle ABD$에서 $\angle x=48°+33°=81°$

4 (1) $\angle B=\angle C$이므로 $\triangle ABC$는 $\overline{AB}=\overline{AC}$인 이등변삼각형이다.

즉, $5x-6=2x+3$이므로 $3x=9$ $\therefore x=3$

(2) $\triangle ABC$에서 $\angle C=180°-(63°+54°)=63°$

즉, $\angle A=\angle C$이므로 $\triangle ABC$는 $\overline{AB}=\overline{CB}$인 이등변삼각형이다.

$\therefore x=\overline{AB}=5$

(3) $\triangle ABC$에서 $\angle B+65°=130°$ $\therefore \angle B=65°$

즉, $\angle B=\angle C$이므로 $\triangle ABC$는 $\overline{AB}=\overline{AC}$인 이등변삼각형이다.

$\therefore x=\overline{AC}=7$

(4) $\triangle ABC$에서 $23°+\angle C=46°$ $\therefore \angle C=23°$

즉, $\angle A=\angle C$이므로 $\triangle ABC$는 $\overline{AB}=\overline{CB}$인 이등변삼각형이다.

$\therefore x=\overline{BC}=11$

6 (1) $\triangle AOP\equiv\triangle BOP$(RHA 합동)이므로

$\overline{AP}=\overline{BP}=6$ $\therefore x=6$

(2) $\triangle AOP\equiv\triangle BOP$(RHS 합동)이므로

$\angle BOP=\angle AOP=28°$

따라서 $\triangle BOP$에서 $\angle BPO=180°-(90°+28°)=62°$

$\therefore x=62$

7 (1) $x^2=24^2+10^2=676$

이때 $x>0$이므로 $x=26$

(2) $15^2+x^2=25^2$이므로 $x^2=25^2-15^2=400$

이때 $x>0$이므로 $x=20$

8 (1) $\triangle ABD$에서 $6^2+x^2=10^2$이므로

$x^2=10^2-6^2=64$

이때 $x>0$이므로 $x=8$

$\triangle ADC$에서 $y^2=8^2+15^2=289$

이때 $y>0$이므로 $y=17$

(2) $\triangle ABD$에서 $x^2+12^2=13^2$이므로

$x^2=13^2-12^2=25$

이때 $x>0$이므로 $x=5$

$\triangle ABC$에서 $y^2=12^2+(5+4)^2=225$

이때 $y>0$이므로 $y=15$

9 (1) $\triangle ABC$에서 $\overline{AC}^2+\overline{BC}^2=\overline{AB}^2$이므로

(정사각형 ACDE의 넓이)+(정사각형 BHIC의 넓이)

=(정사각형 AFGB의 넓이)

∴ (정사각형 AFGB의 넓이)=7+13=20

(2) $\triangle ABC$에서 $\overline{AC}^2+\overline{AB}^2=\overline{BC}^2$이므로

(정사각형 ACDE의 넓이)+(정사각형 AFGB의 넓이)

=(정사각형 BHIC의 넓이)

즉, (정사각형 ACDE의 넓이)+24=38

∴ (정사각형 ACDE의 넓이)=14

(3) $\triangle ABC$에서 $\overline{AB}^2+\overline{BC}^2=\overline{AC}^2$이므로

(정사각형 AFGB의 넓이)+(정사각형 BHIC의 넓이)

=(정사각형 ACDE의 넓이)

즉, (정사각형 AFGB의 넓이)+25=81

∴ (정사각형 AFGB의 넓이)=56

10 $\triangle AEH \equiv \triangle BFE \equiv \triangle CGF \equiv \triangle DHG$이므로 사각형 EFGH는 정사각형이다.

(1) $\triangle AEH$에서 $\overline{EH}^2=5^2+4^2=41$

∴ (정사각형 EFGH의 넓이)$=\overline{EH}^2=41$

(2) $\triangle AEH \equiv \triangle BFE$이므로 $\overline{AH}=\overline{BE}=6$

$\triangle AEH$에서 $\overline{EH}^2=9^2+6^2=117$

∴ (정사각형 EFGH의 넓이)$=\overline{EH}^2=117$

(3) $\triangle BFE \equiv \triangle DHG$이므로 $\overline{BE}=\overline{DG}=8$

$\triangle BFE$에서 $\overline{EF}^2=8^2+4^2=80$

∴ (정사각형 EFGH의 넓이)$=\overline{EF}^2=80$

11 (1) $5^2+7^2 \neq 8^2$이므로 직각삼각형이 아니다.

(2) $6^2+8^2=10^2$이므로 직각삼각형이다.

(3) $7^2+9^2 \neq 12^2$이므로 직각삼각형이 아니다.

(4) $9^2+12^2=15^2$이므로 직각삼각형이다.

(5) $12^2+16^2 \neq 18^2$이므로 직각삼각형이 아니다.

(6) $7^2+24^2=25^2$이므로 직각삼각형이다.

12 (1) $\overline{AB}^2+\overline{CD}^2=\overline{AD}^2+\overline{BC}^2$이므로

$x^2+y^2=7^2+5^2=74$

(2) $\overline{AD}^2+\overline{BC}^2=\overline{AB}^2+\overline{CD}^2$이므로

$x^2+y^2=6^2+12^2=180$

13 (1) (색칠한 부분의 넓이)$=24\pi+36\pi=60\pi$

(2) (색칠한 부분의 넓이)$=40\pi-16\pi=24\pi$

(3) ($\overline{AB}$를 지름으로 하는 반원의 넓이)$=\dfrac{1}{2}\times\pi\times\left(\dfrac{16}{2}\right)^2=32\pi$

∴ (색칠한 부분의 넓이)$=32\pi+25\pi=57\pi$

학교 시험 문제 × **확인하기** 32~33쪽

1 ②	2 $\angle x=76°$, $\angle y=28°$	3 ①	4 6 cm
5 ②	6 98 cm²	7 67.5°	8 ③	9 ④
10 10	11 ②	12 24 cm²	13 ③	14 ④
15 169	16 400π cm²		

1 $\triangle ABD$에서 $\overline{AD}=\overline{BD}$이므로

$\angle ABD=\angle A=\dfrac{1}{2}\times(180°-80°)=50°$

$\triangle ABC$에서 $\overline{AB}=\overline{AC}$이므로

$\angle ABC=\dfrac{1}{2}\times(180°-50°)=65°$

∴ $\angle x=\angle ABC-\angle ABD=65°-50°=15°$

2 $\triangle DBC$에서 $\overline{DB}=\overline{DC}$이므로 $\angle DCB=\angle B=38°$

∴ $\angle x=38°+38°=76°$

$\triangle ADC$에서 $\overline{AC}=\overline{DC}$이므로 $\angle A=\angle ADC=76°$

∴ $\angle y=180°-(76°+76°)=28°$

3 $\triangle ABC$에서 $\overline{AB}=\overline{AC}$이므로

$\angle ABC=\angle ACB=\dfrac{1}{2}\times(180°-44°)=68°$

∴ $\angle DBC=\dfrac{1}{2}\angle ABC=\dfrac{1}{2}\times68°=34°$

이때 $\angle ACE=180°-\angle ACB=180°-68°=112°$이므로

$\angle DCE=\dfrac{1}{2}\angle ACE=\dfrac{1}{2}\times112°=56°$

따라서 $\triangle DBC$에서 $\angle x+34°=56°$ ∴ $\angle x=22°$

4 $\angle B=\angle DCB$이므로 $\triangle DBC$는 $\overline{BD}=\overline{CD}$인 이등변삼각형이다.

∴ $\overline{CD}=\overline{BD}=6$ cm

$\triangle DBC$에서 $\angle ADC=25°+25°=50°$

즉, $\angle A=\angle ADC$이므로 $\triangle ADC$는 $\overline{AC}=\overline{DC}$인 이등변삼각형이다.

∴ $\overline{AC}=\overline{CD}=6$ cm

5 $\overline{AD} /\!/ \overline{BC}$이므로 $\angle DAC=\angle ACB$ (엇각)

$\angle DAC=\angle BAC$ (접은 각)   ∴ $\angle BAC=\angle BCA$

따라서 $\triangle ABC$는 $\overline{BA}=\overline{BC}$인 이등변삼각형이므로

$\overline{BC}=\overline{AB}=3$ cm

∴ ($\triangle ABC$의 둘레의 길이)$=\overline{AB}+\overline{BC}+\overline{AC}$

$=3+3+2=8$ (cm)

6 $\triangle ABE \equiv \triangle DEC$ (RHA 합동)이므로

$\overline{AE} = \overline{DC} = 9\,cm$, $\overline{ED} = \overline{BA} = 5\,cm$

$\therefore \overline{AD} = \overline{AE} + \overline{ED} = 9 + 5 = 14\,(cm)$

$\therefore$ (사각형 ABCD의 넓이) $= \dfrac{1}{2} \times (5+9) \times 14 = 98\,(cm^2)$

7 $\triangle ABC$에서 $\overline{AC} = \overline{BC}$이므로

$\angle ABC = \dfrac{1}{2} \times (180° - 90°) = 45°$

이때 $\triangle DBE \equiv \triangle CBE$ (RHS 합동)이므로

$\angle DBE = \dfrac{1}{2} \angle ABC = \dfrac{1}{2} \times 45° = 22.5°$

따라서 $\triangle DBE$에서 $\angle x = 180° - (90° + 22.5°) = 67.5°$

8 $\triangle AOP$와 $\triangle BOP$에서

$\angle PAO = \angle PBO = 90°$, $\overline{OP}$는 공통, $\overline{PA} = \overline{PB}$이므로

$\triangle AOP \equiv \triangle BOP$ (RHS 합동)(⑤)

$\therefore \overline{OA} = \overline{OB}$(①), $\angle AOP = \angle BOP$(②), $\angle APO = \angle BPO$(④)

따라서 옳지 않은 것은 ③이다.

9 $\triangle ABC$에서 $\overline{AB}^2 + \overline{BC}^2 = \overline{AB}^2 + \overline{AB}^2 = 6^2$이므로

$2\overline{AB}^2 = 36$　$\therefore \overline{AB}^2 = 18$

10 $\triangle ADC$에서 $\overline{AD}^2 + 18^2 = 30^2$이므로

$\overline{AD}^2 = 30^2 - 18^2 = 576$

이때 $\overline{AD} > 0$이므로 $\overline{AD} = 24$

$\triangle ABD$에서 $\overline{BD}^2 + 24^2 = 26^2$이므로

$\overline{BD}^2 = 26^2 - 24^2 = 100$

이때 $\overline{BD} > 0$이므로 $\overline{BD} = 10$

11 오른쪽 그림과 같이 꼭짓점 A에서 $\overline{BC}$에 내린 수선의 발을 H라 하면

$\overline{HC} = \overline{AD} = 12\,cm$이므로

$\overline{BH} = \overline{BC} - \overline{HC} = 17 - 12 = 5\,(cm)$

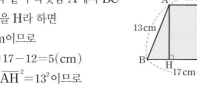

$\triangle ABH$에서 $5^2 + \overline{AH}^2 = 13^2$이므로

$\overline{AH}^2 = 13^2 - 5^2 = 144$

이때 $\overline{AH} > 0$이므로 $\overline{AH} = 12\,(cm)$

$\therefore$ (사다리꼴 ABCD의 넓이) $= \dfrac{1}{2} \times (12 + 17) \times 12$

$\qquad\qquad\qquad\qquad\qquad = 174\,(cm^2)$

12 (정사각형 ADEB의 넓이) + (정사각형 ACHI의 넓이)

$\quad =$ (정사각형 BFGC의 넓이)

즉, $64 +$ (정사각형 ACHI의 넓이) $= 100$

$\therefore$ (정사각형 ACHI의 넓이) $= 36\,(cm^2)$

따라서 $\overline{AC}^2 = 36$이고, $\overline{AC} > 0$이므로 $\overline{AC} = 6\,(cm)$

(정사각형 ADEB의 넓이) $= 64\,cm^2$이므로 $\overline{AB}^2 = 64$

이때 $\overline{AB} > 0$이므로 $\overline{AB} = 8\,(cm)$

$\therefore \triangle ABC = \dfrac{1}{2} \times 8 \times 6 = 24\,(cm^2)$

13 $\triangle AEH \equiv \triangle BFE \equiv \triangle CGF \equiv \triangle DHG$ (SAS 합동)이므로 사각형 EFGH는 정사각형이다.

정사각형 EFGH의 넓이가 $58\,cm^2$이므로 $\overline{EH}^2 = 58$

$\triangle AEH$에서 $3^2 + \overline{AH}^2 = 58$이므로

$\overline{AH}^2 = 58 - 3^2 = 49$

이때 $\overline{AH} > 0$이므로 $\overline{AH} = 7\,(cm)$

$\therefore \overline{AD} = \overline{AH} + \overline{DH} = 7 + 3 = 10\,(cm)$

14 ① $7^2 > 4^2 + 5^2$이므로 둔각삼각형이다.

② $9^2 < 6^2 + 8^2$이므로 예각삼각형이다.

③ $17^2 = 8^2 + 15^2$이므로 직각삼각형이다.

④ $18^2 < 12^2 + 16^2$이므로 예각삼각형이다.

⑤ $20^2 < 13^2 + 17^2$이므로 예각삼각형이다.

따라서 바르게 연결되지 않은 것은 ④이다.

15 $\triangle ADE$에서 $\overline{DE}^2 = 3^2 + 4^2 = 25$

이때 $\overline{DE}^2 + \overline{BC}^2 = \overline{BE}^2 + \overline{CD}^2$이므로

$\overline{BE}^2 + \overline{CD}^2 = 25 + 12^2 = 169$

16 $S_3 = \dfrac{1}{2} \times \pi \times \left(\dfrac{40}{2}\right)^2 = 200\pi\,(cm^2)$

이때 $S_1 + S_2 = S_3$이므로

$S_1 + S_2 + S_3 = 2S_3 = 2 \times 200\pi = 400\pi\,(cm^2)$

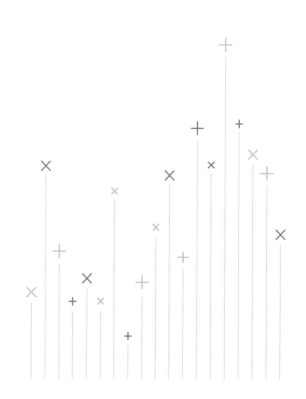

2 삼각형의 외심과 내심

001 답 ○

002 답 ×

003 답 ○

004 답 ×

005 답 ○
△OAF와 △OCF에서
∠OFA=∠OFC=90°, $\overline{OA}=\overline{OC}$, $\overline{OF}$는 공통이므로
△OAF≡△OCF (RHS 합동)

006 답 6

007 답 4
$x=\dfrac{1}{2}\overline{AC}=\dfrac{1}{2}\times8=4$

008 답 18
$x=2\overline{BD}=2\times9=18$

009 답 5

010 답 35
△OBC에서 $\overline{OB}=\overline{OC}$이므로
$\angle OBC=\dfrac{1}{2}\times(180°-110°)=35°$ ∴ $x=35$

011 답 116
△OCA에서 $\overline{OA}=\overline{OC}$이므로
$\angle AOC=180°-(32°+32°)=116°$ ∴ $x=116$

012 답 130
△OBC에서 $\overline{OB}=\overline{OC}$이므로 ∠OBC=∠OCB=25°
∴ ∠BOC=180°-(25°+25°)=130°
∴ $x=130$

013 답 9
점 O는 직각삼각형 ABC의 외심이므로 $\overline{OA}=\overline{OB}=\overline{OC}$
∴ $x=\overline{OC}=9$

014 답 7
점 O는 직각삼각형 ABC의 외심이므로 $\overline{OA}=\overline{OB}=\overline{OC}$
∴ $x=\dfrac{1}{2}\overline{BC}=\dfrac{1}{2}\times14=7$

015 답 8
점 O는 직각삼각형 ABC의 외심이므로 $\overline{OA}=\overline{OB}=\overline{OC}$
∴ $x=2\overline{OB}=2\times4=8$

016 답 62
점 O는 직각삼각형 ABC의 외심이므로 $\overline{OA}=\overline{OB}=\overline{OC}$
△OBC에서 $\overline{OB}=\overline{OC}$이므로 ∠OCB=∠OBC=28°
이때 ∠ACB=90°이므로
∠OCA=90°-28°=62° ∴ $x=62$

017 답 80
점 O는 직각삼각형 ABC의 외심이므로 $\overline{OA}=\overline{OB}=\overline{OC}$
△OCA에서 $\overline{OA}=\overline{OC}$이므로 ∠OAC=∠OCA=40°
따라서 △OCA에서 ∠AOB=40°+40°=80° ∴ $x=80$

018 답 35°
∠x+25°+30°=90°이므로 ∠x=35°

019 답 20°
∠x+30°+40°=90°이므로 ∠x=20°

020 답 40°
35°+∠x+15°=90°이므로 ∠x=40°

021 답 32°
25°+∠x+33°=90°이므로 ∠x=32°

022 답 30°
24°+36°+∠x=90°이므로 ∠x=30°

023 답 25°
21°+∠x+44°=90°이므로 ∠x=25°

024 답 110°
∠x=2∠A=2×55°=110°

025 답 56°
∠x=$\dfrac{1}{2}$∠AOC=$\dfrac{1}{2}$×112°=56°

026 답 20°
∠BOC=2∠A=2×70°=140°
따라서 △OBC에서 $\overline{OB}=\overline{OC}$이므로
∠x=$\dfrac{1}{2}$×(180°-140°)=20°

027 답 75°
△OCA에서 $\overline{OA}=\overline{OC}$이므로 ∠OCA=∠OAC=15°
∴ ∠AOC=180°-(15°+15°)=150°
∴ ∠x=$\dfrac{1}{2}$∠AOC=$\dfrac{1}{2}$×150°=75°

028 답 **120°**

△OCA에서 $\overline{OA}=\overline{OC}$이므로 ∠OAC=∠OCA=32°

∴ ∠x=2∠BAC=2×(28°+32°)=120°

(다른 풀이) 28°+∠OBC+32°=90°이므로 ∠OBC=30°

따라서 △OBC에서 $\overline{OB}=\overline{OC}$이므로

∠OCB=∠OBC=30°

∴ ∠x=180°−(30°+30°)=120°

029 답 **80°**

△OAB에서 $\overline{OA}=\overline{OB}$이므로 ∠OAB=∠OBA=15°

△OCA에서 $\overline{OA}=\overline{OC}$이므로 ∠OAC=∠OCA=25°

∴ ∠x=2∠BAC=2×(15°+25°)=80°

(다른 풀이) 15°+∠OBC+25°=90°이므로 ∠OBC=50°

따라서 △OBC에서 $\overline{OB}=\overline{OC}$이므로

∠OCB=∠OBC=50°

∴ ∠x=180°−(50°+50°)=80°

030 답 **28°**

△OAB에서 $\overline{OA}=\overline{OB}$이므로 ∠OAB=∠OBA=30°

이때 ∠BOC=2∠BAC이므로

116°=2×(30°+∠x)   ∴ ∠x=28°

(다른 풀이) △OBC에서 $\overline{OB}=\overline{OC}$이므로

∠OBC=$\frac{1}{2}$×(180°−116°)=32°

따라서 30°+32°+∠x=90°이므로 ∠x=28°

031 답 **25°**

△OCA에서 $\overline{OA}=\overline{OC}$이므로

∠OCA=∠OAC=∠x

△OBC에서 $\overline{OB}=\overline{OC}$이므로

∠OCB=∠OBC=30°

이때 ∠AOB=2∠ACB이므로

110°=2×(∠x+30°)   ∴ ∠x=25°

(다른 풀이) △OAB에서 $\overline{OA}=\overline{OB}$이므로

∠OAB=$\frac{1}{2}$×(180°−110°)=35°

따라서 35°+30°+∠x=90°이므로 ∠x=25°

032 답 **×**

033 답 **○**

034 답 **×**

035 답 **○**

036 답 **○**

△IAD와 △IAF에서

∠IDA=∠IFA=90°, $\overline{IA}$는 공통, ∠IAD=∠IAF이므로

△IAD≡△IAF (RHA 합동)

037 답 **×**

038 답 **3**

039 답 **4**

040 답 **6**

041 답 **32°**

∠x=∠IBC=32°

042 답 **28°**

∠x=∠IAB=28°

043 답 **34°**

∠x=$\frac{1}{2}$∠BAC=$\frac{1}{2}$×68°=34°

044 답 **84°**

∠x=2∠IBC=2×42°=84°

045 답 **40°, 40°, 25°**

046 답 **35°**

∠IBA=∠IBC=31°이므로

△IAB에서 ∠x=180°−(114°+31°)=35°

047 답 **21°**

∠IBC=∠IBA=∠x, ∠ICB=∠ICA=34°이므로

△IBC에서 ∠x=180°−(125°+34°)=21°

048 답 **33°**

∠ICA=∠ICB=∠x, ∠IAC=∠IAB=27°이므로

△ICA에서 ∠x=180°−(120°+27°)=33°

049 답 **25°**

∠x+25°+40°=90°이므로 ∠x=25°

050 답 **30°**

28°+32°+∠x=90°이므로 ∠x=30°

051 답 **37°**

26°+∠x+27°=90°이므로 ∠x=37°

052 답 **20°**

∠IBC=$\frac{1}{2}$∠ABC=$\frac{1}{2}$×80°=40°

따라서 30°+40°+∠x=90°이므로 ∠x=20°

053 답 **35°**

$\angle ICA = \frac{1}{2}\angle ACB = \frac{1}{2}\times 60° = 30°$

따라서 $\angle x + 25° + 30° = 90°$이므로 $\angle x = 35°$

054 답 **23°**

$\angle IAC = \frac{1}{2}\angle BAC = \frac{1}{2}\times 72° = 36°$

따라서 $36° + \angle x + 31° = 90°$이므로 $\angle x = 23°$

055 답 **117°**

$\angle x = 90° + \frac{1}{2}\angle A = 90° + \frac{1}{2}\times 54° = 117°$

056 답 **123°**

$\angle x = 90° + \frac{1}{2}\angle BAC = 90° + 33° = 123°$

057 답 **32°**

$122° = 90° + \frac{1}{2}\angle ACB$이므로

$122° = 90° + \angle x$ ∴ $\angle x = 32°$

058 답 **70°**

$125° = 90° + \frac{1}{2}\angle x$이므로

$\frac{1}{2}\angle x = 35°$ ∴ $\angle x = 70°$

059 답 **$\angle x = 118°$, $\angle y = 37°$**

$\angle x = 90° + \frac{1}{2}\angle A = 90° + \frac{1}{2}\times 56° = 118°$

$\triangle IBC$에서 $\angle y = 180° - (118° + 25°) = 37°$

060 답 **$\angle x = 129°$, $\angle y = 23°$**

$\angle x = 90° + \frac{1}{2}\angle B = 90° + \frac{1}{2}\times 78° = 129°$

$\angle ICA = \angle ICB = \angle y$이므로

$\triangle ICA$에서 $\angle y = 180° - (129° + 28°) = 23°$

061 답 **$\angle x = 124°$, $\angle y = 68°$**

$\angle IBC = \angle IBA = 30°$, $\angle ICB = \angle ICA = 26°$이므로

$\triangle IBC$에서 $\angle x = 180° - (30° + 26°) = 124°$

$124° = 90° + \frac{1}{2}\angle y$이므로

$\frac{1}{2}\angle y = 34°$ ∴ $\angle y = 68°$

062 답 **$\angle x = 40°$, $\angle y = 45°$**

$110° = 90° + \frac{1}{2}\angle x$이므로

$\frac{1}{2}\angle x = 20°$ ∴ $\angle x = 40°$

$\angle IAB = \angle IAC = 25°$, $\angle IBA = \angle IBC = \angle y$이므로

$\triangle IAB$에서 $\angle y = 180° - (110° + 25°) = 45°$

063 답 **22**

$\triangle ABC = \frac{1}{2}\times 2 \times (9 + 8 + 5) = 22$

064 답 **84**

$\triangle ABC = \frac{1}{2}\times 4 \times (14 + 15 + 13) = 84$

065 답 **40**

$\frac{1}{2}\times 3 \times (\triangle ABC의\ 둘레의\ 길이) = 60$

∴ $(\triangle ABC의\ 둘레의\ 길이) = 40$

066 답 **34**

$\frac{1}{2}\times 5 \times (\triangle ABC의\ 둘레의\ 길이) = 85$

∴ $(\triangle ABC의\ 둘레의\ 길이) = 34$

067 답 **1**

$\triangle ABC = \frac{1}{2}\times 4 \times 3 = 6$

$\triangle ABC$의 내접원의 반지름의 길이를 r라 하면

$\frac{1}{2}\times r \times (5 + 4 + 3) = 6$이므로

$6r = 6$ ∴ $r = 1$

따라서 $\triangle ABC$의 내접원의 반지름의 길이는 1이다.

068 답 **3**

$\triangle ABC = \frac{1}{2}\times 15 \times 8 = 60$

$\triangle ABC$의 내접원의 반지름의 길이를 r라 하면

$\frac{1}{2}\times r \times (8 + 15 + 17) = 60$이므로

$20r = 60$ ∴ $r = 3$

따라서 $\triangle ABC$의 내접원의 반지름의 길이는 3이다.

069 답 **$4\pi\ \mathrm{cm}^2$**

$\triangle ABC = \frac{1}{2}\times 8 \times 6 = 24\,(\mathrm{cm}^2)$

$\triangle ABC$의 내접원의 반지름의 길이를 r cm라 하면

$\frac{1}{2}\times r \times (10 + 8 + 6) = 24$이므로

$12r = 24$ ∴ $r = 2$

∴ $(\triangle ABC의\ 내접원의\ 넓이) = \pi \times 2^2 = 4\pi\,(\mathrm{cm}^2)$

070 답 **8**

$\overline{BE} = \overline{BD} = 3$이므로

$x = \overline{CE} = \overline{BC} - \overline{BE} = 11 - 3 = 8$

071 답 **7**

$\overline{AF} = \overline{AD} = 5$이므로

$x = \overline{CF} = \overline{AC} - \overline{AF} = 12 - 5 = 7$

072 답 8

$\overline{AF}=\overline{AD}=3$이므로
$\overline{CE}=\overline{CF}=\overline{AC}-\overline{AF}=8-3=5$
$\overline{AD}=3$이므로
$\overline{BE}=\overline{BD}=\overline{AB}-\overline{AD}=6-3=3$
$\therefore x=\overline{BE}+\overline{CE}=3+5=8$

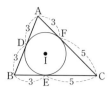

073 답 11

$\overline{CF}=4$이므로
$\overline{AD}=\overline{AF}=\overline{AC}-\overline{CF}=9-4=5$
$\overline{CE}=\overline{CF}=4$이므로
$\overline{BD}=\overline{BE}=\overline{BC}-\overline{CE}=10-4=6$
$\therefore x=\overline{AD}+\overline{BD}=5+6=11$

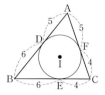

074 답 $5-x$, $5-x$, 2

075 답 6

$\overline{BE}=\overline{BD}=x$이므로
$\overline{AF}=\overline{AD}=9-x$, $\overline{CF}=\overline{CE}=15-x$
이때 $\overline{AF}+\overline{CF}=\overline{AC}$이므로
$(9-x)+(15-x)=12$
$2x=12$ $\quad\therefore x=6$

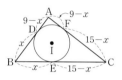

076 답 4

$\overline{CF}=\overline{CE}=x$이므로
$\overline{BD}=\overline{BE}=11-x$, $\overline{AD}=\overline{AF}=13-x$
이때 $\overline{AD}+\overline{BD}=\overline{AB}$이므로
$(13-x)+(11-x)=16$
$2x=8$ $\quad\therefore x=4$

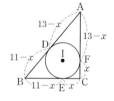

077 답 9

$\overline{DI}=\overline{DB}=4$, $\overline{EI}=\overline{EC}=5$이므로
$x=\overline{DI}+\overline{EI}=4+5=9$

078 답 5

$\overline{DI}=\overline{DB}=3$, $\overline{EI}=\overline{EC}=2$이므로
$x=\overline{DI}+\overline{EI}=3+2=5$

079 답 4

$\overline{EI}=\overline{EC}=6$이므로
$x=\overline{DI}=\overline{DE}-\overline{EI}=10-6=4$

080 답 6

$\overline{DI}=\overline{DB}=9$이므로
$x=\overline{EI}=\overline{DE}-\overline{DI}=15-9=6$

081 답 $\overline{EI}$, $\overline{EC}$, $\overline{AC}$, 8, 18

082 답 25

$(\triangle ADE의 둘레의 길이)=\overline{AD}+\overline{DE}+\overline{EA}$
$=\overline{AD}+(\overline{DI}+\overline{EI})+\overline{EA}$
$=(\overline{AD}+\overline{DB})+(\overline{EC}+\overline{EA})$
$=\overline{AB}+\overline{AC}$
$=12+13=25$

083 답 11

$(\triangle ADE의 둘레의 길이)=\overline{AD}+\overline{DE}+\overline{EA}$
$=\overline{AD}+(\overline{DI}+\overline{EI})+\overline{EA}$
$=(\overline{AD}+\overline{DB})+(\overline{EC}+\overline{EA})$
$=\overline{AB}+\overline{AC}$
$=5+6=11$

084 답 $\angle x=68°$, $\angle y=107°$

점 O는 $\triangle ABC$의 외심이므로
$\angle x=2\angle A=2\times 34°=68°$
점 I는 $\triangle ABC$의 내심이므로
$\angle y=90°+\frac{1}{2}\angle A=90°+\frac{1}{2}\times 34°=107°$

085 답 $\angle x=160°$, $\angle y=130°$

점 O는 $\triangle ABC$의 외심이므로
$\angle x=2\angle A=2\times 80°=160°$
점 I는 $\triangle ABC$의 내심이므로
$\angle y=90°+\frac{1}{2}\angle A=90°+\frac{1}{2}\times 80°=130°$

086 답 $\angle x=116°$, $\angle y=119°$

$\triangle ABC$에서 $\angle A=180°-(44°+78°)=58°$
점 O는 $\triangle ABC$의 외심이므로
$\angle x=2\angle A=2\times 58°=116°$
점 I는 $\triangle ABC$의 내심이므로
$\angle y=90°+\frac{1}{2}\angle A=90°+\frac{1}{2}\times 58°=119°$

087 답 $\angle x=48°$, $\angle y=114°$

점 O는 $\triangle ABC$의 외심이므로
$\angle x=\frac{1}{2}\angle BOC=\frac{1}{2}\times 96°=48°$
점 I는 $\triangle ABC$의 내심이므로
$\angle y=90°+\frac{1}{2}\angle x=90°+\frac{1}{2}\times 48°=114°$

088 답 $\angle x=82°$, $\angle y=131°$

점 O는 $\triangle ABC$의 외심이므로
$\angle x=\frac{1}{2}\angle BOC=\frac{1}{2}\times 164°=82°$
점 I는 $\triangle ABC$의 내심이므로
$\angle y=90°+\frac{1}{2}\angle x=90°+\frac{1}{2}\times 82°=131°$

089 탑 $\angle x=72°$, $\angle y=144°$

점 I는 △ABC의 내심이므로

$126°=90°+\dfrac{1}{2}\angle x$에서 $\dfrac{1}{2}\angle x=36°$ ∴ $\angle x=72°$

점 O는 △ABC의 외심이므로

$\angle y=2\angle x=2\times72°=144°$

090 탑 $\angle x=44°$, $\angle y=88°$

점 I는 △ABC의 내심이므로

$112°=90°+\dfrac{1}{2}\angle x$에서 $\dfrac{1}{2}\angle x=22°$ ∴ $\angle x=44°$

점 O는 △ABC의 외심이므로

$\angle y=2\angle x=2\times44°=88°$

기본 문제 × 확인하기

48~49쪽

1 (1) 14 (2) 9 (3) 48
2 (1) $x=10$, $y=58$ (2) $x=6$, $y=86$ (3) $x=8$, $y=59$
3 (1) 38° (2) 60° (3) 36°
4 (1) 8 (2) 40 (3) 24
5 (1) 55° (2) 115° (3) 48°
6 (1) 38 (2) 45 (3) 72
7 (1) 8 (2) 9 (3) 5
8 (1) $\angle x=132°$, $\angle y=123°$ (2) $\angle x=50°$, $\angle y=115°$

---

1 (1) $x=2\overline{\text{AD}}=2\times7=14$

(2) $x=\overline{\text{OA}}=9$

(3) △OAB에서 $\overline{\text{OA}}=\overline{\text{OB}}$이므로

$\angle\text{ABO}=\dfrac{1}{2}\times(180°-84°)=48°$ ∴ $x=48$

2 (1) 점 O는 직각삼각형 ABC의 외심이므로 $\overline{\text{OA}}=\overline{\text{OB}}=\overline{\text{OC}}$

$x=2\overline{\text{OA}}=2\times5=10$

△OAB에서 $\overline{\text{OA}}=\overline{\text{OB}}$이므로 $\angle\text{OAB}=\angle\text{OBA}=32°$

이때 $\angle\text{BAC}=90°$이므로 $\angle\text{OAC}=90°-32°=58°$

∴ $y=58$

(2) 점 O는 직각삼각형 ABC의 외심이므로 $\overline{\text{OA}}=\overline{\text{OB}}=\overline{\text{OC}}$

$x=\dfrac{1}{2}\overline{\text{AB}}=\dfrac{1}{2}\times12=6$

△OBC에서 $\overline{\text{OB}}=\overline{\text{OC}}$이므로 $\angle\text{OCB}=\angle\text{OBC}=43°$

따라서 △OBC에서 $\angle\text{AOC}=43°+43°=86°$

∴ $y=86$

(3) 점 O는 직각삼각형 ABC의 외심이므로 $\overline{\text{OA}}=\overline{\text{OB}}=\overline{\text{OC}}$

$x=\overline{\text{OC}}=8$

△OAB에서 $\angle\text{OAB}=\angle\text{B}$이므로

$\angle\text{OAB}+\angle\text{B}=2\angle\text{B}=118°$ ∴ $\angle\text{B}=59°$

∴ $y=59$

3 (1) $20°+32°+\angle x=90°$이므로 $\angle x=38°$

(2) $\angle x=\dfrac{1}{2}\angle\text{BOC}=\dfrac{1}{2}\times120°=60°$

(3) $\angle\text{AOC}=2\angle\text{B}=2\times54°=108°$

따라서 △OCA에서 $\overline{\text{OA}}=\overline{\text{OC}}$이므로

$\angle x=\dfrac{1}{2}\times(180°-108°)=36°$

4 (2) $\angle\text{IBA}=\angle\text{IBC}=40°$ ∴ $x=40$

(3) $\angle\text{ICB}=\angle\text{ICA}=26°$이므로

△IBC에서 $\angle\text{IBC}=180°-(130°+26°)=24°$

∴ $x=24$

5 (1) $20°+\angle x+15°=90°$이므로 $\angle x=55°$

(2) $\angle x=90°+\dfrac{1}{2}\angle\text{BAC}=90°+25°=115°$

(3) $114°=90°+\dfrac{1}{2}\angle x$이므로

$\dfrac{1}{2}\angle x=24°$ ∴ $\angle x=48°$

6 (1) △ABC$=\dfrac{1}{2}\times2\times(9+11+18)=38$

(2) △ABC$=\dfrac{1}{2}\times3\times(10+12+8)=45$

(3) △ABC$=\dfrac{1}{2}\times4\times(11+14+11)=72$

7 (1) $\overline{\text{AD}}=\overline{\text{AF}}=5$이므로

$x=\overline{\text{BD}}=\overline{\text{AB}}-\overline{\text{AD}}=13-5=8$

(2) $\overline{\text{AF}}=\overline{\text{AD}}=3$,

$\overline{\text{BE}}=\overline{\text{BD}}=4$이므로

$\overline{\text{CF}}=\overline{\text{CE}}=\overline{\text{BC}}-\overline{\text{BE}}$

$=10-4=6$

∴ $x=\overline{\text{AF}}+\overline{\text{CF}}=3+6=9$

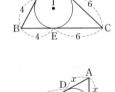

(3) $\overline{\text{AF}}=\overline{\text{AD}}=x$이므로

$\overline{\text{BE}}=\overline{\text{BD}}=17-x$,

$\overline{\text{CE}}=\overline{\text{CF}}=8-x$

이때 $\overline{\text{BE}}+\overline{\text{CE}}=\overline{\text{BC}}$이므로

$(17-x)+(8-x)=15$

$2x=10$ ∴ $x=5$

8 (1) 점 O는 △ABC의 외심이므로

$\angle x=2\angle\text{A}=2\times66°=132°$

점 I는 △ABC의 내심이므로

$\angle y=90°+\dfrac{1}{2}\angle\text{A}=90°+\dfrac{1}{2}\times66°=123°$

(2) 점 O는 △ABC의 외심이므로

$\angle x=\dfrac{1}{2}\angle\text{BOC}=\dfrac{1}{2}\times100°=50°$

점 I는 △ABC의 내심이므로

$\angle y=90°+\dfrac{1}{2}\angle x=90°+\dfrac{1}{2}\times50°=115°$

1 ③, ⑤	2 42 cm	3 ⑤	4 ②	5 102°
6 ㄴ, ㅁ	7 ③	8 25°	9 18°	10 ④
11 ④	12 14 cm	13 ②, ⑤	14 128°	

1 점 O는 △ABC의 외심이다.

①, ②, ④는 점 O가 △ABC의 내심일 때, 성립한다.

③ △AOC는 $\overline{OA}=\overline{OC}$인 이등변삼각형이다.

⑤ 삼각형의 외심은 세 변의 수직이등분선의 교점이다.

즉, $\overline{AB}$의 수직이등분선은 점 O를 지난다.

따라서 옳은 것은 ③, ⑤이다.

2 $\overline{AD}=\overline{BD}=7\,cm$, $\overline{BE}=\overline{CE}=8\,cm$, $\overline{CF}=\overline{AF}=6\,cm$

∴ (△ABC의 둘레의 길이) $=2\times(7+8+6)=42(cm)$

3 직각삼각형의 외심은 빗변의 중점이므로

(△ABC의 외접원의 반지름의 길이) $=\dfrac{1}{2}\overline{BC}=\dfrac{1}{2}\times10=5(cm)$

∴ (△ABC의 외접원의 둘레의 길이) $=2\pi\times5=10\pi(cm)$

4 $\angle x+38°+22°=90°$이므로 $\angle x=30°$

5 △OBC에서 $\overline{OB}=\overline{OC}$이므로

$\angle OBC=\dfrac{1}{2}\times(180°-152°)=14°$

따라서 $\angle ABC=37°+14°=51°$이므로

∴ $\angle AOC=2\angle ABC=2\times51°=102°$

6 ㄴ. 삼각형의 내심은 세 내각의 이등분선의 교점이다.

ㅁ. 삼각형의 내심에서 세 변에 이르는 거리는 같다.

따라서 점 I가 삼각형의 내심인 것은 ㄴ, ㅁ이다.

7 $\angle IBC=\angle IBA=24°$, $\angle ICB=\angle ICA=33°$이므로

$\angle B=24°+24°=48°$, $\angle C=33°+33°=66°$

따라서 △ABC에서 $\angle A=180°-(48°+66°)=66°$

8 $\angle IAB=\angle IAC=\dfrac{1}{2}\times70°=35°$이므로

$35°+\angle x+30°=90°$ ∴ $\angle x=25°$

9 $108°=90°+\dfrac{1}{2}\angle ACB$이므로

$108°=90°+\angle x$ ∴ $\angle x=18°$

10 $\triangle ABC=\dfrac{1}{2}\times16\times12=96(cm^2)$

△ABC의 내접원의 반지름의 길이를 $r\,cm$라 하면

$\dfrac{1}{2}\times r\times(12+20+16)=96$이므로

$24r=96$ ∴ $r=4$

∴ $\triangle IBC=\dfrac{1}{2}\times20\times4=40(cm^2)$

11 $\overline{AD}=\overline{AF}=x$라 하면

$\overline{BE}=\overline{BD}=10-x$, $\overline{CE}=\overline{CF}=7-x$

이때 $\overline{BE}+\overline{CE}=\overline{BC}$이므로

$(10-x)+(7-x)=9$

$2x=8$ ∴ $x=4$

∴ $\overline{AD}=4$

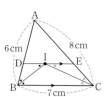

12 △DBI, △EIC는 각각 이등변삼각형

이므로 $\overline{DI}=\overline{DB}$, $\overline{EI}=\overline{EC}$

∴ (△ADE의 둘레의 길이)

$=\overline{AD}+\overline{DE}+\overline{EA}$

$=\overline{AD}+(\overline{DI}+\overline{EI})+\overline{EA}$

$=(\overline{AD}+\overline{DB})+(\overline{EC}+\overline{EA})$

$=\overline{AB}+\overline{AC}$

$=6+8=14(cm)$

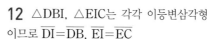

13 ② 둔각삼각형의 외심은 삼각형의 외부에 있다.

⑤ 직각삼각형의 외접원의 지름의 길이는 빗변의 길이와 같다.

14 점 I는 △ABC의 내심이므로

$122°=90°+\dfrac{1}{2}\angle A$에서 $\dfrac{1}{2}\angle A=32°$ ∴ $\angle A=64°$

점 O는 △ABC의 외심이므로

$\angle BOC=2\angle A=2\times64°=128°$

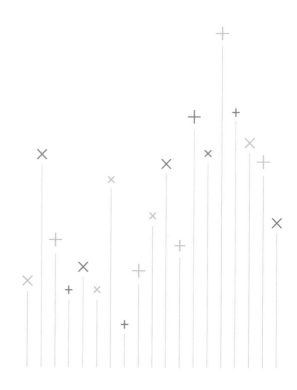

3 사각형의 성질

54~76쪽

001 답 $\angle x=40°$, $\angle y=56°$

$\overline{AB}/\!/\overline{DC}$이므로

$\angle x=\angle BDC=40°$(엇각), $\angle y=\angle BAC=56°$(엇각)

002 답 $\angle x=35°$, $\angle y=25°$

$\overline{AB}/\!/\overline{DC}$이므로 $\angle x=\angle ACD=35°$(엇각)

$\overline{AD}/\!/\overline{BC}$이므로 $\angle y=\angle DAC=25°$(엇각)

003 답 $\angle x=60°$, $\angle y=40°$

$\overline{AB}/\!/\overline{DC}$이므로 $\angle x=\angle ACD=60°$(엇각)

$\overline{AD}/\!/\overline{BC}$이므로 $\angle y=\angle ACB=40°$(엇각)

004 답 $100°$

$\overline{AD}/\!/\overline{BC}$이므로 $\angle ACB=\angle DAC=50°$(엇각)

따라서 △OBC에서 $\angle x=180°-(30°+50°)=100°$

005 답 $102°$

$\overline{AD}/\!/\overline{BC}$이므로 $\angle DAC=\angle ACB=33°$(엇각)

따라서 △AOD에서 $\angle x=180°-(33°+45°)=102°$

006 답 $104°$

$\overline{AB}/\!/\overline{DC}$이므로 $\angle ABD=\angle BDC=34°$(엇각)

따라서 △ABO에서 $\angle x=70°+34°=104°$

007 답 $x=8$, $y=6$

$x=\overline{BC}=8$, $y=\overline{AB}=6$

008 답 $x=3$, $y=2$

$\overline{AD}=\overline{BC}$이므로 $4x-3=9$, $4x=12$ ∴ $x=3$

$\overline{AB}=\overline{DC}$이므로 $2y+1=5$, $2y=4$ ∴ $y=2$

009 답 $x=70$, $y=110$

$\angle D=\angle B=70°$ ∴ $x=70$

$\angle B+\angle C=180°$이므로 $70°+\angle C=180°$

∴ $\angle C=110°$ ∴ $y=110$

010 답 $x=8$, $y=114$

$x=\overline{AB}=8$

$\angle C+\angle D=180°$이므로 $(36°+30°)+\angle D=180°$

∴ $\angle D=114°$ ∴ $y=114$

011 답 $x=40$, $y=75$

$\overline{AD}/\!/\overline{BC}$이므로 $\angle DAC=\angle ACB=40°$(엇각) ∴ $x=40$

△ABC에서 $\angle B=180°-(65°+40°)=75°$이므로

$\angle D=\angle B=75°$ ∴ $y=75$

다른 풀이 y의 값 구하기

$\angle BAD+\angle D=180°$이므로 $(65°+40°)+\angle D=180°$

∴ $\angle D=75°$ ∴ $y=75$

012 답 $x=4$, $y=6$

013 답 $x=7$, $y=10$

$\overline{OA}=\overline{OC}$이므로 $x=\dfrac{1}{2}\overline{AC}=\dfrac{1}{2}\times14=7$

$\overline{OB}=\overline{OD}$이므로 $y=2\overline{OB}=2\times5=10$

014 답 ②, ④

① $\overline{AB}/\!/\overline{DC}$이므로 $\angle DCA=\angle BAC=38°$(엇각)

② $\angle BDC$와 $\angle BCD$의 크기가 같은지 알 수 없다.

③ $\overline{DC}=\overline{AB}=6\,cm$

④ $\overline{AC}$의 길이는 알 수 없다.

⑤ △ABD와 △CDB에서

$\overline{AB}=\overline{CD}$, $\overline{AD}=\overline{CB}$, $\angle BAD=\angle DCB$이므로

△ABD≡△CDB(SAS 합동)

따라서 옳지 않은 것은 ②, ④이다.

015 답 $\angle DAE$, $\angle BAE$, $\overline{BA}$, 6, 6, 6

016 답 2

$\overline{AD}/\!/\overline{BC}$이므로 $\angle BEA=\angle DAE$(엇각)

∴ $\angle BAE=\angle BEA$

즉, △BEA는 $\overline{BE}=\overline{BA}$인 이등변삼각형이므로

$\overline{BE}=\overline{BA}=4$

이때 $\overline{BC}=\overline{AD}=6$이므로

$x=\overline{BC}-\overline{BE}=6-4=2$

017 답 6

$\overline{AD}/\!/\overline{BC}$이므로 $\angle CED=\angle ADE$(엇각)

∴ $\angle CDE=\angle CED$

즉, △CDE는 $\overline{CD}=\overline{CE}$인 이등변삼각형이므로

$\overline{CE}=\overline{CD}=x$

이때 $\overline{BC}=\overline{AD}=8$이므로

$x=\overline{BC}-\overline{BE}=8-2=6$

018 답 △CEB, $\overline{CB}$, 10, 7, 3

$\overline{AB}/\!/\overline{EC}$이므로 $\angle BEC=\angle ABE$(엇각)

∴ $\angle EBC=\angle BEC$

즉, △CEB는 $\overline{CE}=\overline{CB}$인 이등변삼각형이므로

$\overline{CE}=\overline{CB}=10$

이때 $\overline{CD}=\overline{AB}=7$이므로

$x=\overline{CE}-\overline{CD}=10-7=3$

019 답 **5**

$\overline{AB} /\!/ \overline{DE}$이므로 ∠DEA=∠BAE(엇각)

∴ ∠DAE=∠DEA

즉, △DAE는 $\overline{DA}=\overline{DE}$인 이등변삼각형이므로

$\overline{DE}=\overline{DA}=13$

이때 $\overline{DC}=\overline{AB}=8$이므로

$x=\overline{DE}-\overline{DC}=13-8=5$

020 답 **ASA, $\overline{BA}$, 6, 6, 6, 12**

021 답 **16**

△ABE와 △FCE에서

$\overline{BE}=\overline{CE}$, ∠ABE=∠FCE (엇각),

∠AEB=∠FEC (맞꼭지각)이므로

△ABE≡△FCE (ASA 합동)

∴ $\overline{CF}=\overline{BA}=8$

이때 $\overline{DC}=\overline{AB}=8$이므로

$x=\overline{DC}+\overline{CF}=8+8=16$

022 답 **10**

△ABE와 △DFE에서

$\overline{AE}=\overline{DE}$, ∠BAE=∠FDE (엇각),

∠AEB=∠DEF (맞꼭지각)이므로

△ABE≡△DFE (ASA 합동)

∴ $\overline{DF}=\overline{AB}=5$

이때 $\overline{CD}=\overline{AB}=5$이므로

$x=\overline{CD}+\overline{DF}=5+5=10$

023 답 **2, 120°**

024 답 **108°**

$\angle x=180°\times\dfrac{3}{5}=108°$

025 답 **45°**

$\angle B=180°\times\dfrac{1}{4}=45°$　　∴ $\angle x=\angle B=45°$

026 답 **80°**

$\angle C=180°\times\dfrac{4}{9}=80°$　　∴ $\angle x=\angle C=80°$

027 답 ○

028 답 ○

$\overline{AD} /\!/ \overline{BC}$이므로 ∠OAP=∠OCQ (엇각)

029 답 ×

030 답 ×

031 답 ○

△AOP와 △COQ에서

$\overline{AO}=\overline{CO}$, ∠OAP=∠OCQ (엇각),

∠AOP=∠COQ (맞꼭지각)이므로

△AOP≡△COQ (ASA 합동)

032 답 ○

△AOP≡△COQ (ASA 합동)이므로 $\overline{PO}=\overline{QO}$

033 답 $\overline{DC}$, $\overline{BC}$

034 답 $\overline{DC}$, $\overline{AD}$

035 답 ∠BCD, ∠ABC

036 답 $\overline{OC}$, $\overline{OD}$

037 답 $\overline{DC}$, $\overline{DC}$

038 답 $x=38$, $y=46$

$\overline{AD} /\!/ \overline{BC}$, $\overline{AB} /\!/ \overline{DC}$이어야 하므로

∠DAC=∠ACB=38° (엇각)　　∴ $x=38$

∠BDC=∠ABD=46° (엇각)　　∴ $y=46$

039 답 $x=5$, $y=4$

$\overline{AB}=\overline{DC}$, $\overline{AD}=\overline{BC}$이어야 하므로

$x+1=6$　　∴ $x=5$

$3y-2=10$, $3y=12$　　∴ $y=4$

040 답 $x=110$, $y=70$

∠A=∠C, ∠B=∠D이어야 하므로

∠A=∠C=110°　　∴ $x=110$

∠A+∠B=180°이므로

∠B=180°-110°=70°　　∴ $y=70$

041 답 $x=4$, $y=5$

$\overline{OA}=\overline{OC}$, $\overline{OB}=\overline{OD}$이어야 하므로

$x=\overline{OA}=4$, $y=\overline{OB}=5$

042 답 $x=70$, $y=8$

$\overline{AB} /\!/ \overline{DC}$, $\overline{AB}=\overline{DC}$이어야 하므로

∠ACD=∠BAC=70° (엇각)　　∴ $x=70$

$y=\overline{DC}=8$

043 답 ○, 두 쌍의 대변의 길이가 각각 같다.

044 답 ×

$\overline{OA}\neq\overline{OC}$, $\overline{OB}\neq\overline{OD}$이므로 평행사변형이

아니다.

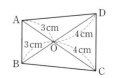

045 답 ×

∠BAD ≠ ∠BCD, 즉 대각의 크기가 같지 않으므로 평행사변형이 아니다.

046 답 ○, 두 쌍의 대변이 각각 평행하다.

047 답 ×

$\overline{AB} /\!/ \overline{DC}$ 또는 $\overline{AD} = \overline{BC}$인지 알 수 없다.

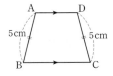

048 답 ㄷ, ㅁ, ㅇ

ㄴ. 사각형에서 나머지 한 내각의 크기는
  $360° - (105° + 75° + 75°) = 105°$
  즉, 두 쌍의 대각의 크기가 각각 같으므로 평행사변형이다.
ㄷ. 두 쌍의 대변의 길이가 각각 같지 않으므로 평행사변형이 아니다.
ㅁ. 길이가 같은 한 쌍의 대변이 평행한지 알 수 없으므로 평행사변형이라 할 수 없다.
ㅅ. 엇각의 크기가 각각 같으므로 두 쌍의 대변이 각각 평행하다.
  즉, 평행사변형이다.
ㅇ. 한 쌍의 대변은 평행하지만 나머지 한 쌍의 대변이 평행한지 알 수 없으므로 평행사변형이라 할 수 없다.
따라서 평행사변형이 아닌 것은 ㄷ, ㅁ, ㅇ이다.

049 답 $\overline{FC}$, $\overline{FC}$, 평행

050 답 $\overline{OC}$, $\overline{OD}$, $\overline{OD}$, $\overline{OF}$, 대각선

051 답 ∠EDF, ∠DFC, ∠DFC, ∠BFD, 대각

052 답 ○

∠AEF = ∠CFE = 90°이므로 $\overline{AE} /\!/ \overline{CF}$

053 답 ○

△ABE와 △CDF에서
∠AEB = ∠CFD = 90°, $\overline{AB} = \overline{CD}$, ∠ABE = ∠CDF (엇각)이므로
△ABE ≡ △CDF (RHA 합동)
∴ $\overline{AE} = \overline{CF}$

054 답 ×

□AECF에서 $\overline{AE} /\!/ \overline{CF}$, $\overline{AE} = \overline{CF}$
따라서 □AECF는 평행사변형이므로 $\overline{AE} = \overline{FC}$, $\overline{AF} = \overline{EC}$

055 답 12 cm²

$\triangle BCD = \dfrac{1}{2} \square ABCD = \dfrac{1}{2} \times 24 = 12\,(\text{cm}^2)$

056 답 10 cm²

$\triangle ABO = \dfrac{1}{4} \square ABCD = \dfrac{1}{4} \times 40 = 10\,(\text{cm}^2)$

057 답 26 cm²

$\square ABCD = 2\triangle ACD = 2 \times 13 = 26\,(\text{cm}^2)$

058 답 64 cm²

$\square ABCD = 4\triangle AOD = 4 \times 16 = 64\,(\text{cm}^2)$

059 답

(그림)

060 답 30 cm²

$\triangle PAB + \triangle PCD = (4+8) + (6+12) = 30\,(\text{cm}^2)$

061 답 30 cm²

$\triangle PDA + \triangle PBC = (4+6) + (8+12) = 30\,(\text{cm}^2)$

062 답 35 cm²

$\triangle PAB + \triangle PCD = \dfrac{1}{2} \square ABCD = \dfrac{1}{2} \times 70 = 35\,(\text{cm}^2)$

063 답 35 cm²

$\triangle PDA + \triangle PBC = \dfrac{1}{2} \square ABCD = \dfrac{1}{2} \times 70 = 35\,(\text{cm}^2)$

064 답 15 cm²

$\triangle PAB + \triangle PCD = \dfrac{1}{2} \square ABCD$이므로
$20 + \triangle PCD = \dfrac{1}{2} \times 70$ ∴ $\triangle PCD = 15\,(\text{cm}^2)$

065 답 19 cm²

$\triangle PDA + \triangle PBC = \dfrac{1}{2} \square ABCD$이므로
$16 + \triangle PBC = \dfrac{1}{2} \times 70$ ∴ $\triangle PBC = 19\,(\text{cm}^2)$

066 답 7 cm²

$\triangle PAB + \triangle PCD = \triangle PDA + \triangle PBC$이므로
$\triangle PAB + 7 = 8 + 6$ ∴ $\triangle PAB = 7\,(\text{cm}^2)$

067 답 9 cm²

$\triangle PAB + \triangle PCD = \triangle PDA + \triangle PBC$이므로
$6 + 12 = 9 + \triangle PBC$ ∴ $\triangle PBC = 9\,(\text{cm}^2)$

068 답 4, 20, 20, 10

069 답 24 cm²
□ABCD=8×6=48(cm²)이므로
$\triangle PAB+\triangle PCD=\frac{1}{2}$□ABCD=$\frac{1}{2}\times48=24$(cm²)

070 답 10

071 답 14
$x=\overline{AC}=2\overline{OA}=2\times7=14$

072 답 9
$x=\frac{1}{2}\overline{AC}=\frac{1}{2}\overline{BD}=\frac{1}{2}\times18=9$

073 답 6
$\overline{OB}=\overline{OD}$이므로
$2x=x+6$ ∴ $x=6$

074 답 3
$\overline{OA}=\overline{OC}$이므로
$7x-6=4x+3$, $3x=9$ ∴ $x=3$

075 답 3
$\overline{OA}=\overline{OB}$이므로
$5x-8=x+4$, $4x=12$ ∴ $x=3$

076 답 25°
$\triangle AOD$에서 $\overline{OA}=\overline{OD}$이므로 $\angle x=\angle OAD=25°$

077 답 50°
$\triangle OBC$에서 $\overline{OB}=\overline{OC}$이므로
$\angle x=\angle OCB=90°-40°=50°$

078 답 74°
$\triangle AOD$에서 $\overline{OA}=\overline{OD}$이므로 $\angle OAD=\angle ODA=37°$
∴ $\angle x=37°+37°=74°$

079 답 43°
$\triangle OBC$에서 $\overline{OB}=\overline{OC}$이므로 $\angle OCB=\angle OBC=43°$
이때 $\overline{AD}\,/\!/\,\overline{BC}$이므로 $\angle x=\angle ACB=43°$(엇각)

080 답 24 cm
$\overline{AO}=\overline{BO}=\frac{1}{2}\overline{AC}=\frac{1}{2}\times15=\frac{15}{2}$(cm)이므로
($\triangle ABO$의 둘레의 길이)$=\overline{AB}+\overline{AO}+\overline{BO}$
$=9+\frac{15}{2}+\frac{15}{2}=24$(cm)

081 답 90°

082 답 ABC, ADC
$\angle BAD+\angle ABC=180°$이므로
$\angle BAD=\angle ABC$이면 $\angle BAD=\angle ABC=90°$
즉, 한 내각의 크기가 90°이므로 평행사변형 ABCD는 직사각형이
된다.
또 $\angle BAD+\angle ADC=180°$이므로
$\angle BAD=\angle ADC$이면 $\angle BAD=\angle ADC=90°$
즉, 한 내각의 크기가 90°이므로 평행사변형 ABCD는 직사각형이
된다.

083 답 $\overline{BD}$

084 답 ×

085 답 ×

086 답 ○
$\overline{OA}=\overline{OC}$, $\overline{OB}=\overline{OD}$이므로
$\overline{OA}=\overline{OB}$이면 $\overline{OA}=\overline{OB}=\overline{OC}=\overline{OD}$ ∴ $\overline{AC}=\overline{BD}$
따라서 평행사변형 ABCD는 직사각형이 된다.

087 답 4

088 답 25
$\triangle ABD$에서 $\overline{AB}=\overline{AD}$이므로
$\angle ABD=\frac{1}{2}\times(180°-130°)=25°$ ∴ $x=25$

089 답 100
$\overline{AB}\,/\!/\,\overline{DC}$이므로 $\angle ABD=\angle BDC=40°$(엇각)
$\triangle ABD$에서 $\overline{AB}=\overline{AD}$이므로 $\angle ADB=\angle ABD=40°$
∴ $\angle A=180°-(40°+40°)=100°$ ∴ $x=100$

090 답 8
$x=\frac{1}{2}\overline{BD}=\frac{1}{2}\times16=8$

091 답 60
$\angle AOB=90°$이므로
$\triangle ABO$에서 $\angle BAO=180°-(30°+90°)=60°$ ∴ $x=60$

092 답 35
$\overline{AD}\,/\!/\,\overline{BC}$이므로 $\angle BCA=\angle DAC=55°$(엇각)
이때 $\angle BOC=90°$이므로
$\triangle BCO$에서 $\angle OBC=180°-(55°+90°)=35°$ ∴ $x=35$

093 답 ❶ $\overline{CD}$, 140°, 20° ❷ 20°, 70°, 70°

094 답 **55°**

$\triangle$BCD에서 $\overline{CB}=\overline{CD}$이므로

$\angle BDC = \dfrac{1}{2} \times (180° - 110°) = 35°$

$\triangle$FED에서 $\angle DFE = 180° - (90° + 35°) = 55°$

$\therefore \angle x = \angle DFE = 55°$ (맞꼭지각)

095 답 **64°**

$\triangle$BCD에서 $\overline{CB}=\overline{CD}$이므로

$\angle DBC = \dfrac{1}{2} \times (180° - 128°) = 26°$

$\triangle$BEF에서 $\angle BFE = 180° - (90° + 26°) = 64°$

$\therefore \angle x = \angle BFE = 64°$ (맞꼭지각)

096 답 **9**

097 답 **90°**

098 답 **65°**

$\angle AOB = 90°$이어야 하므로 $\angle BAO = 180° - (90° + 25°) = 65°$

099 답 **○**

100 답 **×**

$\angle ABC + \angle BCD = 180°$이므로

$\angle ABC = \angle BCD$이면 $\angle ABC = \angle BCD = 90°$

따라서 평행사변형 ABCD는 직사각형이 된다.

101 답 **×**

두 대각선의 길이가 같으면 평행사변형 ABCD는 직사각형이 된다.

102 답 **○**

103 답 $x=2$, $y=90$

$x = \overline{OA} = 2$

$\overline{AC} \perp \overline{BD}$이므로 $\angle DOC = 90°$ $\therefore y = 90$

104 답 $x=10$, $y=90$

$x = \overline{BD} = 2\overline{OD} = 2 \times 5 = 10$

105 답 $x=45$, $y=75$

$\triangle$BCD에서 $\angle BCD = 90°$이고, $\overline{BC}=\overline{DC}$이므로

$\angle DBC = \dfrac{1}{2} \times (180° - 90°) = 45°$ $\therefore x = 45$

$\triangle$ABD에서 $\angle ADB = 45°$이므로

$\triangle$AED에서 $\angle AEB = 30° + 45° = 75°$ $\therefore y = 75$

106 답 ❶ $\overline{CD}$, 45°, $\triangle$CED, SAS, DAE, 20°

❷ 45°, 20°, 65°

107 답 **75°**

$\triangle$AED와 $\triangle$CED에서

$\overline{AD}=\overline{CD}$, $\angle ADE = \angle CDE = 45°$, $\overline{DE}$는 공통이므로

$\triangle$AED≡$\triangle$CED(SAS 합동)

$\therefore \angle DAE = \angle DCE = 30°$

따라서 $\triangle$AED에서 $\angle x = 30° + 45° = 75°$

108 답 **25°**

$\triangle$ABE에서 $\angle BAE = 45°$이므로

$\angle ABE = 70° - 45° = 25°$

$\triangle$ABE와 $\triangle$ADE에서

$\overline{AB}=\overline{AD}$, $\angle BAE = \angle DAE = 45°$, $\overline{AE}$는 공통이므로

$\triangle$ABE≡$\triangle$ADE(SAS 합동)

$\therefore \angle x = \angle ABE = 25°$

109 답 **○**

110 답 **×**

111 답 **○**

$\angle AOB = 90°$이면 $\overline{AC} \perp \overline{BD}$이므로 직사각형 ABCD는 정사각형이
된다.

112 답 **×**

113 답 **○**

$\angle AOD + \angle DOC = 180°$이므로

$\angle AOD = \angle DOC$이면 $\angle AOD = \angle DOC = 90°$ $\therefore \overline{AC} \perp \overline{BD}$

따라서 직사각형 ABCD는 정사각형이 된다.

114 답 **×**

115 답 **○**

$\angle BAD + \angle ABC = 180°$이므로

$\angle BAD = \angle ABC$이면 $\angle BAD = \angle ABC = 90°$

따라서 마름모 ABCD는 정사각형이 된다.

116 답 **○**

$\overline{OA}=\overline{OC}$, $\overline{OB}=\overline{OD}$이므로

$\overline{OA}=\overline{OD}$이면 $\overline{OA}=\overline{OB}=\overline{OC}=\overline{OD}$ $\therefore \overline{AC}=\overline{BD}$

따라서 마름모 ABCD는 정사각형이 된다.

117 답 **×**

118 답 **○**

$\overline{AB}=\overline{BC}$이면 마름모가 되고, $\overline{AC}=\overline{BD}$이면 직사각형이 되므로

$\overline{AB}=\overline{BC}$, $\overline{AC}=\overline{BD}$이면 평행사변형 ABCD는 정사각형이 된다.

119 답 **○**

$\overline{AC}=\overline{BD}$이면 직사각형이 되고, $\overline{AC} \perp \overline{BD}$이면 마름모가 되므로

$\overline{AC}=\overline{BD}$, $\overline{AC} \perp \overline{BD}$이면 평행사변형 ABCD는 정사각형이 된다.

120 답 ×
$\overline{AB}=\overline{AD}$, ∠AOD=90°이면 평행사변형 ABCD는 마름모가 된다.

121 답 ×
∠ABC=90°, $\overline{AC}=\overline{BD}$이면 평행사변형 ABCD는 직사각형이 된다.

122 답 ○
∠ABC=∠BCD이면 직사각형이 되고, $\overline{AC}\perp\overline{BD}$이면 마름모가 되므로 ∠ABC=∠BCD, $\overline{AC}\perp\overline{BD}$이면 평행사변형 ABCD는 정사각형이 된다.

123 답 70

124 답 9

125 답 10
$x=\overline{BD}=6+4=10$

126 답 45
∠A+∠B=180°이므로 135°+∠B=180° ∴ ∠B=45°
따라서 ∠C=∠B=45°이므로 $x=45$

127 답 25°, 60°, 60°, 25°, 35°

128 답 42°
$\overline{AD}/\!/\overline{BC}$이므로 ∠DBC=∠ADB=∠$x$(엇각)
이때 ∠ABC=∠C=72°이므로
∠x=∠ABC-∠ABD=72°-30°=42°

129 답 80°
△ABD에서 $\overline{AB}=\overline{AD}$이므로 ∠ABD=∠ADB=40°
$\overline{AD}/\!/\overline{BC}$이므로 ∠DBC=∠ADB=40°(엇각)
∴ ∠x=∠ABC=∠ABD+∠DBC=40°+40°=80°

130 답 1
$\overline{EF}=\overline{AD}=4$
△ABE≡△DCF (RHA 합동)이므로 $\overline{CF}=\overline{BE}=x$
∴ $x=\dfrac{1}{2}\times(6-4)=1$

131 답 2
오른쪽 그림과 같이 점 A에서 $\overline{BC}$에 내린 수선의 발을 F라 하면
$\overline{FE}=\overline{AD}=7$
△ABF≡△DCE (RHA 합동)이므로
$\overline{BF}=\overline{CE}=x$
∴ $x=\dfrac{1}{2}\times(11-7)=2$

132 답 14
오른쪽 그림과 같이 점 A에서 $\overline{BC}$에 내린 수선의 발을 F라 하면
$\overline{FE}=\overline{AD}=8$
△ABF≡△DCE (RHA 합동)이므로
$\overline{BF}=\overline{CE}=3$
∴ $x=3+8+3=14$

133 답 12
□ABCD는 등변사다리꼴이므로 ∠C=∠B=60°
$\overline{AB}/\!/\overline{DE}$이므로 ∠DEC=∠B=60°(동위각)
△DEC에서 ∠EDC=180°-(60°+60°)=60°
따라서 △DEC는 정삼각형이므로 $x=\overline{DC}=\overline{AB}=12$

134 답 14
오른쪽 그림과 같이 점 D를 지나고 $\overline{AB}$에 평행한 직선을 그어 $\overline{BC}$와 만나는 점을 E라 하면 □ABED는 평행사변형이므로
$\overline{BE}=\overline{AD}=6$
□ABCD는 등변사다리꼴이므로
∠C=∠B=60°
$\overline{AB}/\!/\overline{DE}$이므로 ∠DEC=∠B=60°(동위각)
△DEC에서 ∠EDC=180°-(60°+60°)=60°
즉, △DEC는 정삼각형이므로 $\overline{EC}=\overline{DC}=\overline{AB}=8$
∴ $x=6+8=14$

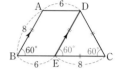

135 답 4
오른쪽 그림과 같이 점 D를 지나고 $\overline{AB}$에 평행한 직선을 그어 $\overline{BC}$와 만나는 점을 E라 하면 □ABED는 평행사변형이므로
$\overline{BE}=\overline{AD}=x$
이때 ∠A+∠B=180°이므로
120°+∠B=180° ∴ ∠B=60°
□ABCD는 등변사다리꼴이므로 ∠C=∠B=60°
$\overline{AB}/\!/\overline{DE}$이므로 ∠DEC=∠B=60°(동위각)
△DEC에서 ∠EDC=180°-(60°+60°)=60°
즉, △DEC는 정삼각형이므로 $\overline{EC}=\overline{DC}=\overline{AB}=5$
$x+5=9$ ∴ $x=4$

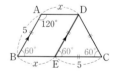

136 답 ①-ㄷ, ②-ㄴ, ③-ㄱ, ④-ㄱ, ⑤-ㄴ

137 답 직사각형

138 답 마름모

139 답 직사각형

140 답 마름모

141 답 직사각형

$\overline{OA}=\overline{OC}$, $\overline{OB}=\overline{OD}$이므로

$\overline{OB}=\overline{OC}$이면 $\overline{OA}=\overline{OB}=\overline{OC}=\overline{OD}$ ∴ $\overline{AC}=\overline{BD}$

따라서 평행사변형 ABCD는 직사각형이 된다.

142 답 정사각형

$\overline{AC}=\overline{BD}$이면 직사각형이 되고, $\angle AOB=90°$이면 마름모가 되므로
$\overline{AC}=\overline{BD}$, $\angle AOB=90°$이면 평행사변형 ABCD는 정사각형이 된다.

143 답 정사각형

$\angle BAD=90°$이면 직사각형이 되고, $\overline{AC}\perp\overline{BD}$이면 마름모가 되므로 $\angle BAD=90°$, $\overline{AC}\perp\overline{BD}$이면 평행사변형 ABCD는 정사각형이 된다.

144 답 정사각형

$\overline{AB}=\overline{BC}$이면 마름모가 되고, $\angle BCD=\angle CDA$이면 직사각형이 되므로 $\overline{AB}=\overline{BC}$, $\angle BCD=\angle CDA$이면 평행사변형 ABCD는 정사각형이 된다.

145 답 ○

146 답 ○

147 답 ×

148 답 ×

149 답 ○

150 답 ○

151 답 ㄷ, ㅁ, ㅂ

152 답 ㄱ, ㄷ, ㄹ, ㅁ

153 답 ㄹ, ㅁ

154 답 △DBC

155 답 △ABD

156 답 △DOC

$\triangle ABO=\triangle ABC-\triangle OBC$
$\qquad\quad=\triangle DBC-\triangle OBC=\triangle DOC$

157 답 4 cm²

$\triangle DOC=\triangle DBC-\triangle OBC$
$\qquad\quad=\triangle ABC-\triangle OBC$
$\qquad\quad=10-6=4(cm^2)$

158 답 3 cm²

$\triangle AOD=\triangle ABD-\triangle ABO$
$\qquad\quad=\triangle ACD-\triangle ABO$
$\qquad\quad=9-6=3(cm^2)$

159 답 9 cm²

$\triangle OBC=\triangle DBC-\triangle DOC$
$\qquad\quad=\triangle ABC-\triangle DOC$
$\qquad\quad=16-7=9(cm^2)$

160 답 △ACE

161 답 △DCE

162 답 △ACD, □ABCD

163 답 △FCE

$\triangle AFD=\triangle ACD-\triangle ACF$
$\qquad\quad=\triangle ACE-\triangle ACF=\triangle FCE$

164 답 30 cm²

$\square ABCD=\triangle ABC+\triangle ACD$
$\qquad\quad=\triangle ABC+\triangle ACE$
$\qquad\quad=20+10=30(cm^2)$

165 답 6 cm²

$\triangle ACE=\triangle ACD$
$\qquad\quad=\square ABCD-\triangle ABC$
$\qquad\quad=16-10=6(cm^2)$

166 답 30 cm²

$\triangle ABC=\square ABCD-\triangle ACD$
$\qquad\quad=\square ABCD-\triangle ACE$
$\qquad\quad=50-20=30(cm^2)$

167 답 24 cm²

$\square ABCD=\triangle ABD+\triangle DBC$
$\qquad\quad=\triangle DEB+\triangle DBC$
$\qquad\quad=\triangle DEC$
$\qquad\quad=\dfrac{1}{2}\times(3+5)\times6=24(cm^2)$

168 답 ○

$\overline{AI}\,/\!/\,\overline{BH}$이므로 $\triangle BHC=\triangle ABH$

169 답 ○

$\triangle GBC$와 $\triangle ABH$에서
$\overline{BC}=\overline{BH}$, $\angle GBC=\angle ABH$, $\overline{GB}=\overline{AB}$이므로
$\triangle GBC\equiv\triangle ABH$(SAS 합동)
∴ $\triangle GBC=\triangle ABH$

170 답 ×

△CMG와 △GBC에서

높이는 $\overline{MG}$로 같지만 밑변의 길이가 다르므로 △CMG ≠ △GBC

∴ △CMG ≠ △ABH

171 답 ○

$\overline{CM} \;/\!/\; \overline{BG}$이므로 △BMG = △GBC = △ABH

172 답 ×

173 답 ×

△ABH = △BMG = $\frac{1}{2}$□LMGB이므로

□LMGB ≠ △ABH

174 답 9

□BHML = □AFGB = $\overline{AB}^2 = 3^2 = 9$

175 답 72

△HML = $\frac{1}{2}$□BHML = $\frac{1}{2}$□AFGB = $\frac{1}{2} \times 12^2 = 72$

176 답 18

△ABC에서 $\overline{AB}^2 + 8^2 = 10^2$이므로

$\overline{AB}^2 = 10^2 - 8^2 = 36$

이때 $\overline{AB} > 0$이므로 $\overline{AB} = 6$

∴ △GBC = △GBA = $\frac{1}{2}$□AFGB

$= \frac{1}{2} \times 6^2 = 18$

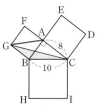

177 답 3, 1, $\frac{3}{4}$, 45

178 답 36 cm²

△ABD : △ADC = $\overline{BD}$: $\overline{DC}$ = 2 : 3이므로

△ADC = $\frac{3}{5}$△ABC = $\frac{3}{5} \times 60 = 36$(cm²)

179 답 20 cm²

△ABD : △ADC = $\overline{BD}$: $\overline{DC}$ = 1 : 1이므로

△ABD = $\frac{1}{2}$△ABC = $\frac{1}{2} \times 60 = 30$(cm²)

△ABE : △EBD = $\overline{AE}$: $\overline{ED}$ = 2 : 1이므로

△ABE = $\frac{2}{3}$△ABD = $\frac{2}{3} \times 30 = 20$(cm²)

180 답 ❶ ACD, 36 ❷ 2, 1, $\frac{2}{3}$, 24

181 답 16 cm²

△ACD = △ABD = 28 cm²이고,

△AOD : △DOC = $\overline{AO}$: $\overline{OC}$ = 3 : 4이므로

△DOC = $\frac{4}{7}$△ACD = $\frac{4}{7} \times 28 = 16$(cm²)

182 답 42 cm²

△ABC = △DBC = 56 cm²이고,

△ABO : △OBC = $\overline{AO}$: $\overline{OC}$ = 1 : 3이므로

△OBC = $\frac{3}{4}$△ABC = $\frac{3}{4} \times 56 = 42$(cm²)

기본 문제 ✕ 확인하기 77~78쪽

1 (1) $x=3$, $y=4$ (2) $x=33$, $y=105$ (3) $x=6$, $y=2$

2 (1) 126° (2) 72°

3 (1) ○ (2) ✕ (3) ○ (4) ○

4 (1) 24 cm² (2) 18 cm² (3) 27 cm² (4) 22 cm²

5 (1) $x=18$, $y=58$ (2) $x=46$, $y=92$

6 (1) $x=104$, $y=38$ (2) $x=6$, $y=62$

7 (1) $x=9$, $y=90$ (2) $x=7$, $y=45$

8 (1) 9 (2) 52

9 (1) 24 cm² (2) 11 cm² (3) 18 cm²

10 (1) △ACD (2) △ABE (3) △AFD

---

1 (1) $\overline{AD} = \overline{BC}$이므로

$5x - 7 = 8$, $5x = 15$ ∴ $x = 3$

$\overline{AB} = \overline{DC}$이므로

$11 = 3y - 1$, $3y = 12$ ∴ $y = 4$

(2) $\overline{AD} \;/\!/\; \overline{BC}$이므로 ∠DBC = ∠ADB = 33°(엇각)

∴ $x = 33$

△ABD에서 ∠A = 180° − (42° + 33°) = 105°이므로

∠C = ∠A = 105° ∴ $y = 105$

(3) $\overline{OB} = \overline{OD}$이므로

$2x - 3 = 9$, $2x = 12$ ∴ $x = 6$

$\overline{OA} = \overline{OC}$이므로

$8 = 4y$ ∴ $y = 2$

2 (1) ∠x = 180° × $\frac{7}{10}$ = 126°

(2) ∠C = 180° × $\frac{2}{5}$ = 72° ∴ ∠x = ∠C = 72°

3 (1) □ABCD에서 ∠D = 360° − (115° + 65° + 115°) = 65°

즉, 두 쌍의 대각의 크기가 각각 같으므로 평행사변형이다.

(2) 두 쌍의 대변의 길이가 각각 같지 않으므로 평행사변형이 아니다.

(3) 한 쌍의 대변이 평행하고 그 길이가 같으므로 평행사변형이다.

(4) 두 대각선이 서로 다른 것을 이등분하므로 평행사변형이다.

4 (1) △PAB + △PCD = $\frac{1}{2}$□ABCD = $\frac{1}{2} \times 48 = 24$(cm²)

(2) △PAB + △PCD = $\frac{1}{2}$□ABCD이므로

△PAB + 10 = $\frac{1}{2} \times 56$ ∴ △PAB = 18(cm²)

(3) $\triangle PDA + \triangle PBC = \triangle PAB + \triangle PCD$
$$= 11 + 16 = 27(cm^2)$$

(4) $\triangle PAB + \triangle PCD = \triangle PDA + \triangle PBC$이므로
$12 + 25 = 15 + \triangle PBC$ $\therefore \triangle PBC = 22(cm^2)$

5 (1) $x = \overline{BD} = 2\overline{OB} = 2 \times 9 = 18$
$\triangle OBC$에서 $\overline{OB} = \overline{OC}$이므로 $\angle OBC = \angle OCB = 32°$
$\therefore \angle ABO = 90° - 32° = 58°$ $\therefore y = 58$

(2) $\triangle AOD$에서 $\overline{OA} = \overline{OD}$이므로 $\angle ADO = \angle DAO = 46°$
$\therefore x = 46$
이때 $\angle AOB = 46° + 46° = 92°$이므로 $y = 92$

6 (1) $\triangle BCD$에서 $\overline{CB} = \overline{CD}$이므로 $\angle BDC = \angle DBC = 38°$
$\therefore \angle C = 180° - (38° + 38°) = 104°$ $\therefore x = 104$
$\overline{AD} // \overline{BC}$이므로 $\angle ADB = \angle DBC = 38°$ (엇각)
$\therefore y = 38$

(2) $x = \overline{OB} = 6$
$\overline{AD} // \overline{BC}$이므로 $\angle BCO = \angle DAO = 28°$ (엇각)
$\triangle OBC$에서 $\angle BOC = 90°$이므로
$\angle OBC = 180° - (90° + 28°) = 62°$ $\therefore y = 62$

7 (1) $x = \overline{BC} = 9$
$\overline{AC} \perp \overline{BD}$이므로 $\angle AOD = 90°$ $\therefore y = 90$

(2) $x = \frac{1}{2}\overline{BD} = \frac{1}{2}\overline{AC} = \frac{1}{2} \times 14 = 7$
$\triangle ABC$에서 $\angle ABC = 90°$이고, $\overline{AB} = \overline{BC}$이므로
$\angle ACB = \frac{1}{2} \times (180° - 90°) = 45°$ $\therefore y = 45$

8 (1) $\overline{AC} = \overline{BD}$이므로
$4 + x = 13$ $\therefore x = 9$

(2) $\angle A + \angle B = 180°$이므로
$128° + \angle B = 180°$ $\therefore \angle B = 52°$
$\therefore x = 52$

9 (1) $\triangle ABC = \triangle DBC$
$$= \triangle DOC + \triangle OBC$$
$$= 10 + 14 = 24(cm^2)$$

(2) $\triangle ABO = \triangle ABD - \triangle AOD$
$$= \triangle ACD - \triangle AOD$$
$$= 15 - 4 = 11(cm^2)$$

(3) $\triangle OBC = \triangle ABC - \triangle ABO$
$$= \triangle DBC - \triangle ABO$$
$$= 30 - 12 = 18(cm^2)$$

10 (2) $\square ABCD = \triangle ABC + \triangle ACD$
$$= \triangle ABC + \triangle ACE = \triangle ABE$$

(3) $\triangle FCE = \triangle ACE - \triangle ACF$
$$= \triangle ACD - \triangle ACF = \triangle AFD$$

1 30°	2 ④	3 ③	4 ③	5 17 cm
6 ①	7 ①	8 82	9 ④	
10 $x=40$, $y=5$		11 ③	12 ③, ⑤	13 ④
14 ②	15 12 cm²	16 ④	17 10 cm²	18 ③

1 $\overline{AD} // \overline{BC}$이므로 $\angle DAC = \angle ACB = 35°$ (엇각)
따라서 $\triangle AOD$에서 $35° + \angle ADB = 65°$ $\therefore \angle ADB = 30°$

2 $\overline{AD} // \overline{BC}$이므로 $\angle DAE = \angle BEA = 55°$ (엇각)
$\therefore \angle BAD = 2 \times 55° = 110°$
이때 $\angle A + \angle D = 180°$이므로 $\angle D = 180° - 110° = 70°$
[다른 풀이] $\overline{AD} // \overline{BC}$이므로 $\angle DAE = \angle BEA = 55°$ (엇각)
$\therefore \angle BAE = \angle DAE = 55°$
$\triangle ABE$에서 $\angle B = 180° - (55° + 55°) = 70°$
$\therefore \angle D = \angle B = 70°$

3 $\overline{AE} // \overline{DC}$이므로 $\angle AED = \angle CDE$ (엇각)
$\therefore \angle AED = \angle ADE$
즉, $\triangle AED$는 $\overline{AE} = \overline{AD}$인 이등변삼각형이므로
$\overline{AE} = \overline{AD} = 12 cm$
이때 $\overline{AB} = \overline{DC} = 9 cm$이므로
$\overline{BE} = \overline{AE} - \overline{AB} = 12 - 9 = 3(cm)$

4 $\angle D = 180° \times \frac{2}{5} = 72°$ $\therefore \angle B = \angle D = 72°$

5 $\overline{AO} = \frac{1}{2}\overline{AC} = \frac{1}{2} \times 10 = 5(cm)$
$\overline{BO} = \frac{1}{2}\overline{BD} = \frac{1}{2} \times 12 = 6(cm)$
$\therefore (\triangle ABO$의 둘레의 길이$) = \overline{AB} + \overline{BO} + \overline{OA}$
$$= 6 + 6 + 5 = 17(cm)$$

6 $\overline{AB} = \overline{DC}$, $\overline{AD} = \overline{BC}$이어야 하므로
$3x + 1 = 2x + 4$ $\therefore x = 3$
$4y = 6y - 8$, $2y = 8$ $\therefore y = 4$
$\therefore x + y = 3 + 4 = 7$

7 $\square ABCD = 12 \times 8 = 96(cm^2)$이고,
$\triangle PAB + \triangle PCD = \frac{1}{2}\square ABCD$이므로
$30 + \triangle PCD = \frac{1}{2} \times 96$ $\therefore \triangle PCD = 18(cm^2)$

8 $\triangle OBC$에서 $\overline{OB} = \overline{OC}$이므로 $\angle OBC = \angle OCB = 43°$
$\therefore \angle BOC = 180° - (43° + 43°) = 94°$
이때 $\angle AOD = \angle BOC = 94°$ (맞꼭지각)이므로 $x = 94$
$\overline{AC} = \overline{BD} = 2\overline{OD} = 2 \times 6 = 12(cm)$ $\therefore y = 12$
$\therefore x - y = 94 - 12 = 82$

9 ①, ② $\overline{OA}=\overline{OC}$, $\overline{OB}=\overline{OD}$이므로

$\overline{OB}=\overline{OC}$이면 $\overline{OA}=\overline{OB}=\overline{OC}=\overline{OD}$ $\therefore$ $\overline{AC}=\overline{BD}$

즉, 평행사변형 ABCD는 직사각형이 된다.

③ $\angle DAB+\angle ABC=180°$이므로

$\angle DAB=\angle ABC$이면 $\angle DAB=\angle ABC=90°$

즉, 평행사변형 ABCD는 직사각형이 된다.

④ $\angle AOD=90°$, 즉 두 대각선이 수직이면 평행사변형 ABCD는

마름모가 된다.

⑤ $\triangle OAB$에서 $\angle OAB=\angle OBA$이면 $\overline{OA}=\overline{OB}$

이때 $\overline{OA}=\overline{OC}$, $\overline{OB}=\overline{OD}$이므로

$\overline{OA}=\overline{OB}=\overline{OC}=\overline{OD}$ $\therefore$ $\overline{AC}=\overline{BD}$

즉, 평행사변형 ABCD는 직사각형이 된다.

따라서 직사각형이 되는 조건이 아닌 것은 ④이다.

10 $\overline{AB}/\!/\overline{DC}$이므로 $\angle ACD=\angle BAC=50°$ (엇각)

$\triangle DOC$에서 $\angle DOC=180°-(40°+50°)=90°$ $\therefore$ $\overline{AC}\perp\overline{BD}$

즉, $\square ABCD$는 마름모이다.

$\triangle BCD$에서 $\overline{BC}=\overline{CD}$이므로

$\angle DBC=\angle BDC=40°$ $\therefore$ $x=40$

또 $\overline{AD}=\overline{AB}=5\,\text{cm}$이므로 $y=5$

11 $\overline{OA}=\dfrac{1}{2}\overline{AC}=\dfrac{1}{2}\overline{BD}=\dfrac{1}{2}\times 8=4(\text{cm})$이고,

$\angle AOD=90°$이므로

$\square ABCD=2\triangle ABD=2\times\left(\dfrac{1}{2}\times 8\times 4\right)=32(\text{cm}^2)$

12 ① $\angle BCD+\angle CDA=180°$이므로

$\angle BCD=\angle CDA$이면 $\angle BCD=\angle CDA=90°$

즉, $\square ABCD$는 직사각형이다.

② 두 대각선이 서로 수직인 평행사변형이므로 $\square ABCD$는 마름모

이다.

③ 두 대각선의 길이가 같은 평행사변형이므로 $\square ABCD$는 직사각

형이다.

④ 이웃하는 두 변의 길이가 같고 두 대각선이 서로 수직인 평행사

변형이므로 $\square ABCD$는 마름모이다.

⑤ 한 내각의 크기가 $90°$이고 두 대각선이 서로 수직인 평행사변형

이므로 $\square ABCD$는 정사각형이다.

따라서 옳은 것은 ③, ⑤이다.

13 오른쪽 그림과 같이 점 A를 지나고

$\overline{DC}$에 평행한 직선을 그어 $\overline{BC}$와 만나는

점을 E라 하면 $\square AECD$는 평행사변형

이므로 $\overline{EC}=\overline{AD}=8\,\text{cm}$

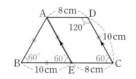

이때 $\angle C+\angle D=180°$이므로

$\angle C+120°=180°$ $\therefore$ $\angle C=60°$

$\overline{AE}/\!/\overline{DC}$이므로 $\angle AEB=\angle C=60°$ (동위각)

$\square ABCD$는 등변사다리꼴이므로 $\angle B=\angle C=60°$

$\triangle ABE$에서 $\angle BAE=180°-(60°+60°)=60°$

즉, $\triangle ABE$는 정삼각형이므로 $\overline{BE}=\overline{AB}=\overline{DC}=10\,\text{cm}$

$\therefore$ ($\square ABCD$의 둘레의 길이)$=\overline{AB}+\overline{BC}+\overline{CD}+\overline{DA}$

$=10+(10+8)+10+8$

$=46(\text{cm})$

14 두 대각선의 길이가 같은 사각형은 ㄴ, ㄷ, ㅂ의 3개이므로

$a=3$

두 대각선이 서로 수직인 사각형은 ㄱ, ㄷ의 2개이므로 $b=2$

$\therefore$ $a+b=3+2=5$

15 $\triangle ACD=\triangle ACE$

$=\triangle ABE-\triangle ABC$

$=30-18=12(\text{cm}^2)$

16 $\overline{GB}/\!/\overline{FC}$이므로

$\triangle GBC=\triangle AGB=\dfrac{1}{2}\square AFGB=\triangle AFG$ $\cdots$ ㉠

$\triangle GBC\equiv\triangle ABH$ (SAS 합동)이므로

$\triangle GBC=\triangle ABH$ $\cdots$ ㉡

$\overline{BH}/\!/\overline{AK}$이므로 $\triangle ABH=\triangle BHJ$ $\cdots$ ㉢

㉠~㉢에 의해

$\triangle GBC=\triangle AGB=\triangle AFG=\triangle ABH=\triangle BHJ$

따라서 $\triangle GBC$와 넓이가 다른 하나는 ④이다.

17 $\triangle ABD:\triangle ADC=\overline{BD}:\overline{DC}=1:4$이므로

$\triangle ADC=\dfrac{4}{5}\triangle ABC=\dfrac{4}{5}\times 50=40(\text{cm}^2)$

$\triangle AEC:\triangle EDC=\overline{AE}:\overline{ED}=3:1$이므로

$\triangle EDC=\dfrac{1}{4}\triangle ADC=\dfrac{1}{4}\times 40=10(\text{cm}^2)$

18 $\triangle OBC:\triangle OCD=\overline{BO}:\overline{OD}=2:1$이므로

$\triangle OCD=\dfrac{1}{2}\triangle OBC=\dfrac{1}{2}\times 40=20(\text{cm}^2)$

이때 $\overline{AD}/\!/\overline{BC}$이므로 $\triangle ABO=\triangle OCD=20\,\text{cm}^2$

$\triangle ABO:\triangle AOD=\overline{BO}:\overline{OD}=2:1$이므로

$\triangle AOD=\dfrac{1}{2}\triangle ABO=\dfrac{1}{2}\times 20=10(\text{cm}^2)$

4 도형의 닮음

001 답 점 E

002 답 $\overline{DF}$

003 답 ∠A

004 답 □ABCD∽□HGFE

005 답 점 F

006 답 $\overline{CB}$

007 답 ∠E

008 답 ○

009 답 ○

010 답 ×
오른쪽 그림의 두 마름모는 닮은 도형
이 아니다.
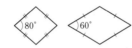

011 답 ×
오른쪽 그림의 두 직각삼각형은 닮은 도형
이 아니다.
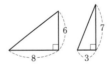

012 답 ×
오른쪽 그림의 두 부채꼴은 닮은 도형
이 아니다.
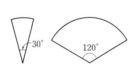

013 답 ○

014 답 ○

015 답 2 : 1
□ABCD와 □EFGH의 닮음비는 $\overline{DC} : \overline{HG}=10 : 5=2 : 1$

016 답 8 cm
$\overline{AB} : \overline{EF}=2 : 1$이므로
$\overline{AB} : 4=2 : 1$ ∴ $\overline{AB}=8(cm)$

017 답 65°
∠B=∠F=65°

018 답 75°
∠E=∠A=130°이므로
∠H=360°−(130°+65°+90°)=75°

019 답 6
$\overline{AB} : \overline{DE}=3 : 4$이므로
$\overline{AB} : 8=3 : 4$, $4\overline{AB}=24$ ∴ $\overline{AB}=6$

020 답 12
$\overline{AC} : \overline{DF}=3 : 4$이므로
$9 : \overline{DF}=3 : 4$, $3\overline{DF}=36$ ∴ $\overline{DF}=12$

021 답 16
$\overline{BC} : \overline{EF}=3 : 4$이므로
$12 : \overline{EF}=3 : 4$, $3\overline{EF}=48$ ∴ $\overline{EF}=16$

022 답 40 cm
두 평행사변형의 닮음비가 4 : 5이므로
$\overline{AD} : 15=4 : 5$, $5\overline{AD}=60$ ∴ $\overline{AD}=12(cm)$
∴ (□ABCD의 둘레의 길이)=2×(8+12)=40(cm)

023 답 면 GJKH

024 답 3 : 2
두 삼각기둥의 닮음비는 $\overline{AC} : \overline{GI}=12 : 8=3 : 2$

025 답 15
$\overline{BE} : \overline{HK}=3 : 2$이므로
$\overline{BE} : 10=3 : 2$, $2\overline{BE}=30$ ∴ $\overline{BE}=15$

026 답 4
$\overline{BC} : \overline{HI}=3 : 2$이므로
$6 : \overline{HI}=3 : 2$, $3\overline{HI}=12$ ∴ $\overline{HI}=4$

027 답 4 : 5
두 원기둥 A와 B의 닮음비는 두 원기둥의 높이의 비와 같으므로
12 : 15=4 : 5

028 답 5
원기둥 B의 밑면의 반지름의 길이를 r라 하면
$4 : r=4 : 5$, $4r=20$ ∴ $r=5$
따라서 원기둥 B의 밑면의 반지름의 길이는 5이다.

029 답 10π
$2\pi×5=10\pi$

030 답 $36\pi\,\mathrm{cm}^2$

두 원뿔의 닮음비가 $10:15=2:3$이므로

작은 원뿔의 밑면의 반지름의 길이를 $r\,\mathrm{cm}$라 하면

$r:9=2:3$, $3r=18$ $\therefore r=6$

$\therefore$ (작은 원뿔의 밑면의 넓이)$=\pi\times6^2=36\pi\,(\mathrm{cm}^2)$

031 답 $3:4$

△ABC와 △DEF의 닮음비는 $\overline{\mathrm{BC}}:\overline{\mathrm{EF}}=6:8=3:4$

032 답 $3:4$

△ABC와 △DEF의 둘레의 길이의 비는 닮음비와 같으므로

$3:4$

033 답 $9:16$

△ABC와 △DEF의 넓이의 비는 $3^2:4^2=9:16$

034 답 $24\,\mathrm{cm}$

△DEF의 둘레의 길이를 $x\,\mathrm{cm}$라 하면

$18:x=3:4$, $3x=72$ $\therefore x=24$

따라서 △DEF의 둘레의 길이는 $24\,\mathrm{cm}$이다.

035 답 $4:5$

□ABCD와 □EFGH의 닮음비는 $\overline{\mathrm{AB}}:\overline{\mathrm{EF}}=8:10=4:5$

036 답 $4:5$

□ABCD와 □EFGH의 둘레의 길이의 비는 닮음비와 같으므로

$4:5$

037 답 $16:25$

□ABCD와 □EFGH의 넓이의 비는 $4^2:5^2=16:25$

038 답 $100\,\mathrm{cm}^2$

□ABCD$:$□EFGH$=16:25$이므로

$64:$□EFGH$=16:25$, 16□EFGH$=1600$

$\therefore$ □EFGH$=100\,(\mathrm{cm}^2)$

039 답 $3:5$

두 삼각뿔 ㈎와 ㈏의 닮음비는 $\overline{\mathrm{AD}}:\overline{\mathrm{A'D'}}=9:15=3:5$

040 답 $3:5$

041 답 $9:25$

두 삼각뿔 ㈎와 ㈏의 겉넓이의 비는 $3^2:5^2=9:25$

042 답 $27:125$

두 삼각뿔 ㈎와 ㈏의 부피의 비는 $3^3:5^3=27:125$

043 답 $3:4$

두 원기둥 A와 B의 닮음비는 두 원기둥의 높이의 비와 같으므로

$6:8=3:4$

044 답 $3:4$

두 원기둥 A와 B의 밑면의 둘레의 길이의 비는 닮음비와 같으므로

$3:4$

045 답 $9:16$

두 원기둥 A와 B의 겉넓이의 비는 $3^2:4^2=9:16$

046 답 $27:64$

두 원기둥 A와 B의 부피의 비는 $3^3:4^3=27:64$

047 답 $4:5$

두 원뿔 A와 B의 닮음비는 두 원뿔의 반지름의 길이의 비와 같으므로

$8:10=4:5$

048 답 $16:25$

두 원뿔 A와 B의 겉넓이의 비는 $4^2:5^2=16:25$

049 답 $300\pi\,\mathrm{cm}^2$

원뿔 B의 겉넓이를 $x\,\mathrm{cm}^2$라 하면

$192\pi:x=16:25$, $16x=4800\pi$ $\therefore x=300\pi$

따라서 원뿔 B의 겉넓이는 $300\pi\,\mathrm{cm}^2$이다.

050 답 $2:3$

두 직육면체 ㈎와 ㈏의 닮음비는 $\overline{\mathrm{BF}}:\overline{\mathrm{B'F'}}=6:9=2:3$

051 답 $6\,\mathrm{cm}$

$\overline{\mathrm{FG}}:\overline{\mathrm{F'G'}}=2:3$이므로

$4:\overline{\mathrm{F'G'}}=2:3$, $2\overline{\mathrm{F'G'}}=12$ $\therefore \overline{\mathrm{F'G'}}=6\,(\mathrm{cm})$

052 답 $8:27$

두 직육면체 ㈎와 ㈏의 부피의 비는 $2^3:3^3=8:27$

053 답 $48\,\mathrm{cm}^3$

직육면체 ㈎의 부피를 $x\,\mathrm{cm}^3$라 하면

$x:162=8:27$, $27x=1296$ $\therefore x=48$

따라서 직육면체 ㈎의 부피는 $48\,\mathrm{cm}^3$이다.

054 답 $4:3$

두 오각기둥 A, B의 겉넓이의 비가 $16:9=4^2:3^2$이므로

닮음비는 $4:3$

055 답 $5:7$

두 원기둥 A, B의 옆넓이의 비가 $25:49=5^2:7^2$이므로

닮음비는 $5:7$

056 답 $1:2$

두 구 A, B의 부피의 비가 $1:8=1^3:2^3$이므로 닮음비는 $1:2$

057 답 $3:4$

두 정사면체 A, B의 부피의 비가 $27:64=3^3:4^3$이므로

닮음비는 $3:4$

058 답 ④

두 삼각기둥 A, B의 겉넓이의 비가 $25 : 9 = 5^2 : 3^2$이므로

닮음비는 $5 : 3$

따라서 두 삼각기둥 A, B의 부피의 비는 $5^3 : 3^3 = 125 : 27$

059 답 그림은 풀이 참조, 1, 2, 1, 2, $\overline{FE}$, 10, 1, 2, △FDE, SSS

060 답 그림은 풀이 참조, $\overline{ED}$, 6, 4, 3, $\overline{BC}$, 12, 4, 3, D, 70°, △EDF, SAS

061 답 그림은 풀이 참조, 50°, D, 60°, △EFD, AA

062 답 △EFD, SAS

△PQR와 △EFD에서

$\overline{PR} : \overline{ED} = 15 : 9 = 5 : 3$, $\overline{QR} : \overline{FD} = 10 : 6 = 5 : 3$,

∠R = ∠D = 60°

∴ △PQR∽△EFD (SAS 닮음)

063 답 △STU∽△LJK (SSS 닮음)

△STU와 △LJK에서

$\overline{ST} : \overline{LJ} = 5 : 10 = 1 : 2$,

$\overline{TU} : \overline{JK} = 6 : 12 = 1 : 2$,

$\overline{SU} : \overline{LK} = 4 : 8 = 1 : 2$

∴ △STU∽△LJK (SSS 닮음)

064 답 △VWX∽△BCA (AA 닮음)

△VWX에서 ∠W = 180° − (80° + 40°) = 60°

△VWX와 △BCA에서

∠X = ∠A = 40°, ∠W = ∠C = 60°

∴ △VWX∽△BCA (AA 닮음)

065 답 △CDB, SSS

△ABC와 △CDB에서

$\overline{AB} : \overline{CD} = 6 : 12 = 1 : 2$,

$\overline{BC} : \overline{DB} = 8 : 16 = 1 : 2$,

$\overline{AC} : \overline{CB} = 4 : 8 = 1 : 2$

∴ △ABC∽△CDB (SSS 닮음)

066 답 △ABC∽△DAC (SSS 닮음)

△ABC와 △DAC에서

$\overline{AB} : \overline{DA} = 15 : 10 = 3 : 2$,

$\overline{BC} : \overline{AC} = 18 : 12 = 3 : 2$,

$\overline{AC} : \overline{DC} = 12 : 8 = 3 : 2$

∴ △ABC∽△DAC (SSS 닮음)

067 답 △ABC∽△DEC (SAS 닮음)

△ABC와 △DEC에서

$\overline{AC} : \overline{DC} = 6 : 9 = 2 : 3$,

$\overline{BC} : \overline{EC} = 8 : 12 = 2 : 3$,

∠ACB = ∠DCE (맞꼭지각)

∴ △ABC∽△DEC (SAS 닮음)

068 답 △ABC∽△ADE (AA 닮음)

△ABC와 △ADE에서

∠ABC = ∠ADE = 42°, ∠A는 공통

∴ △ABC∽△ADE (AA 닮음)

069 답 B, 그림은 풀이 참조, △CBD

070 답 3 : 2

$\overline{AB} : \overline{CB} = 9 : 6 = 3 : 2$

071 답 $\dfrac{20}{3}$

△ABC와 △CBD의 닮음비가 3 : 2이므로

$\overline{AC} : \overline{CD} = 3 : 2$에서 $10 : \overline{CD} = 3 : 2$

$3\overline{CD} = 20$ ∴ $\overline{CD} = \dfrac{20}{3}$

072 답 3

△ABC와 △BDC에서

$\overline{AC} : \overline{BC} = (6+2) : 4 = 2 : 1$,

$\overline{BC} : \overline{DC} = 4 : 2 = 2 : 1$,

∠C는 공통이므로

△ABC∽△BDC (SAS 닮음)

$\overline{AB} : \overline{BD} = 2 : 1$에서 $6 : x = 2 : 1$

$2x = 6$ ∴ $x = 3$

073 답 $\dfrac{40}{3}$

△ABC와 △AED에서

$\overline{AB} : \overline{AE} = (9+1) : 6 = 5 : 3$,

$\overline{AC} : \overline{AD} = (6+9) : 9 = 5 : 3$,

∠A는 공통이므로

△ABC∽△AED (SAS 닮음)

$\overline{BC} : \overline{ED} = 5 : 3$에서 $x : 8 = 5 : 3$

$3x = 40$ $\therefore x = \dfrac{40}{3}$

074 🔵답 **6**

△ABC와 △EBD에서

$\overline{AB} : \overline{EB} = 12 : 8 = 3 : 2$,

$\overline{BC} : \overline{BD} = (8+1) : 6 = 3 : 2$,

∠B는 공통이므로

△ABC∽△EBD(SAS 닮음)

$\overline{AC} : \overline{ED} = 3 : 2$에서 $9 : x = 3 : 2$

$3x = 18$ $\therefore x = 6$

075 🔵답 **B, 그림은 풀이 참조, △CBD**

076 🔵답 **5 : 3**

$\overline{BC} : \overline{BD} = 10 : 6 = 5 : 3$

077 🔵답 $\dfrac{54}{5}$

$\overline{AC} : \overline{CD} = 5 : 3$에서 $18 : \overline{CD} = 5 : 3$

$5\overline{CD} = 54$ $\therefore \overline{CD} = \dfrac{54}{5}$

078 🔵답 **9**

△ABC와 △ACD에서

∠ABC = ∠ACD, ∠A는 공통이므로

△ABC∽△ACD(AA 닮음)

따라서 닮음비는 $\overline{AB} : \overline{AC} = 16 : 12 = 4 : 3$이므로

$\overline{AC} : \overline{AD} = 4 : 3$에서 $12 : x = 4 : 3$

$4x = 36$ $\therefore x = 9$

079 🔵답 **5**

△ABC와 △AED에서

∠ABC = ∠AED, ∠A는 공통이므로

△ABC∽△AED(AA 닮음)

따라서 닮음비는 $\overline{AB} : \overline{AE} = (4+2) : 3 = 2 : 1$이므로

$\overline{AC} : \overline{AD} = 2 : 1$에서 $(3+x) : 4 = 2 : 1$

$3+x = 8$ $\therefore x = 5$

080 🔵답 **10**

△ABC와 △DBA에서

∠ACB = ∠DAB, ∠B는 공통이므로

△ABC∽△DBA(AA 닮음)

따라서 닮음비는 $\overline{AB} : \overline{DB} = 12 : 8 = 3 : 2$이므로

$\overline{BC} : \overline{BA} = 3 : 2$에서 $(8+x) : 12 = 3 : 2$

$16+2x = 36$, $2x = 20$ $\therefore x = 10$

081 🔵답 △EDC, DEC, C, △EDC, AA

082 🔵답 **3 : 1**

$\overline{BC} : \overline{DC} = 15 : 5 = 3 : 1$

083 🔵답 **12**

$\overline{AB} : \overline{ED} = 3 : 1$에서 $\overline{AB} : 4 = 3 : 1$ $\therefore \overline{AB} = 12$

084 🔵답 **12**

△ABC와 △AED에서

∠ABC = ∠AED = 90°, ∠A는 공통이므로

△ABC∽△AED(AA 닮음)

따라서 닮음비는 $\overline{AC} : \overline{AD} = (8+12) : 10 = 2 : 1$이므로

$\overline{BC} : \overline{ED} = 2 : 1$에서 $x : 6 = 2 : 1$ $\therefore x = 12$

085 🔵답 **16**

△ABC와 △DBA에서

∠BAC = ∠BDA = 90°, ∠B는 공통이므로

△ABC∽△DBA(AA 닮음)

따라서 닮음비는 $\overline{AB} : \overline{DB} = 15 : 9 = 5 : 3$이므로

$\overline{BC} : \overline{BA} = 5 : 3$에서 $(9+x) : 15 = 5 : 3$

$27+3x = 75$, $3x = 48$ $\therefore x = 16$

086 🔵답 △ACE, AEC, A, △ACE, AA

087 🔵답 **5 : 4**

$\overline{AB} : \overline{AC} = 10 : 8 = 5 : 4$

088 🔵답 $\dfrac{12}{5}$

$\overline{AD} : \overline{AE} = 5 : 4$에서 $3 : \overline{AE} = 5 : 4$

$5\overline{AE} = 12$ $\therefore \overline{AE} = \dfrac{12}{5}$

089 🔵답 **20**

△ABD와 △ACE에서

∠ADB = ∠AEC = 90°, ∠A는 공통이므로

△ABD∽△ACE(AA 닮음)

따라서 닮음비는 $\overline{AD} : \overline{AE} = 8 : 10 = 4 : 5$이므로

$\overline{AB} : \overline{AC} = 4 : 5$에서 $(10+6) : x = 4 : 5$

$4x = 80$ $\therefore x = 20$

090 🔵답 $\dfrac{7}{3}$

△ABE와 △CBD에서

∠AEB = ∠CDB = 90°, ∠B는 공통이므로

△ABE∽△CBD(AA 닮음)

따라서 닮음비는 $\overline{BE} : \overline{BD} = 5 : 6$이므로

$\overline{AB} : \overline{CB} = 5 : 6$에서 $(x+6) : (5+5) = 5 : 6$

$6x+36 = 50$, $6x = 14$ $\therefore x = \dfrac{7}{3}$

091 답 **9, 4**

092 답 **7**

$\overline{AB}^2 = \overline{BD} \times \overline{BC}$이므로

$12^2 = 9 \times (9+x)$, $144 = 81 + 9x$

$9x = 63$ ∴ $x = 7$

093 답 **10**, $\dfrac{32}{5}$

094 답 **6**

$\overline{AC}^2 = \overline{CD} \times \overline{CB}$이므로

$4^2 = 2 \times (2+x)$, $16 = 4 + 2x$

$2x = 12$ ∴ $x = 6$

095 답 **2, 8**

096 답 **9**

$\overline{AD}^2 = \overline{DB} \times \overline{DC}$이므로

$6^2 = 4 \times x$, $4x = 36$ ∴ $x = 9$

097 답 **45**

$\overline{AD}^2 = \overline{DB} \times \overline{DC}$이므로

$6^2 = \overline{DB} \times 3$, $3\overline{DB} = 36$ ∴ $\overline{DB} = 12$

∴ $\triangle ABC = \dfrac{1}{2} \times \overline{BC} \times \overline{AD} = \dfrac{1}{2} \times (12+3) \times 6 = 45$

(기본 문제 × 확인하기) **96~97쪽**

1 (1) 점 L (2) 점 E (3) $\overline{KL}$ (4) $\overline{AD}$ (5) 면 DEF (6) 면 GJLI

2 (1) 2 : 3 (2) 12 (3) 75° (4) 65°

3 (1) 3 : 4 (2) 6 cm (3) 36π cm²

4 (1) 3 : 5 (2) 3 : 5 (3) 9 : 25 (4) 45 cm (5) 36 cm²

5 (1) 2 : 3 (2) 4 : 9 (3) 8 : 27 (4) 48 cm² (5) 216 cm³

6 (1) $\triangle ABC \backsim \triangle FED$ (SSS 닮음)

　(2) $\triangle ABC \backsim \triangle EDF$ (SAS 닮음)

　(3) $\triangle ABC \backsim \triangle EFD$ (AA 닮음)

7 (1) 10 (2) 8　　　　8 (1) 4 (2) 5 (3) 20

---

2 (1) $\triangle ABC$와 $\triangle DEF$의 닮음비는 $\overline{BC} : \overline{EF} = 12 : 18 = 2 : 3$

(2) $\overline{AB} : \overline{DE} = 2 : 3$에서 $8 : \overline{DE} = 2 : 3$

　$2\overline{DE} = 24$ ∴ $\overline{DE} = 12$

(3) $\angle D = \angle A = 75°$

(4) $\angle C = \angle F = 40°$이므로 $\angle B = 180° - (75° + 40°) = 65°$

3 (1) 두 원기둥 A와 B의 닮음비는 두 원기둥의 높이의 비와 같으므로 $9 : 12 = 3 : 4$

---

(2) 원기둥 A의 밑면의 반지름의 길이를 r cm라 하면

　$r : 8 = 3 : 4$, $4r = 24$ ∴ $r = 6$

　따라서 원기둥 A의 밑면의 반지름의 길이는 6 cm이다.

(3) $\pi \times 6^2 = 36\pi$ (cm²)

4 (1) $\square ABCD$와 $\square EFGH$의 닮음비는 $\overline{BC} : \overline{FG} = 9 : 15 = 3 : 5$

(2) $\square ABCD$와 $\square EFGH$의 둘레의 길이의 비는 닮음비와 같으므로 $3 : 5$

(3) $\square ABCD$와 $\square EFGH$의 넓이의 비는 $3^2 : 5^2 = 9 : 25$

(4) $\square EFGH$의 둘레의 길이를 x cm라 하면

　$27 : x = 3 : 5$, $3x = 135$ ∴ $x = 45$

　따라서 $\square EFGH$의 둘레의 길이는 45 cm이다.

(5) $\square ABCD : 100 = 9 : 25$, $25\square ABCD = 900$

　∴ $\square EFGH = 36$ (cm²)

5 (1) 두 사각뿔 (개)와 (내)의 닮음비는 $\overline{DE} : \overline{D'E'} = 6 : 9 = 2 : 3$

(2) 두 사각뿔 (개)와 (내)의 겉넓이의 비는 $2^2 : 3^2 = 4 : 9$

(3) 두 사각뿔 (개)와 (내)의 부피의 비는 $2^3 : 3^3 = 8 : 27$

(4) 사각뿔 (개)의 겉넓이를 x cm²라 하면

　$x : 108 = 4 : 9$, $9x = 432$ ∴ $x = 48$

　따라서 사각뿔 (개)의 겉넓이는 48 cm²이다.

(5) 사각뿔 (내)의 부피를 x cm³라 하면

　$64 : x = 8 : 27$, $8x = 1728$ ∴ $x = 216$

　따라서 사각뿔 (내)의 부피는 216 cm³이다.

6 (1) $\triangle ABC$와 $\triangle FED$에서

　$\overline{AB} : \overline{FE} = 8 : 12 = 2 : 3$,

　$\overline{BC} : \overline{ED} = 6 : 9 = 2 : 3$,

　$\overline{AC} : \overline{FD} = 4 : 6 = 2 : 3$

　∴ $\triangle ABC \backsim \triangle FED$ (SSS 닮음)

(2) $\triangle ABC$와 $\triangle EDF$에서

　$\overline{AC} : \overline{EF} = 10 : 5 = 2 : 1$,

　$\overline{BC} : \overline{DF} = 14 : 7 = 2 : 1$,

　$\angle C = \angle F = 40°$

　∴ $\triangle ABC \backsim \triangle EDF$ (SAS 닮음)

(3) $\triangle ABC$에서 $\angle C = 180° - (60° + 55°) = 65°$이므로

　$\triangle ABC$와 $\triangle EFD$에서

　$\angle B = \angle F = 55°$, $\angle C = \angle D = 65°$

　∴ $\triangle ABC \backsim \triangle EFD$ (AA 닮음)

7 (1) $\triangle ABO$와 $\triangle CDO$에서

　$\overline{OA} : \overline{OC} = 4 : 8 = 1 : 2$,

　$\overline{OB} : \overline{OD} = 6 : 12 = 1 : 2$,

　$\angle AOB = \angle COD$ (맞꼭지각)이므로

　$\triangle ABO \backsim \triangle CDO$ (SAS 닮음)

　$\overline{AB} : \overline{CD} = 1 : 2$에서 $5 : x = 1 : 2$ ∴ $x = 10$

(2) $\triangle ABC$와 $\triangle ACD$에서

　$\angle ABC = \angle ACD$, $\angle A$는 공통이므로

　$\triangle ABC \backsim \triangle ACD$ (AA 닮음)

따라서 닮음비는 $\overline{AB} : \overline{AC} = 9 : 6 = 3 : 2$이므로
$\overline{BC} : \overline{CD} = 3 : 2$에서 $12 : x = 3 : 2$
$3x = 24$　∴ $x = 8$

8 (1) $\overline{AB}^2 = \overline{BD} \times \overline{BC}$이므로
　$8^2 = x \times 16$, $16x = 64$　∴ $x = 4$
(2) $\overline{BC}^2 = \overline{CD} \times \overline{CA}$이므로
　$6^2 = 4 \times (4 + x)$, $36 = 16 + 4x$
　$4x = 20$　∴ $x = 5$
(3) $\overline{AD}^2 = \overline{BD} \times \overline{CD}$이므로
　$10^2 = 5 \times x$, $5x = 100$　∴ $x = 20$

학교 시험 문제 × 확인하기 **98~99쪽**

1 ③　　2 ③　　3 22　　4 20π cm　　5 ③
6 ⑤　　7 ②　　8 ①　　9 9　　10 ②
11 12 cm²　　12 (1) $\triangle ABC \backsim \triangle DBE$ (AA 닮음)　(2) 4.5 m

---

1 ③ 오른쪽 그림과 같이 한 내각의 크
기가 같은 두 이등변삼각형은 서로
닮은 도형이 아닐 수도 있다.
참고 꼭지각의 크기가 같은 두 이등변삼각형은 항상 닮은 도형이다.

2 ① ∠G = ∠C = 75°
② ∠D = ∠H = 95°이므로
　□ABCD에서 ∠A = 360° − (90° + 75° + 95°) = 100°
③, ⑤ □ABCD와 □EFGH의 닮음비는 $\overline{AB} : \overline{EF} = 6 : 9 = 2 : 3$
　$\overline{DC} : \overline{HG} = 2 : 3$에서 $8 : \overline{HG} = 2 : 3$
　$2\overline{HG} = 24$　∴ $\overline{HG} = 12$(cm)
따라서 옳지 않은 것은 ③이다.

3 두 직육면체의 닮음비가 $\overline{AD} : \overline{IL} = 9 : 12 = 3 : 4$이므로
$\overline{GH} : \overline{OP} = 3 : 4$에서 $x : 8 = 3 : 4$
$4x = 24$　∴ $x = 6$
$\overline{DH} : \overline{LP} = 3 : 4$에서 $12 : y = 3 : 4$
$3y = 48$　∴ $y = 16$
∴ $x + y = 6 + 16 = 22$

4 두 원뿔의 닮음비는 두 원뿔의 모선의 길이의 비와 같으므로
$6 : 15 = 2 : 5$
큰 원뿔의 밑면의 반지름의 길이를 r cm라 하면
$4 : r = 2 : 5$, $2r = 20$　∴ $r = 10$
∴ (큰 원뿔의 밑면의 둘레의 길이) $= 2\pi \times 10 = 20\pi$(cm)

5 두 원의 닮음비는 두 원의 반지름의 길이의 비와 같으므로 $3 : 4$
이때 두 원의 넓이의 비는 $3^2 : 4^2 = 9 : 16$

작은 원의 넓이를 x cm²라 하면
$x : 32\pi = 9 : 16$, $16x = 288\pi$　∴ $x = 18\pi$
따라서 작은 원의 넓이는 18π cm²이다.

6 두 삼각기둥의 닮음비가 $\overline{CF} : \overline{C'F'} = 10 : 5 = 2 : 1$이므로
부피의 비는 $2^3 : 1^3 = 8 : 1$
큰 삼각기둥의 부피를 x cm³라 하면
$x : (6 \times 5) = 8 : 1$　∴ $x = 240$
따라서 큰 삼각기둥의 부피는 240 cm³이다.

7 ② 두 쌍의 대응변의 길이의 비가 같고, 그 끼인각의 크기가 같으
므로 SAS 닮음이다.

8 $\triangle ABC$와 $\triangle AED$에서
$\overline{AB} : \overline{AE} = (12 + 9) : 14 = 3 : 2$,
$\overline{AC} : \overline{AD} = (14 + 4) : 12 = 3 : 2$,
∠A는 공통이므로
$\triangle ABC \backsim \triangle AED$ (SAS 닮음)
$\overline{CB} : \overline{DE} = 3 : 2$에서 $18 : \overline{DE} = 3 : 2$
$3\overline{DE} = 36$　∴ $\overline{DE} = 12$

9 $\triangle ABC$와 $\triangle EDC$에서
∠ABC = ∠EDC, ∠C는 공통이므로
$\triangle ABC \backsim \triangle EDC$ (AA 닮음)
따라서 닮음비는 $\overline{BC} : \overline{DC} = (11 + 9) : 12 = 5 : 3$이므로
$\overline{AC} : \overline{EC} = 5 : 3$에서 $(x + 12) : 9 = 5 : 3$
$3x + 36 = 45$, $3x = 9$　∴ $x = 3$
$\overline{AB} : \overline{ED} = 5 : 3$에서 $10 : y = 5 : 3$
$5y = 30$　∴ $y = 6$
∴ $x + y = 3 + 6 = 9$

10 $\triangle ABC$와 $\triangle MDC$에서
∠BAC = ∠DMC = 90°, ∠C는 공통이므로
$\triangle ABC \backsim \triangle MDC$ (AA 닮음)
따라서 닮음비는 $\overline{AC} : \overline{MC} = 16 : 10 = 8 : 5$이므로
$\overline{BA} : \overline{DM} = 8 : 5$에서 $12 : \overline{DM} = 8 : 5$
$8\overline{DM} = 60$　∴ $\overline{DM} = \dfrac{15}{2}$(cm)

11 $\overline{AD}^2 = \overline{DB} \times \overline{DC}$이므로
$6^2 = 9 \times \overline{DC}$, $9\overline{DC} = 36$　∴ $\overline{DC} = 4$(cm)
∴ $\triangle ADC = \dfrac{1}{2} \times \overline{DC} \times \overline{AD} = \dfrac{1}{2} \times 4 \times 6 = 12$(cm²)

12 (1) $\triangle ABC$와 $\triangle DBE$에서
∠ACB = ∠DEB = 90°, ∠B는 공통이므로
$\triangle ABC \backsim \triangle DBE$ (AA 닮음)
(2) $\overline{BC} : \overline{BE} = \overline{AC} : \overline{DE}$이므로
$2 : (2 + 4) = 1.5 : \overline{DE}$, $2\overline{DE} = 9$　∴ $\overline{DE} = 4.5$(m)
따라서 나무의 높이는 4.5 m이다.

4. 도형의 닮음　　**33**

5 평행선 사이의 선분의 길이의 비

102~120쪽

001 답 6, 6

002 답 15, 12

003 답 2, $\dfrac{8}{3}$

004 답 2, 4, $\dfrac{4}{3}$

005 답 6
$\overline{AB} : \overline{AD} = \overline{AC} : \overline{AE}$에서
$8 : 4 = x : 3$, $4x = 24$ ∴ $x = 6$

006 답 12
$\overline{AC} : \overline{AE} = \overline{BC} : \overline{DE}$에서
$(9+3) : 9 = 16 : x$, $12x = 144$ ∴ $x = 12$

007 답 9
$\overline{AD} : \overline{DB} = \overline{AE} : \overline{EC}$에서
$8 : 6 = 12 : x$, $8x = 72$ ∴ $x = 9$

008 답 9
$\overline{AD} : \overline{DB} = \overline{AE} : \overline{EC}$에서
$x : 3 = (8+4) : 4$, $4x = 36$ ∴ $x = 9$

009 답 6, 6

010 답 8, 6

011 답 12, 9

012 답 16, 5

013 답 5
$\overline{AB} : \overline{AD} = \overline{AC} : \overline{AE}$에서
$10 : x = 12 : (18-12)$, $12x = 60$ ∴ $x = 5$

014 답 6
$\overline{AB} : \overline{AD} = \overline{BC} : \overline{DE}$에서
$(10-6) : 6 = x : 9$, $6x = 36$ ∴ $x = 6$

015 답 4
$\overline{AD} : \overline{DB} = \overline{AE} : \overline{EC}$에서
$3 : (3+6) = x : 12$, $9x = 36$ ∴ $x = 4$

016 답 30 cm
$\overline{AB} : \overline{AD} = \overline{AC} : \overline{AE}$에서
$\overline{AB} : 5 = 8 : 4$, $4\overline{AB} = 40$ ∴ $\overline{AB} = 10$(cm)
$\overline{AC} : \overline{AE} = \overline{BC} : \overline{DE}$에서
$8 : 4 = \overline{BC} : 6$, $4\overline{BC} = 48$ ∴ $\overline{BC} = 12$(cm)
∴ (△ABC의 둘레의 길이) $= \overline{AB} + \overline{BC} + \overline{CA}$
$\qquad\qquad\qquad = 10 + 12 + 8 = 30$(cm)

017 답 ○
$\overline{AB} : \overline{AD} = 9 : 6 = 3 : 2$, $\overline{AC} : \overline{AE} = 12 : 8 = 3 : 2$
따라서 $\overline{AB} : \overline{AD} = \overline{AC} : \overline{AE}$이므로 $\overline{BC} /\!/ \overline{DE}$

018 답 ×
$\overline{AD} : \overline{DB} = 10 : 6 = 5 : 3$, $\overline{AE} : \overline{EC} = 12 : 8 = 3 : 2$
따라서 $\overline{AD} : \overline{DB} \neq \overline{AE} : \overline{EC}$이므로 $\overline{BC}$와 $\overline{DE}$는 평행하지 않다.

019 답 ○
$\overline{AB} : \overline{AD} = 6 : (6+3) = 2 : 3$, $\overline{BC} : \overline{DE} = 4 : 6 = 2 : 3$
따라서 $\overline{AB} : \overline{AD} = \overline{BC} : \overline{DE}$이므로 $\overline{BC} /\!/ \overline{DE}$

020 답 ×
$\overline{AD} : \overline{DB} = 12 : 4 = 3 : 1$, $\overline{AE} : \overline{EC} = 10 : 3$
따라서 $\overline{AD} : \overline{DB} \neq \overline{AE} : \overline{EC}$이므로 $\overline{BC}$와 $\overline{DE}$는 평행하지 않다.

021 답 ○
$\overline{AB} : \overline{AD} = 6 : 12 = 1 : 2$, $\overline{AC} : \overline{AE} = 8 : 16 = 1 : 2$
따라서 $\overline{AB} : \overline{AD} = \overline{AC} : \overline{AE}$이므로 $\overline{BC} /\!/ \overline{DE}$

022 답 ×
$\overline{AD} : \overline{DB} = 9 : 20$, $\overline{AE} : \overline{EC} = 6 : 15 = 2 : 5$
따라서 $\overline{AD} : \overline{DB} \neq \overline{AE} : \overline{EC}$이므로 $\overline{BC}$와 $\overline{DE}$는 평행하지 않다.

023 답 6, x, 3

024 답 $\dfrac{16}{5}$
$\overline{AB} : \overline{AC} = \overline{BD} : \overline{CD}$에서
$4 : 5 = x : 4$, $5x = 16$ ∴ $x = \dfrac{16}{5}$

025 답 12
$\overline{AB} : \overline{AC} = \overline{BD} : \overline{CD}$에서
$x : 16 = 9 : 12$, $12x = 144$ ∴ $x = 12$

026 답 12
$\overline{AB} : \overline{AC} = \overline{BD} : \overline{CD}$에서
$15 : x = (18-8) : 8$, $10x = 120$ ∴ $x = 12$

027 답 6

$\overline{AB}:\overline{AC}=\overline{BD}:\overline{CD}$에서

$8:4=x:(9-x)$, $4x=72-8x$

$12x=72$ ∴ $x=6$

다른 풀이 $\overline{BD}:\overline{CD}=\overline{AB}:\overline{AC}=8:4=2:1$이므로

$x=\dfrac{2}{3}\overline{BC}=\dfrac{2}{3}\times9=6$

028 답 8

$\overline{AB}:\overline{AC}=\overline{BD}:\overline{CD}$에서

$9:12=(14-x):x$, $9x=168-12x$

$21x=168$ ∴ $x=8$

다른 풀이 $\overline{BD}:\overline{CD}=\overline{AB}:\overline{AC}=9:12=3:4$이므로

$x=\dfrac{4}{7}\overline{BC}=\dfrac{4}{7}\times14=8$

029 답 4 : 3

$\overline{BD}:\overline{CD}=\overline{AB}:\overline{AC}=8:6=4:3$

030 답 4 : 3

$\triangle ABD:\triangle ADC=\overline{BD}:\overline{CD}=4:3$

031 답 9 cm²

$\triangle ABD:\triangle ADC=4:3$이므로

$12:\triangle ADC=4:3$, $4\triangle ADC=36$

∴ $\triangle ADC=9(cm^2)$

032 답 8 cm²

$\triangle ABD:\triangle ADC=4:3$이므로

$\triangle ABD:6=4:3$, $3\triangle ABD=24$

∴ $\triangle ABD=8(cm^2)$

033 답 16 cm²

$\triangle ABD:\triangle ADC=4:3$이므로

$\triangle ABD=\dfrac{4}{7}\triangle ABC=\dfrac{4}{7}\times28=16(cm^2)$

034 답 3, 6, 10

035 답 6

$\overline{AB}:\overline{AC}=\overline{BD}:\overline{CD}$에서

$10:4=15:x$, $10x=60$ ∴ $x=6$

036 답 3

$\overline{AB}:\overline{AC}=\overline{BD}:\overline{CD}$에서

$4:x=(2+6):6$, $8x=24$ ∴ $x=3$

037 답 3

$\overline{AB}:\overline{AC}=\overline{BD}:\overline{CD}$에서

$6:4=(x+6):6$, $4x+24=36$

$4x=12$ ∴ $x=3$

038 답 4

$\overline{AM}=\overline{MB}$, $\overline{AN}=\overline{NC}$이므로

$x=\dfrac{1}{2}\overline{BC}=\dfrac{1}{2}\times8=4$

039 답 7

$\overline{AM}=\overline{MB}$, $\overline{AN}=\overline{NC}$이므로

$x=\dfrac{1}{2}\overline{BC}=\dfrac{1}{2}\times14=7$

040 답 12

$\overline{AM}=\overline{MB}$, $\overline{AN}=\overline{NC}$이므로

$x=2\overline{MN}=2\times6=12$

041 답 $x=3$, $y=10$

$\overline{AM}=\overline{MB}$, $\overline{MN}/\!/\overline{BC}$에서 $\overline{AN}=\overline{NC}$이므로

$x=\overline{AN}=3$

$y=2\overline{MN}=2\times5=10$

042 답 $x=20$, $y=16$

$\overline{AM}=\overline{MB}$, $\overline{MN}/\!/\overline{BC}$에서 $\overline{AN}=\overline{NC}$이므로

$x=2\overline{CN}=2\times10=20$

$y=2\overline{MN}=2\times8=16$

043 답 $x=9$, $y=11$

$\overline{AM}=\overline{MB}$, $\overline{MN}/\!/\overline{BC}$에서 $\overline{AN}=\overline{NC}$이므로

$x=\dfrac{1}{2}\overline{AC}=\dfrac{1}{2}\times18=9$

$y=\dfrac{1}{2}\overline{BC}=\dfrac{1}{2}\times22=11$

044 답 $\overline{CA}$, $\overline{AB}$, 6, 7, 4, 17

045 답 $\dfrac{21}{2}$

$\overline{DF}=\dfrac{1}{2}\overline{BC}=\dfrac{1}{2}\times8=4$,

$\overline{DE}=\dfrac{1}{2}\overline{CA}=\dfrac{1}{2}\times7=\dfrac{7}{2}$,

$\overline{EF}=\dfrac{1}{2}\overline{AB}=\dfrac{1}{2}\times6=3$

∴ (△DEF의 둘레의 길이)$=\overline{DF}+\overline{DE}+\overline{EF}$

$=4+\dfrac{7}{2}+3=\dfrac{21}{2}$

046 답 22

$\overline{DF}=\dfrac{1}{2}\overline{BC}=\dfrac{1}{2}\times16=8$,

$\overline{DE}=\dfrac{1}{2}\overline{CA}=\dfrac{1}{2}\times10=5$,

$\overline{EF}=\dfrac{1}{2}\overline{AB}=\dfrac{1}{2}\times18=9$

∴ (△DEF의 둘레의 길이)$=\overline{DF}+\overline{DE}+\overline{EF}$

$=8+5+9=22$

047 답 **46 cm**

(△ABC의 둘레의 길이)$=\overline{AB}+\overline{BC}+\overline{CA}$
$=2\overline{EF}+2\overline{DF}+2\overline{DE}$
$=2(\overline{EF}+\overline{DF}+\overline{DE})$
$=2\times(\triangle DEF의 둘레의 길이)$
$=2\times23=46(cm)$

048 답 $\overline{BD}$, $\overline{AC}$, $\overline{BD}$, **3, 4, 3, 4, 14**

049 답 **26**

$\overline{PQ}=\overline{RS}=\dfrac{1}{2}\overline{AC}=\dfrac{1}{2}\times14=7$,

$\overline{QR}=\overline{SP}=\dfrac{1}{2}\overline{BD}=\dfrac{1}{2}\times12=6$

∴ (□PQRS의 둘레의 길이)$=\overline{PQ}+\overline{QR}+\overline{RS}+\overline{SP}$
$=7+6+7+6=26$

050 답 **44**

$\overline{PQ}=\overline{RS}=\dfrac{1}{2}\overline{AC}=\dfrac{1}{2}\times20=10$,

$\overline{QR}=\overline{SP}=\dfrac{1}{2}\overline{BD}=\dfrac{1}{2}\times24=12$

∴ (□PQRS의 둘레의 길이)$=\overline{PQ}+\overline{QR}+\overline{RS}+\overline{SP}$
$=10+12+10+12=44$

051 답 **20**

$\overline{PQ}=\overline{RS}=\dfrac{1}{2}\overline{AC}=\dfrac{1}{2}\times10=5$

직사각형 ABCD의 두 대각선의 길이는 같으므로
$\overline{BD}=\overline{AC}=10$

∴ $\overline{QR}=\overline{SP}=\dfrac{1}{2}\overline{BD}=\dfrac{1}{2}\times10=5$

∴ (□PQRS의 둘레의 길이)$=\overline{PQ}+\overline{QR}+\overline{RS}+\overline{SP}$
$=5+5+5+5=20$

052 답 **5**, $\overline{AD}$, **3, 5, 3, 8**

053 답 **6**

△ABD에서 $\overline{MP}=\dfrac{1}{2}\overline{AD}=\dfrac{1}{2}\times4=2$

△DBC에서 $\overline{PN}=\dfrac{1}{2}\overline{BC}=\dfrac{1}{2}\times8=4$

∴ $x=\overline{MP}+\overline{PN}=2+4=6$

054 답 **5**

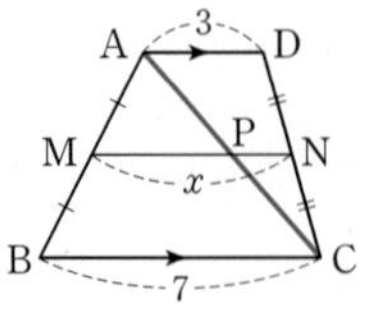

오른쪽 그림과 같이 $\overline{AC}$를 그어 $\overline{MN}$과
만나는 점을 P라 하면

△ABC에서 $\overline{MP}=\dfrac{1}{2}\overline{BC}=\dfrac{1}{2}\times7=\dfrac{7}{2}$

△ACD에서 $\overline{PN}=\dfrac{1}{2}\overline{AD}=\dfrac{1}{2}\times3=\dfrac{3}{2}$

∴ $x=\overline{MP}+\overline{PN}=\dfrac{7}{2}+\dfrac{3}{2}=5$

055 답 **6**

오른쪽 그림과 같이 $\overline{AC}$를 그어 $\overline{MN}$과
만나는 점을 P라 하면

△ABC에서 $\overline{MP}=\dfrac{1}{2}\overline{BC}=\dfrac{1}{2}\times12=6$

∴ $\overline{PN}=\overline{MN}-\overline{MP}=9-6=3$

따라서 △ACD에서 $x=2\overline{PN}=2\times3=6$

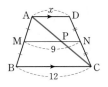

056 답 **6**

오른쪽 그림과 같이 $\overline{AC}$를 그어 $\overline{MN}$과
만나는 점을 P라 하면

△ACD에서 $\overline{PN}=\dfrac{1}{2}\overline{AD}=\dfrac{1}{2}\times4=2$

∴ $\overline{MP}=\overline{MN}-\overline{PN}=5-2=3$

따라서 △ABC에서 $x=2\overline{MP}=2\times3=6$

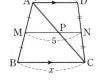

057 답 $\dfrac{9}{2}$, $\overline{AD}$, $\dfrac{5}{2}$, $\dfrac{9}{2}$, $\dfrac{5}{2}$, **2**

058 답 **2**

△ABC에서 $\overline{MQ}=\dfrac{1}{2}\overline{BC}=\dfrac{1}{2}\times8=4$

△ABD에서 $\overline{MP}=\dfrac{1}{2}\overline{AD}=\dfrac{1}{2}\times4=2$

∴ $x=\overline{MQ}-\overline{MP}=4-2=2$

059 답 **3**

△ABC에서 $\overline{MQ}=\dfrac{1}{2}\overline{BC}=\dfrac{1}{2}\times16=8$

△ABD에서 $\overline{MP}=\dfrac{1}{2}\overline{AD}=\dfrac{1}{2}\times10=5$

∴ $x=\overline{MQ}-\overline{MP}=8-5=3$

060 답 **10**

△ABD에서 $\overline{MP}=\dfrac{1}{2}\overline{AD}=\dfrac{1}{2}\times6=3$이므로

$\overline{MQ}=\overline{MP}+\overline{PQ}=3+2=5$

따라서 △ABC에서 $x=2\overline{MQ}=2\times5=10$

061 답 **15**

△ABD에서 $\overline{MP}=\dfrac{1}{2}\overline{AD}=\dfrac{1}{2}\times9=\dfrac{9}{2}$이므로

$\overline{MQ}=\overline{MP}+\overline{PQ}=\dfrac{9}{2}+3=\dfrac{15}{2}$

따라서 △ABC에서 $x=2\overline{MQ}=2\times\dfrac{15}{2}=15$

062 답 **4**

△ABC에서 $\overline{MQ}=\dfrac{1}{2}\overline{BC}=\dfrac{1}{2}\times12=6$이므로

$\overline{MP}=\overline{MQ}-\overline{PQ}=6-4=2$

따라서 △ABD에서 $x=2\overline{MP}=2\times2=4$

063 답 **10**

$\triangle ABC$에서 $\overline{MQ}=\dfrac{1}{2}\overline{BC}=\dfrac{1}{2}\times20=10$이므로

$\overline{MP}=\dfrac{1}{2}\overline{MQ}=\dfrac{1}{2}\times10=5$

따라서 $\triangle ABD$에서 $x=2\overline{MP}=2\times5=10$

064 답 **5, 10, 3**

065 답 **8**

$x:4=(15-5):5$, $5x=40$ $\quad\therefore x=8$

066 답 **16**

$(x-4):4=9:3$, $3x-12=36$

$3x=48$ $\quad\therefore x=16$

067 답 **6, 4, 4, 9, 6**

068 답 $x=\dfrac{15}{2}$, $y=4$

$3:2=x:5$, $2x=15$ $\quad\therefore x=\dfrac{15}{2}$

$2:y=5:10$, $5y=20$ $\quad\therefore y=4$

069 답 $x=9$, $y=12$

$x:12=6:8$, $8x=72$ $\quad\therefore x=9$

$12:18=8:y$, $12y=144$ $\quad\therefore y=12$

070 답 **5, $\dfrac{10}{3}$**

071 답 **4**

$3:x=6:8$, $6x=24$ $\quad\therefore x=4$

072 답 **6**

$9:x=(20-8):8$, $12x=72$ $\quad\therefore x=6$

073 답 **12**

$6:12=4:(x-4)$, $6x-24=48$

$6x=72$ $\quad\therefore x=12$

074 답 **4, 8, 10, 5**

075 답 $x=\dfrac{16}{5}$, $y=4$

$2:5=x:8$, $5x=16$ $\quad\therefore x=\dfrac{16}{5}$

$2:5=y:10$, $5y=20$ $\quad\therefore y=4$

076 답 $x=4$, $y=9$

$2:x=4:8$, $4x=16$ $\quad\therefore x=4$

$4:8=(y-6):6$, $8y-48=24$

$8y=72$ $\quad\therefore y=9$

077 답 $x=8$, $y=6$

$6:9=x:12$, $9x=72$ $\quad\therefore x=8$

$6:9=(10-y):y$, $6y=90-9y$

$15y=90$ $\quad\therefore y=6$

078 답 **4, 4, 8, 8, 2, 2, 4, 6**

079 답 **12, 3, 4, 3, 3, 3, 6**

080 답 **9**

$\square AHCD$에서 $\overline{GF}=\overline{HC}=\overline{AD}=8$

$\therefore \overline{BH}=\overline{BC}-\overline{HC}=11-8=3$

$\triangle ABH$에서 $\overline{AE}:\overline{AB}=\overline{EG}:\overline{BH}$이므로

$3:(3+6)=\overline{EG}:3$, $9\overline{EG}=9$ $\quad\therefore \overline{EG}=1$

$\therefore \overline{EF}=\overline{EG}+\overline{GF}=1+8=9$

081 답 **12**

$\square AHCD$에서 $\overline{GF}=\overline{HC}=\overline{AD}=7$

$\therefore \overline{BH}=\overline{BC}-\overline{HC}=15-7=8$

$\triangle ABH$에서 $\overline{AE}:\overline{AB}=\overline{EG}:\overline{BH}$이므로

$5:(5+3)=\overline{EG}:8$, $8\overline{EG}=40$ $\quad\therefore \overline{EG}=5$

$\therefore \overline{EF}=\overline{EG}+\overline{GF}=5+7=12$

082 답 **9**

$\triangle ABC$에서 $\overline{AE}:\overline{AB}=\overline{EG}:\overline{BC}$이므로

$4:(4+6)=\overline{EG}:15$, $10\overline{EG}=60$ $\quad\therefore \overline{EG}=6$

$\triangle ACD$에서 $\overline{CF}:\overline{CD}=\overline{GF}:\overline{AD}$이므로

$6:(6+4)=\overline{GF}:5$, $10\overline{GF}=30$ $\quad\therefore \overline{GF}=3$

$\therefore \overline{EF}=\overline{EG}+\overline{GF}=6+3=9$

083 답 **17**

$\triangle ABC$에서 $\overline{AE}:\overline{AB}=\overline{EG}:\overline{BC}$이므로

$10:(10+5)=\overline{EG}:21$, $15\overline{EG}=210$ $\quad\therefore \overline{EG}=14$

$\triangle ACD$에서 $\overline{CF}:\overline{CD}=\overline{GF}:\overline{AD}$이므로

$5:(5+10)=\overline{GF}:9$, $15\overline{GF}=45$ $\quad\therefore \overline{GF}=3$

$\therefore \overline{EF}=\overline{EG}+\overline{GF}=14+3=17$

084 답 **16**

오른쪽 그림과 같이 $\overline{DC}$와 평행한 $\overline{AH}$를 그어 $\overline{EF}$, $\overline{BC}$와 만나는 점을 각각 G, H 라 하면

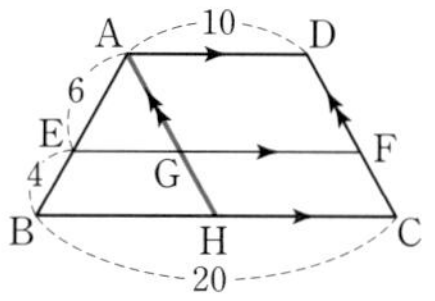

$\square AHCD$에서 $\overline{GF}=\overline{HC}=\overline{AD}=10$

$\therefore \overline{BH}=\overline{BC}-\overline{HC}=20-10=10$

$\triangle ABH$에서 $\overline{AE}:\overline{AB}=\overline{EG}:\overline{BH}$이므로

$6:(6+4)=\overline{EG}:10$, $10\overline{EG}=60$ $\quad\therefore \overline{EG}=6$

$\therefore \overline{EF}=\overline{EG}+\overline{GF}=6+10=16$

[다른 풀이] 오른쪽 그림과 같이 대각선 AC
를 그어 $\overline{EF}$와 만나는 점을 G라 하면 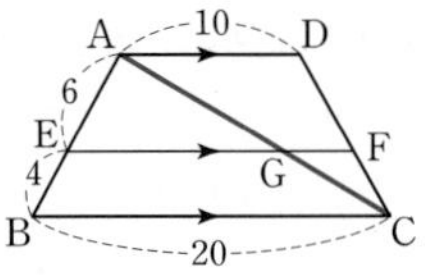
$\triangle ABC$에서 $\overline{AE}:\overline{AB}=\overline{EG}:\overline{BC}$이므로
$6:(6+4)=\overline{EG}:20$, $10\overline{EG}=120$
$\therefore \overline{EG}=12$
$\triangle ACD$에서 $\overline{CF}:\overline{CD}=\overline{GF}:\overline{AD}$이므로
$4:(4+6)=\overline{GF}:10$, $10\overline{GF}=40$ $\quad \therefore \overline{GF}=4$
$\therefore \overline{EF}=\overline{EG}+\overline{GF}=12+4=16$

085 답 13
오른쪽 그림과 같이 $\overline{DC}$와 평행한 $\overline{AH}$를 그
어 $\overline{EF}$, $\overline{BC}$와 만나는 점을 각각 G, H라 하면 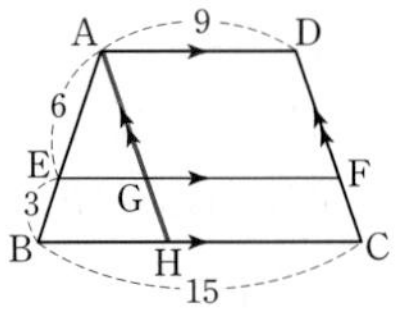
$\square AHCD$에서 $\overline{GF}=\overline{HC}=\overline{AD}=9$
$\therefore \overline{BH}=\overline{BC}-\overline{HC}=15-9=6$
$\triangle ABH$에서 $\overline{AE}:\overline{AB}=\overline{EG}:\overline{BH}$이므로
$6:(6+3)=\overline{EG}:6$, $9\overline{EG}=36$ $\quad \therefore \overline{EG}=4$
$\therefore \overline{EF}=\overline{EG}+\overline{GF}=4+9=13$

086 답 $\overline{BC}$, 3, 12, 8, $\overline{AD}$, 3, 9, 3, 8, 3, 5

087 답 8
$\triangle ABC$에서 $\overline{AE}:\overline{AB}=\overline{EH}:\overline{BC}$이므로
$3:(3+2)=\overline{EH}:20$, $5\overline{EH}=60$ $\quad \therefore \overline{EH}=12$
$\triangle ABD$에서 $\overline{BE}:\overline{BA}=\overline{EG}:\overline{AD}$이므로
$2:(2+3)=\overline{EG}:10$, $5\overline{EG}=20$ $\quad \therefore \overline{EG}=4$
$\therefore \overline{GH}=\overline{EH}-\overline{EG}=12-4=8$

088 답 6
$\triangle ABC$에서 $\overline{AE}:\overline{AB}=\overline{EH}:\overline{BC}$이므로
$4:(4+3)=\overline{EH}:21$, $7\overline{EH}=84$ $\quad \therefore \overline{EH}=12$
$\triangle ABD$에서 $\overline{BE}:\overline{BA}=\overline{EG}:\overline{AD}$이므로
$3:(3+4)=\overline{EG}:14$, $7\overline{EG}=42$ $\quad \therefore \overline{EG}=6$
$\therefore \overline{GH}=\overline{EH}-\overline{EG}=12-6=6$

089 답 $\overline{CD}$, 2, $\overline{BD}$, 3, 4

090 답 2, 3, 2, 5, 6
$\triangle ABE \infty \triangle CDE$ (AA 닮음)이므로
$\overline{BE}:\overline{DE}=\overline{AB}:\overline{CD}=10:15=2:3$
$\therefore \overline{BE}:\overline{BD}=2:(2+3)=2:5$
$\triangle BCD$에서 $\overline{BE}:\overline{BD}=\overline{EF}:\overline{DC}$이므로
$2:5=x:15$, $5x=30$ $\quad \therefore x=6$

091 답 $\dfrac{18}{5}$
$\triangle ABE \infty \triangle CDE$ (AA 닮음)이므로
$\overline{BE}:\overline{DE}=\overline{AB}:\overline{CD}=9:6=3:2$
$\therefore \overline{BE}:\overline{BD}=3:(3+2)=3:5$

$\triangle BCD$에서 $\overline{BE}:\overline{BD}=\overline{EF}:\overline{DC}$이므로
$3:5=x:6$, $5x=18$ $\quad \therefore x=\dfrac{18}{5}$

092 답 3, 5, 2, 5, $\dfrac{15}{2}$
$\triangle ABC$에서 $\overline{CF}:\overline{CB}=\overline{EF}:\overline{AB}=3:5$
$\triangle BCD$에서 $\overline{BF}:\overline{BC}=(5-3):5=2:5$
따라서 $\overline{BF}:\overline{BC}=\overline{EF}:\overline{DC}$이므로
$2:5=3:x$, $2x=15$ $\quad \therefore x=\dfrac{15}{2}$

093 답 9
$\triangle ABC$에서 $\overline{CF}:\overline{CB}=\overline{EF}:\overline{AB}=6:18=1:3$
$\triangle BCD$에서 $\overline{BF}:\overline{BC}=(3-1):3=2:3$
따라서 $\overline{BF}:\overline{BC}=\overline{EF}:\overline{DC}$이므로
$2:3=6:x$, $2x=18$ $\quad \therefore x=9$

094 답 3, 4, 3, 7, 9
$\triangle ABE \infty \triangle CDE$ (AA 닮음)이므로
$\overline{BE}:\overline{DE}=\overline{AB}:\overline{CD}=6:8=3:4$
$\therefore \overline{BE}:\overline{BD}=3:(3+4)=3:7$
$\triangle BCD$에서 $\overline{BE}:\overline{BD}=\overline{BF}:\overline{BC}$이므로
$3:7=x:21$, $7x=63$ $\quad \therefore x=9$

095 답 12
$\triangle ABE \infty \triangle CDE$ (AA 닮음)이므로
$\overline{BE}:\overline{DE}=\overline{AB}:\overline{CD}=12:15=4:5$
$\therefore \overline{BE}:\overline{BD}=4:(4+5)=4:9$
$\triangle BCD$에서 $\overline{BE}:\overline{BD}=\overline{BF}:\overline{BC}$이므로
$4:9=x:27$, $9x=108$ $\quad \therefore x=12$

096 답 6
$\overline{AG}:\overline{GD}=2:1$이므로 $x=2\overline{GD}=2\times3=6$

097 답 8
$\overline{AG}:\overline{GD}=2:1$이므로 $x=2\overline{GD}=2\times4=8$

098 답 5
$\overline{BG}:\overline{GD}=2:1$이므로 $x=\dfrac{1}{2}\overline{BG}=\dfrac{1}{2}\times10=5$

099 답 7
$\overline{CG}:\overline{GD}=2:1$이므로 $x=\dfrac{1}{2}\overline{CG}=\dfrac{1}{2}\times14=7$

100 답 $x=2$, $y=4$
$\overline{AG}:\overline{GD}=2:1$이므로 $x=\dfrac{1}{3}\overline{AD}=\dfrac{1}{3}\times6=2$
$y=\overline{BD}=4$

101 답 $x=12$, $y=10$

$\overline{BG}:\overline{GD}=2:1$이므로 $x=\dfrac{3}{2}\overline{BG}=\dfrac{3}{2}\times 8=12$

$y=2\overline{AD}=2\times 5=10$

102 답 $x=8$, $y=4$

직각삼각형의 외심은 빗변의 중점이므로 점 D는 직각삼각형 ABC의 외심이다.

$\therefore \overline{BD}=\dfrac{1}{2}\overline{AC}=\dfrac{1}{2}\times 24=12$

이때 $\overline{BG}:\overline{GD}=2:1$이므로

$x=\dfrac{2}{3}\times 12=8$, $y=\dfrac{1}{3}\times 12=4$

103 답 $x=2$, $y=12$

$\overline{BG}:\overline{GD}=2:1$이므로 $x=\dfrac{1}{2}\overline{BG}=\dfrac{1}{2}\times 4=2$

이때 직각삼각형의 외심은 빗변의 중점이므로 점 D는 직각삼각형 ABC의 외심이다.

$\therefore y=2\overline{BD}=2\times(4+2)=12$

104 답 $\dfrac{1}{3}$, 6, $\dfrac{2}{3}$, 4

105 답 6

$\overline{AG}:\overline{GD}=2:1$이므로 $\overline{GD}=\dfrac{1}{3}\overline{AD}=\dfrac{1}{3}\times 27=9$

$\overline{GG'}:\overline{G'D}=2:1$이므로 $x=\dfrac{2}{3}\overline{GD}=\dfrac{2}{3}\times 9=6$

106 답 1

$\overline{AG}:\overline{GD}=2:1$이므로 $\overline{GD}=\dfrac{1}{2}\overline{AG}=\dfrac{1}{2}\times 6=3$

$\overline{GG'}:\overline{G'D}=2:1$이므로 $x=\dfrac{1}{3}\overline{GD}=\dfrac{1}{3}\times 3=1$

107 답 24

$\overline{GG'}:\overline{G'D}=2:1$이므로 $\overline{GD}=3\overline{G'D}=3\times 4=12$

$\overline{AG}:\overline{GD}=2:1$이므로 $x=2\overline{GD}=2\times 12=24$

108 답 ❶ 2, 6 ❷ $\dfrac{2}{3}$, 4

109 답 8

$\triangle BCE$에서 $\overline{BD}=\overline{DC}$, $\overline{BE}/\!/\overline{DF}$이므로

$\overline{BE}=2\overline{DF}=2\times 6=12$

$\overline{BG}:\overline{GE}=2:1$이므로 $x=\dfrac{2}{3}\overline{BE}=\dfrac{2}{3}\times 12=8$

110 답 12

$\triangle ADC$에서 $\overline{AE}=\overline{EC}$, $\overline{AD}/\!/\overline{EF}$이므로

$\overline{AD}=2\overline{EF}=2\times 9=18$

$\overline{AG}:\overline{GD}=2:1$이므로 $x=\dfrac{2}{3}\overline{AD}=\dfrac{2}{3}\times 18=12$

111 답 6

$\overline{AG}:\overline{GD}=2:1$이므로 $\overline{AD}=\dfrac{3}{2}\overline{AG}=\dfrac{3}{2}\times 8=12$

$\triangle ADC$에서 $\overline{AE}=\overline{EC}$, $\overline{AD}/\!/\overline{EF}$이므로

$x=\dfrac{1}{2}\overline{AD}=\dfrac{1}{2}\times 12=6$

112 답 $10\,\text{cm}^2$

$\triangle GAE=\dfrac{1}{6}\triangle ABC=\dfrac{1}{6}\times 60=10\,(\text{cm}^2)$

113 답 $20\,\text{cm}^2$

$\triangle GBC=\dfrac{1}{3}\triangle ABC=\dfrac{1}{3}\times 60=20\,(\text{cm}^2)$

114 답 $20\,\text{cm}^2$

$\triangle GAF+\triangle GDC=\dfrac{1}{6}\triangle ABC+\dfrac{1}{6}\triangle ABC$

$\qquad\qquad=\dfrac{1}{3}\triangle ABC=\dfrac{1}{3}\times 60=20\,(\text{cm}^2)$

115 답 $20\,\text{cm}^2$

$\square FBDG=\triangle GFB+\triangle GBD$

$\qquad=\dfrac{1}{6}\triangle ABC+\dfrac{1}{6}\triangle ABC$

$\qquad=\dfrac{1}{3}\triangle ABC=\dfrac{1}{3}\times 60=20\,(\text{cm}^2)$

116 답 $20\,\text{cm}^2$

오른쪽 그림과 같이 $\overline{AG}$를 그으면

$\square AEGD=\triangle GAE+\triangle GDA$

$\qquad=\dfrac{1}{6}\triangle ABC+\dfrac{1}{6}\triangle ABC$

$\qquad=\dfrac{1}{3}\triangle ABC$

$\qquad=\dfrac{1}{3}\times 60=20\,(\text{cm}^2)$

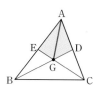

117 답 $40\,\text{cm}^2$

오른쪽 그림과 같이 $\overline{BG}$를 그으면

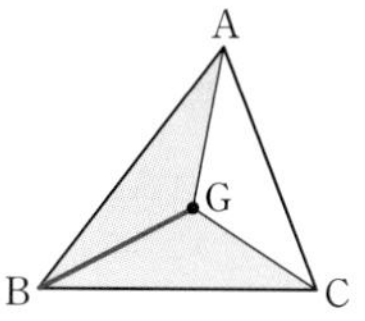

(색칠한 부분의 넓이)

$=\triangle GAB+\triangle GBC$

$=\dfrac{1}{3}\triangle ABC+\dfrac{1}{3}\triangle ABC$

$=\dfrac{2}{3}\triangle ABC$

$=\dfrac{2}{3}\times 60=40\,(\text{cm}^2)$

118 답 $36\,\text{cm}^2$

$\triangle ABC=6\triangle GDC=6\times 6=36\,(\text{cm}^2)$

119 답 $15\,\text{cm}^2$

$\triangle ABC=3\triangle GCA=3\times 5=15\,(\text{cm}^2)$

120 답 **18 cm²**

$\triangle GAF + \triangle GBD + \triangle GCE = \frac{1}{2}\triangle ABC$이므로

$\triangle ABC = 2 \times (\triangle GAF + \triangle GBD + \triangle GCE)$
$\qquad = 2 \times 9 = 18\,(\mathrm{cm^2})$

121 답 **24 cm²**

$\triangle GBD = \triangle GFB = \frac{1}{2}\square FBDG = \frac{1}{2} \times 8 = 4\,(\mathrm{cm^2})$

$\therefore \triangle ABC = 6\triangle GBD = 6 \times 4 = 24\,(\mathrm{cm^2})$

122 답 $\frac{1}{6}$, 4, $\frac{1}{2}$, 2

123 답 **2 cm²**

$\triangle GBD = \frac{1}{6}\triangle ABC = \frac{1}{6} \times 24 = 4\,(\mathrm{cm^2})$

이때 $\overline{BE} = \overline{EG}$이므로

$\triangle EBD = \frac{1}{2}\triangle GBD = \frac{1}{2} \times 4 = 2\,(\mathrm{cm^2})$

124 답 **4 cm²**

$\triangle GBC = \frac{1}{3}\triangle ABC = \frac{1}{3} \times 24 = 8\,(\mathrm{cm^2})$

이때 $\overline{GD} = \overline{DC}$이므로

$\triangle DBC = \frac{1}{2}\triangle GBC = \frac{1}{2} \times 8 = 4\,(\mathrm{cm^2})$

125 답 **17 cm²**

(색칠한 부분의 넓이)$= \triangle ADG + \triangle AGE$
$\qquad = \frac{1}{2}\triangle ABG + \frac{1}{2}\triangle AGC$
$\qquad = \frac{1}{2} \times \frac{1}{3}\triangle ABC + \frac{1}{2} \times \frac{1}{3}\triangle ABC$
$\qquad = \frac{1}{6}\triangle ABC + \frac{1}{6}\triangle ABC$
$\qquad = \frac{1}{3}\triangle ABC$
$\qquad = \frac{1}{3} \times 51 = 17\,(\mathrm{cm^2})$

126 답 **4**

점 P는 $\triangle ABC$의 무게중심이므로 $\overline{PO} = \frac{1}{3}\overline{BO}$

점 Q는 $\triangle ACD$의 무게중심이므로 $\overline{QO} = \frac{1}{3}\overline{DO}$

$\therefore x = \overline{PO} + \overline{QO} = \frac{1}{3}\overline{BO} + \frac{1}{3}\overline{DO}$
$\qquad = \frac{1}{3}(\overline{BO} + \overline{DO}) = \frac{1}{3}\overline{BD} = \frac{1}{3} \times 12 = 4$

127 답 **18**

점 P는 $\triangle ABC$의 무게중심이므로 $\overline{BO} = 3\overline{PO}$
점 Q는 $\triangle ACD$의 무게중심이므로 $\overline{DO} = 3\overline{QO}$
$\therefore x = \overline{BO} + \overline{DO} = 3\overline{PO} + 3\overline{QO}$
$\qquad = 3(\overline{PO} + \overline{QO}) = 3\overline{PQ} = 3 \times 6 = 18$

128 답 **24**

점 P는 $\triangle ABC$의 무게중심이므로
$\overline{BO} = 3\overline{PO} = 3 \times 4 = 12$
$\therefore x = 2\overline{BO} = 2 \times 12 = 24$

129 답 **18, 3, 6**

130 답 **3 cm²**

점 P는 $\triangle ABC$의 무게중심이므로

$\triangle APO = \frac{1}{6}\triangle ABC = \frac{1}{6} \times \frac{1}{2}\square ABCD$
$\qquad = \frac{1}{12}\square ABCD = \frac{1}{12} \times 36 = 3\,(\mathrm{cm^2})$

131 답 **6 cm²**

두 점 P, Q는 각각 $\triangle ABC$, $\triangle ACD$의 무게중심이므로
$\triangle APQ = \triangle APO + \triangle AOQ$
$\qquad = \frac{1}{6}\triangle ABC + \frac{1}{6}\triangle ACD$
$\qquad = \frac{1}{6} \times \frac{1}{2}\square ABCD + \frac{1}{6} \times \frac{1}{2}\square ABCD$
$\qquad = \frac{1}{12}\square ABCD + \frac{1}{12}\square ABCD$
$\qquad = \frac{1}{6}\square ABCD$
$\qquad = \frac{1}{6} \times 36 = 6\,(\mathrm{cm^2})$

기본 문제 × 확인하기   121~122쪽

1 (1) $x=9$, $y=20$ (2) $x=15$, $y=6$

2 (1) 6   (2) 4   **3** (1) 4   (2) 10

4 (1) $x=6$, $y=48$ (2) $x=18$, $y=35$

5 (1) $x=14$, $y=4$ (2) $x=12$, $y=26$

6 (1) 9   (2) 21

7 (1) $x=3$, $y=6$ (2) $x=8$, $y=3$

8 (1) $x=4$, $y=\frac{9}{2}$ (2) $x=8$, $y=11$ (3) $x=15$, $y=8$

9 (1) 3   (2) 9

10 (1) 8 cm²   (2) 16 cm²   (3) 16 cm²

1 (1) $\overline{AD} : \overline{DB} = \overline{AE} : \overline{EC}$에서
$\qquad 6 : 4 = x : 6$, $4x = 36$ $\therefore x = 9$
$\qquad \overline{AD} : \overline{AB} = \overline{DE} : \overline{BC}$에서
$\qquad 6 : (6+4) = 12 : y$, $6y = 120$ $\therefore y = 20$
(2) $\overline{AE} : \overline{EC} = \overline{AD} : \overline{DB}$에서
$\qquad 8 : (8+12) = 6 : x$, $8x = 120$ $\therefore x = 15$
$\qquad \overline{AE} : \overline{AC} = \overline{DE} : \overline{BC}$에서
$\qquad 8 : 12 = y : 9$, $12y = 72$ $\therefore y = 6$

2 (1) $\overline{AB} : \overline{AC} = \overline{BD} : \overline{CD}$에서

$12 : 16 = x : 8$, $16x = 96$ $\quad \therefore x = 6$

(2) $\overline{AB} : \overline{AC} = \overline{BD} : \overline{CD}$에서

$15 : 6 = (14 - x) : x$, $15x = 84 - 6x$

$21x = 84$ $\quad \therefore x = 4$

[다른 풀이] $\overline{BD} : \overline{CD} = \overline{AB} : \overline{AC} = 15 : 6 = 5 : 2$이므로

$x = \dfrac{2}{7}\overline{BC} = \dfrac{2}{7} \times 14 = 4$

3 (1) $\overline{AB} : \overline{AC} = \overline{BD} : \overline{CD}$에서

$5 : x = (2 + 8) : 8$, $10x = 40$ $\quad \therefore x = 4$

(2) $\overline{AB} : \overline{AC} = \overline{BD} : \overline{CD}$에서

$8 : 5 = (6 + x) : x$, $8x = 30 + 5x$

$3x = 30$ $\quad \therefore x = 10$

4 (1) $\overline{AM} = \overline{MB}$, $\overline{AN} = \overline{NC}$이므로

$x = \dfrac{1}{2}\overline{BC} = \dfrac{1}{2} \times 12 = 6$

또 $\overline{MN} /\!/ \overline{BC}$이므로 $\angle AMN = \angle B = 48°$ (동위각)

$\therefore y = 48$

(2) $\overline{AM} = \overline{MB}$, $\overline{AN} = \overline{NC}$이므로

$x = 2\overline{MN} = 2 \times 9 = 18$

또 $\overline{MN} /\!/ \overline{BC}$이므로 $\angle C = \angle MNA = 35°$ (동위각)

$\therefore y = 35$

5 (1) $\overline{AM} = \overline{MB}$, $\overline{MN} /\!/ \overline{BC}$에서 $\overline{AN} = \overline{NC}$이므로

$x = 2\overline{CN} = 2 \times 7 = 14$

$y = \dfrac{1}{2}\overline{BC} = \dfrac{1}{2} \times 8 = 4$

(2) $\overline{AM} = \overline{MB}$, $\overline{MN} /\!/ \overline{BC}$에서 $\overline{AN} = \overline{NC}$이므로

$x = \dfrac{1}{2}\overline{AC} = \dfrac{1}{2} \times 24 = 12$

$y = 2\overline{MN} = 2 \times 13 = 26$

6 (1) $(16 - 6) : 6 = 15 : x$, $10x = 90$ $\quad \therefore x = 9$

(2) $14 : x = 10 : (25 - 10)$, $10x = 210$ $\quad \therefore x = 21$

7 (1) $\square AHCD$에서 $y = \overline{HC} = \overline{AD} = 6$이므로

$\overline{BH} = \overline{BC} - \overline{HC} = 15 - 6 = 9$

$\triangle ABH$에서 $\overline{AE} : \overline{AB} = \overline{EG} : \overline{BH}$이므로

$5 : (5 + 10) = x : 9$, $15x = 45$ $\quad \therefore x = 3$

(2) $\triangle ABC$에서 $\overline{AE} : \overline{AB} = \overline{EG} : \overline{BC}$이므로

$8 : (8 + 6) = x : 14$, $14x = 112$ $\quad \therefore x = 8$

$\triangle ACD$에서 $\overline{CF} : \overline{CD} = \overline{GF} : \overline{AD}$이므로

$6 : (6 + 8) = y : 7$, $14y = 42$ $\quad \therefore y = 3$

8 (1) $\overline{AG} : \overline{GD} = 2 : 1$이므로 $x = 2\overline{GD} = 2 \times 2 = 4$

$\overline{BG} : \overline{GE} = 2 : 1$이므로 $y = \dfrac{1}{2}\overline{BG} = \dfrac{1}{2} \times 9 = \dfrac{9}{2}$

(2) $\overline{AG} : \overline{GD} = 2 : 1$이므로 $x = \dfrac{1}{3}\overline{AD} = \dfrac{1}{3} \times 24 = 8$

$y = \overline{BD} = 11$

(3) $\overline{BG} : \overline{GD} = 2 : 1$이므로 $x = \dfrac{3}{2}\overline{BG} = \dfrac{3}{2} \times 10 = 15$

$y = \dfrac{1}{2}\overline{AC} = \dfrac{1}{2} \times 16 = 8$

9 (1) 직각삼각형의 외심은 빗변의 중점이므로 점 D는 직각삼각형 ABC의 외심이다.

$\therefore \overline{DC} = \dfrac{1}{2}\overline{AB} = \dfrac{1}{2} \times 18 = 9$

이때 점 G는 $\triangle ABC$의 무게중심이므로

$x = \dfrac{1}{3}\overline{DC} = \dfrac{1}{3} \times 9 = 3$

(2) $\overline{AG} : \overline{GD} = 2 : 1$이므로 $\overline{AD} = \dfrac{3}{2}\overline{AG} = \dfrac{3}{2} \times 6 = 9$

이때 직각삼각형의 외심은 빗변의 중점이므로 점 D는 직각삼각형 ABC의 외심이다.

$\therefore x = \overline{AD} = 9$

10 (1) $\triangle GFB = \dfrac{1}{6}\triangle ABC = \dfrac{1}{6} \times 48 = 8(\text{cm}^2)$

(2) $\triangle ABG = \dfrac{1}{3}\triangle ABC = \dfrac{1}{3} \times 48 = 16(\text{cm}^2)$

(3) $\square GDCE = \triangle GDC + \triangle GCE = \dfrac{1}{6}\triangle ABC + \dfrac{1}{6}\triangle ABC$

$= \dfrac{1}{3}\triangle ABC = \dfrac{1}{3} \times 48 = 16(\text{cm}^2)$

학교 시험 문제 × 확인하기　123~125쪽

1 ④	2 17 cm	3 ②, ⑤	4 ②	5 ③
6 6 cm	7 25 cm	8 ③	9 ⑤	10 9
11 ③	12 ④	13 ③	14 ③	15 10 cm²
16 ②	17 8 cm	18 ①		

1 $\overline{AB} : \overline{BD} = \overline{AC} : \overline{CE}$에서

$12 : 4 = x : 5$, $4x = 60$ $\quad \therefore x = 15$

$\overline{AD} : \overline{AB} = \overline{DE} : \overline{BC}$에서

$(12 - 4) : 12 = y : 18$, $12y = 144$ $\quad \therefore y = 12$

$\therefore x + y = 15 + 12 = 27$

2 $\triangle AFG$에서 $\overline{AD} : \overline{DF} = \overline{AE} : \overline{EG}$이므로

$12 : 9 = \overline{AE} : 6$, $9\overline{AE} = 72$ $\quad \therefore \overline{AE} = 8(\text{cm})$

또 $\overline{AC} : \overline{AE} = \overline{AB} : \overline{AD}$이므로

$6 : 8 = \overline{AB} : 12$, $8\overline{AB} = 72$ $\quad \therefore \overline{AB} = 9(\text{cm})$

$\therefore \overline{AB} + \overline{AE} = 9 + 8 = 17(\text{cm})$

3 ① $\overline{AB} : \overline{AD} = 8 : 5$, $\overline{AC} : \overline{AE} = 6 : 4 = 3 : 2$

즉, $\overline{AB} : \overline{AD} \neq \overline{AC} : \overline{AE}$이므로 $\overline{BC}$와 $\overline{DE}$는 평행하지 않다.

② $\overline{AD} : \overline{DB} = 6 : 4 = 3 : 2$, $\overline{AE} : \overline{EC} = 9 : 6 = 3 : 2$

즉, $\overline{AD} : \overline{DB} = \overline{AE} : \overline{EC}$이므로 $\overline{BC} /\!/ \overline{DE}$

③ $\overline{AD} : \overline{DB} = (8 - 2) : 2 = 3 : 1$, $\overline{AE} : \overline{EC} = 8 : 4 = 2 : 1$

즉, $\overline{AD} : \overline{DB} \neq \overline{AE} : \overline{EC}$이므로 $\overline{BC}$와 $\overline{DE}$는 평행하지 않다.

④ $\overline{AB} : \overline{AD} = 10 : 4 = 5 : 2$, $\overline{AC} : \overline{AE} = 8 : 5$

즉, $\overline{AB} : \overline{AD} \neq \overline{AC} : \overline{AE}$이므로 $\overline{BC}$와 $\overline{DE}$는 평행하지 않다.

⑤ $\overline{AB} : \overline{AD} = 6 : (10-6) = 3 : 2$, $\overline{AC} : \overline{AE} = 9 : 6 = 3 : 2$

즉, $\overline{AB} : \overline{AD} = \overline{AC} : \overline{AE}$이므로 $\overline{BC} /\!/ \overline{DE}$

따라서 $\overline{BC} /\!/ \overline{DE}$인 것은 ②, ⑤이다.

4 $\overline{BD} : \overline{CD} = \overline{AB} : \overline{AC} = 3 : 2$이므로

$\triangle ABD : \triangle ADC = \overline{BD} : \overline{CD} = 3 : 2$

즉, $\triangle ABD : 8 = 3 : 2$이므로

$2\triangle ABD = 24$ ∴ $\triangle ABD = 12(cm^2)$

5 $\overline{AB} : \overline{AC} = \overline{BD} : \overline{CD}$에서

$\overline{AB} : 5 = (6+10) : 10$, $10\overline{AB} = 80$ ∴ $\overline{AB} = 8(cm)$

6 $\triangle DBC$에서 $\overline{DP} = \overline{PB}$, $\overline{DQ} = \overline{QC}$이므로

$\overline{BC} = 2\overline{PQ} = 2 \times 6 = 12(cm)$

$\triangle ABC$에서 $\overline{AM} = \overline{MB}$, $\overline{AN} = \overline{NC}$이므로

$\overline{MN} = \frac{1}{2}\overline{BC} = \frac{1}{2} \times 12 = 6(cm)$

7 (△DEF의 둘레의 길이) $= \overline{DF} + \overline{DE} + \overline{EF}$

$\qquad = \frac{1}{2}\overline{BC} + \frac{1}{2}\overline{CA} + \frac{1}{2}\overline{AB}$

$\qquad = \frac{1}{2}(\overline{BC} + \overline{CA} + \overline{AB})$

$\qquad = \frac{1}{2} \times (\triangle ABC의 둘레의 길이)$

$\qquad = \frac{1}{2} \times 50 = 25(cm)$

8 오른쪽 그림과 같이 $\overline{AC}$를 그어 $\overline{MN}$과 만나는 점을 P라 하면

$\triangle ABC$에서 $\overline{MP} = \frac{1}{2}\overline{BC} = \frac{1}{2} \times 14 = 7(cm)$

$\triangle ACD$에서 $\overline{PN} = \frac{1}{2}\overline{AD} = \frac{1}{2} \times 8 = 4(cm)$

∴ $\overline{MN} = \overline{MP} + \overline{PN} = 7 + 4 = 11(cm)$

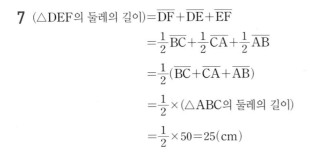

9 $2 : 4 = 3 : x$, $2x = 12$ ∴ $x = 6$

$4 : y = 6 : 4$, $6y = 16$ ∴ $y = \frac{8}{3}$

∴ $x + 3y = 6 + 3 \times \frac{8}{3} = 14$

10 오른쪽 그림과 같이 $\overline{DC}$와 평행한 $\overline{AH}$를 그어 $\overline{EF}$, $\overline{BC}$와 만나는 점을 각각 G, H라 하면

$\square AHCD$에서 $\overline{GF} = \overline{HC} = \overline{AD} = 5$

∴ $\overline{BH} = \overline{BC} - \overline{HC} = 11 - 5 = 6$

$\triangle ABH$에서 $\overline{AE} : \overline{AB} = \overline{EG} : \overline{BH}$이므로

$8 : (8+4) = \overline{EG} : 6$, $12\overline{EG} = 48$

∴ $\overline{EG} = 4$

∴ $\overline{EF} = \overline{EG} + \overline{GF} = 4 + 5 = 9$

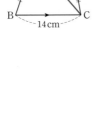

11 $\triangle ABE \sim \triangle CDE$ (AA 닮음)이므로

$\overline{BE} : \overline{DE} = \overline{AB} : \overline{CD} = 12 : 16 = 3 : 4$

$\triangle BCD$에서 $\overline{BE} : \overline{BD} = \overline{EF} : \overline{DC}$이므로

$3 : (3+4) = \overline{EF} : 16$, $7\overline{EF} = 48$ ∴ $\overline{EF} = \frac{48}{7}$

12 $\overline{AG} : \overline{GD} = 2 : 1$이므로 $\overline{AD} = \frac{3}{2}\overline{AG} = \frac{3}{2} \times 4 = 6(cm)$

$\overline{BG} : \overline{GE} = 2 : 1$이므로 $\overline{BE} = 3\overline{GE} = 3 \times 3 = 9(cm)$

∴ $\overline{AD} + \overline{BE} = 6 + 9 = 15(cm)$

13 $\overline{GG'} : \overline{G'D} = 2 : 1$이므로 $\overline{GD} = \frac{3}{2}\overline{GG'} = \frac{3}{2} \times 4 = 6(cm)$

$\overline{AG} : \overline{GD} = 2 : 1$이므로 $\overline{AG} = 2\overline{GD} = 2 \times 6 = 12(cm)$

14 $\triangle BCE$에서 $\overline{BD} = \overline{DC}$, $\overline{BE} /\!/ \overline{DF}$이므로

$\overline{BE} = 2\overline{DF} = 2 \times 12 = 24$

$\overline{BG} : \overline{GE} = 2 : 1$이므로 $\overline{BG} = \frac{2}{3}\overline{BE} = \frac{2}{3} \times 24 = 16$

15 오른쪽 그림과 같이 $\overline{GC}$를 그으면

$\square GDCE = \triangle GDC + \triangle GCE$

$\qquad = \frac{1}{6}\triangle ABC + \frac{1}{6}\triangle ABC$

$\qquad = \frac{1}{3}\triangle ABC$

$\qquad = \frac{1}{3} \times \left(\frac{1}{2} \times 6 \times 10\right)$

$\qquad = 10(cm^2)$

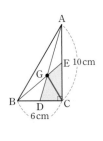

16 $\triangle GDC = \frac{1}{6}\triangle ABC = \frac{1}{6} \times 42 = 7(cm^2)$

이때 $\overline{GE} = \overline{EC}$이므로

$\triangle EDC = \frac{1}{2}\triangle GDC = \frac{1}{2} \times 7 = \frac{7}{2}(cm^2)$

17 $\overline{BO} = \frac{1}{2}\overline{BD} = \frac{1}{2} \times 24 = 12(cm)$

이때 점 P는 $\triangle ABC$의 무게중심이므로

$\overline{BP} = \frac{2}{3}\overline{BO} = \frac{2}{3} \times 12 = 8(cm)$

18 오른쪽 그림과 같이 $\overline{AC}$를 긋고, $\overline{AC}$와 $\overline{BD}$의 교점을 O라 하면 두 점 P, Q는 각각 $\triangle ABC$, $\triangle ACD$의 무게중심이므로

$\triangle APQ = \triangle APO + \triangle AOQ$

$\qquad = \frac{1}{6}\triangle ABC + \frac{1}{6}\triangle ACD$

$\qquad = \frac{1}{6} \times \frac{1}{2}\square ABCD + \frac{1}{6} \times \frac{1}{2}\square ABCD$

$\qquad = \frac{1}{12}\square ABCD + \frac{1}{12}\square ABCD$

$\qquad = \frac{1}{6}\square ABCD$

$\qquad = \frac{1}{6} \times 12 = 2(cm^2)$

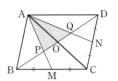

6 경우의 수

128~141쪽

001 답 4, 6, 3

002 답 3
2, 3, 5이므로 구하는 경우의 수는 3

003 답 3
4, 5, 6이므로 구하는 경우의 수는 3

004 답 2
3, 6이므로 구하는 경우의 수는 2

005 답 4
1, 2, 3, 6이므로 구하는 경우의 수는 4

[006~009]

A＼B	⚀	⚁	⚂	⚃	⚄	⚅
⚀	(1, 1)	(1, 2)	(1, 3)	(1, 4)	(1, 5)	(1, 6)
⚁	(2, 1)	(2, 2)	(2, 3)	(2, 4)	(2, 5)	(2, 6)
⚂	(3, 1)	(3, 2)	(3, 3)	(3, 4)	(3, 5)	(3, 6)
⚃	(4, 1)	(4, 2)	(4, 3)	(4, 4)	(4, 5)	(4, 6)
⚄	(5, 1)	(5, 2)	(5, 3)	(5, 4)	(5, 5)	(5, 6)
⚅	(6, 1)	(6, 2)	(6, 3)	(6, 4)	(6, 5)	(6, 6)

006 답 36

007 답 6
(1, 1), (2, 2), (3, 3), (4, 4), (5, 5), (6, 6)이므로 구하는 경우의 수는 6

008 답 5
(1, 5), (2, 4), (3, 3), (4, 2), (5, 1)이므로 구하는 경우의 수는 5

009 답 6
(1, 4), (2, 5), (3, 6), (4, 1), (5, 2), (6, 3)이므로 구하는 경우의 수는 6

010 답 5
2, 3, 5, 7, 11이므로 구하는 경우의 수는 5

011 답 5
6, 7, 8, 9, 10이므로 구하는 경우의 수는 5

012 답 3
10, 11, 12이므로 구하는 경우의 수는 3

013 답 4
3, 6, 9, 12이므로 구하는 경우의 수는 4

014 답 6
1, 2, 3, 4, 6, 12이므로 구하는 경우의 수는 6

015 답 (뒷면, 앞면), (뒷면, 뒷면) / 4

016 답 2
(앞면, 뒷면), (뒷면, 앞면)이므로 구하는 경우의 수는 2

017 답 1
(뒷면, 뒷면)이므로 구하는 경우의 수는 1

018 답 표는 풀이 참조 / 4

100원(개)	4	3	2	1
50원(개)	0	2	4	6

019 답 표는 풀이 참조 / 4

100원(개)	6	5	4	3
50원(개)	0	2	4	6

020 답 3

100원(개)	2	1	0
50원(개)	1	3	5

따라서 250원을 지불하는 방법의 수는 3이다.

021 답 3

022 답 2

023 답 5
3＋2＝5

024 답 16
4＋12＝16

025 답 8
3＋5＝8

026 답 9
정한 날이 목요일인 경우는
1일, 8일, 15일, 22일, 29일의 5가지
정한 날이 일요일인 경우는
4일, 11일, 18일, 25일의 4가지
따라서 구하는 경우의 수는 5＋4＝9

027 답 8
소설책을 사는 경우는 6가지
시집을 사는 경우는 2가지
따라서 구하는 경우의 수는 6+2=8

028 답 ❶ (2, 1) / 2　❷ (3, 5), (4, 4), (5, 3), (6, 2) / 5
　　　❸ 2, 5, 7

029 답 5
두 눈의 수의 합이 4인 경우는
(1, 3), (2, 2), (3, 1)의 3가지
두 눈의 수의 합이 11인 경우는
(5, 6), (6, 5)의 2가지
따라서 구하는 경우의 수는 3+2=5

030 답 18
두 눈의 수의 차가 1인 경우는
(1, 2), (2, 1), (2, 3), (3, 2), (3, 4), (4, 3), (4, 5), (5, 4),
(5, 6), (6, 5)의 10가지
두 눈의 수의 차가 2인 경우는
(1, 3), (2, 4), (3, 1), (3, 5), (4, 2), (4, 6), (5, 3), (6, 4)의
8가지
따라서 구하는 경우의 수는 10+8=18

031 답 6
두 눈의 수의 차가 4인 경우는
(1, 5), (2, 6), (5, 1), (6, 2)의 4가지
두 눈의 수의 차가 5인 경우는
(1, 6), (6, 1)의 2가지
따라서 구하는 경우의 수는 4+2=6

032 답 ❶ 12, 16, 20 / 5　❷ 5, 10, 15, 20 / 4　❸ 20 / 1
　　　❹ 5, 4, 1, 8

033 답 8
3의 배수가 적힌 카드가 나오는 경우는
3, 6, 9, 12, 15, 18의 6가지
8의 배수가 적힌 카드가 나오는 경우는
8, 16의 2가지
이때 3과 8의 공배수, 즉 24의 배수는 없으므로
구하는 경우의 수는 6+2=8

034 답 10
소수가 적힌 카드가 나오는 경우는
2, 3, 5, 7, 11, 13, 17, 19의 8가지
9의 배수가 적힌 카드가 나오는 경우는
9, 18의 2가지
이때 소수이면서 9의 배수인 수는 없으므로
구하는 경우의 수는 8+2=10

035 답 11
짝수가 적힌 카드가 나오는 경우는
2, 4, 6, 8, 10, 12, 14, 16, 18, 20의 10가지
16의 약수가 적힌 카드가 나오는 경우는
1, 2, 4, 8, 16의 5가지
이때 짝수이면서 16의 약수인 수가 적힌 카드가 나오는 경우는
2, 4, 8, 16의 4가지
따라서 구하는 경우의 수는 10+5-4=11

036 답 8
4×2=8

037 답 24
6×4=24

038 답 18
6×3=18

039 답 15
3×5=15

040 답 42
6×7=42

041 답 10
2×5=10

042 답 9
한 사람이 낼 수 있는 경우는 가위, 바위, 보의 3가지이므로 구하는
경우의 수는 3×3=9

043 답 3
A, B 두 사람이 낼 수 있는 경우를 순서쌍 (A, B)로 나타내면
A가 이기는 경우는 (가위, 보), (바위, 가위), (보, 바위)의 3가지

044 답 3
A, B 두 사람이 낼 수 있는 경우를 순서쌍 (A, B)로 나타내면
B가 이기는 경우는 (가위, 바위), (바위, 보), (보, 가위)의 3가지

045 답 3
A, B 두 사람이 낼 수 있는 경우를 순서쌍 (A, B)로 나타내면
비기는 경우는 (가위, 가위), (바위, 바위), (보, 보)의 3가지

046 답 60
4×3×5=60

047 답 3

048 답 **4**

049 답 **12**
$3 \times 4 = 12$

050 답 **12**
$4 \times 3 = 12$

051 답 **③**
휴게실에서 나와 복도로 가는 방법은 2가지, 복도에서 열람실로 들어가는 방법은 4가지이므로 구하는 방법의 수는
$2 \times 4 = 8$

052 답 **그림은 풀이 참조, 2, 2, 8**

053 답 **36**
$6 \times 6 = 36$

054 답 **24**
$2 \times 2 \times 6 = 24$

055 답 **48**
$2 \times 2 \times 2 \times 6 = 48$

056 답 **12**
$2 \times 6 = 12$

057 답 **1, 3, 3**
동전에서 앞면이 나오는 경우는 1가지
주사위에서 짝수의 눈이 나오는 경우는 2, 4, 6의 3가지
따라서 구하는 경우의 수는 $1 \times 3 = 3$

058 답 **4**
동전에서 뒷면이 나오는 경우는 1가지
주사위에서 6의 약수의 눈이 나오는 경우는 1, 2, 3, 6의 4가지
따라서 구하는 경우의 수는 $1 \times 4 = 4$

059 답 **36**
$6 \times 6 = 36$

060 답 **9**
첫 번째에 홀수의 눈이 나오는 경우는 1, 3, 5의 3가지
두 번째에 짝수의 눈이 나오는 경우는 2, 4, 6의 3가지
따라서 구하는 경우의 수는 $3 \times 3 = 9$

061 답 **6**
첫 번째에 소수의 눈이 나오는 경우는 2, 3, 5의 3가지
두 번째에 3의 배수의 눈이 나오는 경우는 3, 6의 2가지
따라서 구하는 경우의 수는 $3 \times 2 = 6$

062 답 **3, 2, 1, 6**

063 답 **120**
$5 \times 4 \times 3 \times 2 \times 1 = 120$

064 답 **24**
$4 \times 3 \times 2 \times 1 = 24$

065 답 **4, 3, 12**

066 답 **60**
$5 \times 4 \times 3 = 60$

067 답 **360**
$6 \times 5 \times 4 \times 3 = 360$

068 답 **3, 2, 1, 6**

069 답 **2, 1, 2**

070 답 **❶ 2 ❷ 2, 1, 2 ❸ 2, 2, 4**

071 답 **24**
A를 맨 뒤에 고정시키고 나머지 4명의 순서를 정하면 되므로 구하는 경우의 수는 $4 \times 3 \times 2 \times 1 = 24$

072 답 **24**
B를 한가운데에 고정시키고 나머지 4명의 순서를 정하면 되므로 구하는 경우의 수는 $4 \times 3 \times 2 \times 1 = 24$

073 답 **6**
C를 맨 앞에, D를 맨 뒤에 고정시키고 나머지 3명의 순서를 정하면 되므로 구하는 경우의 수는
$3 \times 2 \times 1 = 6$

074 답 **12**
C와 D가 양 끝에 서는 경우는
C□□□D, D□□□C의 2가지
C, D 사이에 나머지 3명을 한 줄로 세우는 경우의 수는
$3 \times 2 \times 1 = 6$
따라서 구하는 경우의 수는 $2 \times 6 = 12$

075 답 ❶ 6 ❷ 2 ❸ 6, 2, 12

076 답 12

C, D를 하나로 묶어 A, B, C, D 3명을 한 줄로 세우는 경우의 수는

$3 \times 2 \times 1 = 6$

이때 C, D가 자리를 바꾸는 경우의 수는 2

따라서 구하는 경우의 수는 $6 \times 2 = 12$

077 답 ❶ 2 ❷ 3, 2, 1, 6 ❸ 2, 6, 12

078 답 12

B, C, D를 하나로 묶어 A, B, C, D 2명을 한 줄로 세우는 경우의

수는 $2 \times 1 = 2$

이때 B, C, D가 자리를 바꾸는 경우의 수는

$3 \times 2 \times 1 = 6$

따라서 구하는 경우의 수는 $2 \times 6 = 12$

079 답 48

남학생 2명을 하나로 묶어 4명을 한 줄로 세우는 경우의 수는

$4 \times 3 \times 2 \times 1 = 24$

이때 남학생끼리 자리를 바꾸는 경우의 수는 2

따라서 구하는 경우의 수는 $24 \times 2 = 48$

080 답 36

여학생 3명을 하나로 묶어 3명을 한 줄로 세우는 경우의 수는

$3 \times 2 \times 1 = 6$

이때 여학생끼리 자리를 바꾸는 경우의 수는

$3 \times 2 \times 1 = 6$

따라서 구하는 경우의 수는 $6 \times 6 = 36$

081 답 24

A에 칠할 수 있는 색은 4가지,

B에 칠할 수 있는 색은 A에 칠한 색을 제외한 3가지,

C에 칠할 수 있는 색은 A, B에 칠한 색을 제외한 2가지

따라서 구하는 경우의 수는 $4 \times 3 \times 2 = 24$

082 답 4, 3, 3, 36

083 답 60

A에 칠할 수 있는 색은 5가지,

B에 칠할 수 있는 색은 A에 칠한 색을 제외한 4가지,

C에 칠할 수 있는 색은 A, B에 칠한 색을 제외한 3가지

따라서 구하는 경우의 수는 $5 \times 4 \times 3 = 60$

084 답 60

A에 칠할 수 있는 색은 5가지,

B에 칠할 수 있는 색은 A에 칠한 색을 제외한 4가지,

C에 칠할 수 있는 색은 A, B에 칠한 색을 제외한 3가지

따라서 구하는 경우의 수는 $5 \times 4 \times 3 = 60$

085 답 120

A에 칠할 수 있는 색은 5가지,

B에 칠할 수 있는 색은 A에 칠한 색을 제외한 4가지,

C에 칠할 수 있는 색은 A, B에 칠한 색을 제외한 3가지,

D에 칠할 수 있는 색은 A, B, C에 칠한 색을 제외한 2가지

따라서 구하는 경우의 수는 $5 \times 4 \times 3 \times 2 = 120$

086 답 36

A에 칠할 수 있는 색은 4가지,

B에 칠할 수 있는 색은 A에 칠한 색을 제외한 3가지,

C에 칠할 수 있는 색은 B에 칠한 색을 제외한 3가지

따라서 구하는 경우의 수는 $4 \times 3 \times 3 = 36$

087 답 108

A에 칠할 수 있는 색은 4가지,

B에 칠할 수 있는 색은 A에 칠한 색을 제외한 3가지,

C에 칠할 수 있는 색은 B에 칠한 색을 제외한 3가지,

D에 칠할 수 있는 색은 C에 칠한 색을 제외한 3가지

따라서 구하는 경우의 수는 $4 \times 3 \times 3 \times 3 = 108$

088 답 48

A에 칠할 수 있는 색은 4가지,

B에 칠할 수 있는 색은 A에 칠한 색을 제외한 3가지,

C에 칠할 수 있는 색은 A, B에 칠한 색을 제외한 2가지,

D에 칠할 수 있는 색은 A, C에 칠한 색을 제외한 2가지

따라서 구하는 경우의 수는 $4 \times 3 \times 2 \times 2 = 48$

089 답 5, 4, 20

090 답 5, 4, 3, 60

091 답 4, 4, 4, 4, 8

092 답 30

십의 자리에 올 수 있는 숫자는 6개

일의 자리에 올 수 있는 숫자는 십의 자리의 숫자를 제외한 5개

따라서 구하는 자연수의 개수는 $6 \times 5 = 30$

093 답 120

백의 자리에 올 수 있는 숫자는 6개

십의 자리에 올 수 있는 숫자는 백의 자리의 숫자를 제외한 5개

일의 자리에 올 수 있는 숫자는 백의 자리와 십의 자리의 숫자를 제

외한 4개

따라서 구하는 자연수의 개수는 $6 \times 5 \times 4 = 120$

094 답 10

(i) 5□인 경우: 51, 52, 53, 54, 56의 5개

(ii) 6□인 경우: 61, 62, 63, 64, 65의 5개

따라서 (i), (ii)에 의해 구하는 자연수의 개수는

$5 + 5 = 10$

095 답 60

홀수가 되려면 일의 자리에 올 수 있는 숫자는 1 또는 3 또는 5이다.

(i) □□1인 경우

백의 자리에 올 수 있는 숫자는 1을 제외한 5개, 십의 자리에 올 수 있는 숫자는 1과 백의 자리의 숫자를 제외한 4개이므로

$5 \times 4 = 20$(개)

(ii) □□3인 경우

백의 자리에 올 수 있는 숫자는 3을 제외한 5개, 십의 자리에 올 수 있는 숫자는 3과 백의 자리의 숫자를 제외한 4개이므로

$5 \times 4 = 20$(개)

(iii) □□5인 경우

백의 자리에 올 수 있는 숫자는 5를 제외한 5개, 십의 자리에 올 수 있는 숫자는 5와 백의 자리의 숫자를 제외한 4개이므로

$5 \times 4 = 20$(개)

따라서 (i)~(iii)에 의해 구하는 홀수의 개수는

$20 + 20 + 20 = 60$

096 답 4, 4, 16

097 답 4, 4, 3, 48

098 답 3, 3, 3, 3, 6

099 답 4, 12, 3, 9, 3, 9, 12, 9, 9, 30

짝수가 되려면 일의 자리에 올 수 있는 숫자는 0 또는 2 또는 4이다.

(i) □□0인 경우

백의 자리에 올 수 있는 숫자는 0을 제외한 4개, 십의 자리에 올 수 있는 숫자는 0과 백의 자리의 숫자를 제외한 3개이므로

$4 \times 3 = 12$(개)

(ii) □□2인 경우

백의 자리에 올 수 있는 숫자는 0, 2를 제외한 3개, 십의 자리에 올 수 있는 숫자는 2와 백의 자리의 숫자를 제외한 3개이므로

$3 \times 3 = 9$(개)

(iii) □□4인 경우

백의 자리에 올 수 있는 숫자는 0, 4를 제외한 3개, 십의 자리에 올 수 있는 숫자는 4와 백의 자리의 숫자를 제외한 3개이므로

$3 \times 3 = 9$(개)

따라서 (i)~(iii)에 의해 구하는 짝수의 개수는

$12 + 9 + 9 = 30$

100 답 25

십의 자리에 올 수 있는 숫자는 0을 제외한 5개

일의 자리에 올 수 있는 숫자는 십의 자리의 숫자를 제외한 5개

따라서 구하는 자연수의 개수는 $5 \times 5 = 25$

101 답 100

백의 자리에 올 수 있는 숫자는 0을 제외한 5개

십의 자리에 올 수 있는 숫자는 백의 자리의 숫자를 제외한 5개

일의 자리에 올 수 있는 숫자는 백의 자리와 십의 자리의 숫자를 제외한 4개

따라서 구하는 자연수의 개수는 $5 \times 5 \times 4 = 100$

102 답 10

(i) 4□인 경우: 40, 41, 42, 43, 45의 5개

(ii) 5□인 경우: 50, 51, 52, 53, 54의 5개

따라서 (i), (ii)에 의해 구하는 자연수의 개수는

$5 + 5 = 10$

103 답 12

홀수가 되려면 일의 자리에 올 수 있는 숫자는 1 또는 3 또는 5이다.

(i) □1인 경우

십의 자리에 올 수 있는 숫자는 0, 1을 제외한 4개

(ii) □3인 경우

십의 자리에 올 수 있는 숫자는 0, 3을 제외한 4개

(iii) □5인 경우

십의 자리에 올 수 있는 숫자는 0, 5를 제외한 4개

따라서 (i)~(iii)에 의해 구하는 홀수의 개수는

$4 + 4 + 4 = 12$

104 답 52

짝수가 되려면 일의 자리에 올 수 있는 숫자는 0 또는 2 또는 4이다.

(i) □□0인 경우

백의 자리에 올 수 있는 숫자는 0을 제외한 5개, 십의 자리에 올 수 있는 숫자는 0과 백의 자리의 숫자를 제외한 4개이므로

$5 \times 4 = 20$(개)

(ii) □□2인 경우

백의 자리에 올 수 있는 숫자는 0, 2를 제외한 4개, 십의 자리에 올 수 있는 숫자는 2와 백의 자리의 숫자를 제외한 4개이므로

$4 \times 4 = 16$(개)

(iii) □□4인 경우

백의 자리에 올 수 있는 숫자는 0, 4를 제외한 4개, 십의 자리에 올 수 있는 숫자는 4와 백의 자리의 숫자를 제외한 4개이므로

$4 \times 4 = 16$(개)

따라서 (i)~(iii)에 의해 구하는 짝수의 개수는

$20 + 16 + 16 = 52$

105 답 4, 3, 12

106 답 24

$4 \times 3 \times 2 = 24$

107 답 풀이 참조

$$\frac{4 \times 3}{2} = 6$$

108 답 4

$$\frac{4 \times 3 \times 2}{6} = 4$$

109 답 **20**

$5 \times 4 = 20$

110 답 **60**

$5 \times 4 \times 3 = 60$

111 답 **120**

$5 \times 4 \times 3 \times 2 = 120$

112 답 **10**

$\dfrac{5 \times 4}{2} = 10$

113 답 **10**

$\dfrac{5 \times 4 \times 3}{6} = 10$

114 답 **42**

$7 \times 6 = 42$

115 답 **210**

$7 \times 6 \times 5 = 210$

116 답 **21**

$\dfrac{7 \times 6}{2} = 21$

117 답 **12**

남학생 3명 중에서 대표 1명을 뽑는 경우의 수는 3
여학생 4명 중에서 대표 1명을 뽑는 경우의 수는 4
따라서 구하는 경우의 수는 $3 \times 4 = 12$

118 답 **18**

남학생 3명 중에서 대표 1명을 뽑는 경우의 수는 3

여학생 4명 중에서 대표 2명을 뽑는 경우의 수는 $\dfrac{4 \times 3}{2} = 6$

따라서 구하는 경우의 수는 $3 \times 6 = 18$

119 답 **105**

전체 학생 7명 중에서 회장 1명을 뽑는 경우의 수는 7
회장으로 뽑힌 1명을 제외한 6명 중에서 부회장 2명을 뽑는 경우의 수는

$\dfrac{6 \times 5}{2} = 15$

따라서 구하는 경우의 수는 $7 \times 15 = 105$

120 답 **4, 1, 1 / 12**

$4 \times 3 = 12$

121 답 **12**

B를 제외한 4명 중에서 피구 선수 1명, 달리기 선수 1명을 뽑는 경우의 수와 같으므로

$4 \times 3 = 12$

122 답 **4, 2 / 6**

$\dfrac{4 \times 3}{2} = 6$

123 답 **6**

C를 제외한 4명 중에서 달리기 선수 2명을 뽑는 경우의 수와 같으므로

$\dfrac{4 \times 3}{2} = 6$

124 답 **6**

D를 제외한 4명 중에서 대표 2명을 뽑는 경우의 수와 같으므로

$\dfrac{4 \times 3}{2} = 6$

(기본 문제 × 확인하기) 142~143쪽

1 (1) 6 (2) 3 (3) 5 (4) 6 (5) 4
2 (1) 3 (2) 8 (3) 4
3 (1) 8 (2) 5 (3) 10 (4) 13
4 (1) 5 (2) 4 (3) 20
5 (1) 15 (2) 24 (3) 16 (4) 72
6 (1) 24 (2) 24
7 (1) 120 (2) 48 (3) 240
8 (1) 12 (2) 24 (3) 6
9 (1) 9 (2) 18
10 (1) 30 (2) 120 (3) 15 (4) 20

---

1 (1) 1, 3, 5, 7, 9, 11이므로 구하는 경우의 수는 6
(2) 10, 11, 12이므로 구하는 경우의 수는 3
(3) 1, 2, 3, 4, 5이므로 구하는 경우의 수는 5
(4) 4, 6, 8, 9, 10, 12이므로 구하는 경우의 수는 6
(5) 1, 2, 5, 10이므로 구하는 경우의 수는 4

2 (1) (4, 6), (5, 5), (6, 4)이므로 구하는 경우의 수는 3
(2) (1, 3), (2, 4), (3, 1), (3, 5), (4, 2), (4, 6), (5, 3), (6, 4)
  이므로 구하는 경우의 수는 8
(3) (2, 6), (3, 4), (4, 3), (6, 2)이므로 구하는 경우의 수는 4

3 (1) 5 이하의 수가 적힌 공이 나오는 경우는 1, 2, 3, 4, 5의 5가지
  23 이상의 수가 적힌 공이 나오는 경우는 23, 24, 25의 3가지
  따라서 구하는 경우의 수는 $5 + 3 = 8$

(2) 10의 배수가 적힌 공이 나오는 경우는 10, 20의 2가지

25의 약수가 적힌 공이 나오는 경우는 1, 5, 25의 3가지

이때 10의 배수이면서 25의 약수인 수는 없으므로

구하는 경우의 수는 $2+3=5$

(3) 3의 배수가 적힌 공이 나오는 경우는

3, 6, 9, 12, 15, 18, 21, 24의 8가지

7의 배수가 적힌 공이 나오는 경우는

7, 14, 21의 3가지

이때 3과 7의 공배수, 즉 21의 배수가 적힌 공이 나오는 경우는

21의 1가지

따라서 구하는 경우의 수는 $8+3-1=10$

(4) 소수가 적힌 공이 나오는 경우는

2, 3, 5, 7, 11, 13, 17, 19, 23의 9가지

18의 약수가 적힌 공이 나오는 경우는

1, 2, 3, 6, 9, 18의 6가지

이때 소수이면서 18의 약수가 적힌 공이 나오는 경우는

2, 3의 2가지

따라서 구하는 경우의 수는 $9+6-2=13$

4 (3) $5 \times 4 = 20$

5 (1) $5 \times 3 = 15$

(2) $4 \times 6 = 24$

(3) $4 \times 4 = 16$

(4) $2 \times 6 \times 6 = 72$

6 (1) $4 \times 3 \times 2 \times 1 = 24$

(2) $4 \times 3 \times 2 = 24$

7 (1) M을 맨 앞에 고정시키고 나머지 5개의 알파벳을 일렬로 나열하면 되므로 구하는 경우의 수는

$5 \times 4 \times 3 \times 2 \times 1 = 120$

(2) P와 L이 양 끝에 오는 경우는

P□□□□L, L□□□□P의 2가지

P, L 사이에 나머지 4개의 알파벳을 일렬로 나열하는 경우의 수는

$4 \times 3 \times 2 \times 1 = 24$

따라서 구하는 경우의 수는 $2 \times 24 = 48$

(3) S, E를 하나로 묶어 5개의 알파벳을 일렬로 나열하는 경우의 수는

$5 \times 4 \times 3 \times 2 \times 1 = 120$

이때 S, E가 자리를 바꾸는 경우의 수는 2

따라서 구하는 경우의 수는 $120 \times 2 = 240$

8 (1) 십의 자리에 올 수 있는 숫자는 4개

일의 자리에 올 수 있는 숫자는 십의 자리의 숫자를 제외한 3개

따라서 구하는 자연수의 개수는 $4 \times 3 = 12$

(2) 백의 자리에 올 수 있는 숫자는 4개

십의 자리에 올 수 있는 숫자는 백의 자리의 숫자를 제외한 3개

일의 자리에 올 수 있는 숫자는 백의 자리와 십의 자리의 숫자를 제외한 2개

따라서 구하는 자연수의 개수는 $4 \times 3 \times 2 = 24$

(3) 홀수가 되려면 일의 자리에 올 수 있는 숫자는 1 또는 3이다.

(i) □1인 경우

십의 자리에 올 수 있는 숫자는 1을 제외한 3개

(ii) □3인 경우

십의 자리에 올 수 있는 숫자는 3을 제외한 3개

따라서 (i), (ii)에 의해 구하는 홀수의 개수는

$3+3=6$

9 (1) 십의 자리에 올 수 있는 숫자는 0을 제외한 3개

일의 자리에 올 수 있는 숫자는 십의 자리의 숫자를 제외한 3개

따라서 구하는 자연수의 개수는 $3 \times 3 = 9$

(2) 백의 자리에 올 수 있는 숫자는 0을 제외한 3개

십의 자리에 올 수 있는 숫자는 백의 자리의 숫자를 제외한 3개

일의 자리에 올 수 있는 숫자는 백의 자리와 십의 자리의 숫자를 제외한 2개

따라서 구하는 자연수의 개수는 $3 \times 3 \times 2 = 18$

10 (1) $6 \times 5 = 30$

(2) $6 \times 5 \times 4 = 120$

(3) $\dfrac{6 \times 5}{2} = 15$

(4) $\dfrac{6 \times 5 \times 4}{6} = 20$

학교 시험 문제 × 확인하기 144~145쪽

1 ④	2 ②	3 18	4 ③	5 10
6 10	7 ④	8 7	9 ③	10 ⑤
11 12	12 ③	13 36	14 ⑤	15 56

1 ① 홀수의 눈이 나오는 경우는 1, 3, 5이므로 경우의 수는 3

② 소수의 눈이 나오는 경우는 2, 3, 5이므로 경우의 수는 3

③ 3 이상의 눈이 나오는 경우는 3, 4, 5, 6이므로 경우의 수는 4

④ 4의 배수의 눈이 나오는 경우는 4이므로 경우의 수는 1

⑤ 5의 약수의 눈이 나오는 경우는 1, 5이므로 경우의 수는 2

따라서 경우의 수가 가장 작은 것은 ④이다.

2

100원(개)	7	6	5	4
50원(개)	0	2	4	6

따라서 700원을 지불하는 방법의 수는 4이다.

3 혈액형이 A형인 학생이 11명, O형인 학생이 7명이므로 구하는 경우의 수는 $11+7=18$

4 두 눈의 수의 합이 7인 경우는
$(1, 6), (2, 5), (3, 4), (4, 3), (5, 2), (6, 1)$의 6가지
두 눈의 수의 합이 9인 경우는
$(3, 6), (4, 5), (5, 4), (6, 3)$의 4가지
따라서 구하는 경우의 수는 $6+4=10$

5 2의 배수가 적힌 공이 나오는 경우는
2, 4, 6, 8, 10, 12, 14의 7가지
3의 배수가 적힌 공이 나오는 경우는
3, 6, 9, 12, 15의 5가지
이때 2와 3의 공배수, 즉 6의 배수가 적힌 공이 나오는 경우는
6, 12의 2가지
따라서 구하는 경우의 수는 $7+5-2=10$

6 아이스크림을 고르는 경우는 5가지, 콘과 컵 중 하나를 고르는 경우는 2가지이므로 구하는 경우의 수는
$5 \times 2 = 10$

7 채원, 가은, 재준이가 각각 낼 수 있는 경우는 가위, 바위, 보의 3가지이므로 구하는 경우의 수는
$3 \times 3 \times 3 = 27$

8 A 지점에서 B 지점을 거쳐 C 지점까지 가는 방법의 수는
$2 \times 3 = 6$
A 지점에서 B 지점을 거치지 않고 C 지점까지 가는 방법의 수는 1
따라서 구하는 방법의 수는 $6+1=7$

9 동전 2개에서 같은 면이 나오는 경우는
(앞면, 앞면), (뒷면, 뒷면)의 2가지
주사위에서 4의 약수의 눈이 나오는 경우는
1, 2, 4의 3가지
따라서 구하는 경우의 수는 $2 \times 3 = 6$

10 네 도시를 방문하는 순서를 정하는 경우의 수는 네 도시를 한 줄로 세우는 경우의 수와 같으므로
$4 \times 3 \times 2 \times 1 = 24$

11 서로 다른 두 동화책 A와 B를 양 끝에 꽂는 경우는
A□□□B, B□□□A의 2가지
두 동화책 A, B 사이에 소설책 3권을 나란히 꽂는 경우의 수는
$3 \times 2 \times 1 = 6$
따라서 구하는 경우의 수는 $2 \times 6 = 12$

12 부모님을 하나로 묶어 4명을 한 줄로 세우는 경우의 수는
$4 \times 3 \times 2 \times 1 = 24$
이때 부모님끼리 자리를 바꾸는 경우의 수는 2
따라서 구하는 경우의 수는 $24 \times 2 = 48$

13 홀수가 되려면 일의 자리에 올 수 있는 숫자는 1 또는 3 또는 5 이다.
(i) □□1인 경우
백의 자리에 올 수 있는 숫자는 1을 제외한 4개, 십의 자리에 올 수 있는 숫자는 1과 백의 자리의 숫자를 제외한 3개이므로
$4 \times 3 = 12$(개)
(ii) □□3인 경우
백의 자리에 올 수 있는 숫자는 3을 제외한 4개, 십의 자리에 올 수 있는 숫자는 3과 백의 자리의 숫자를 제외한 3개이므로
$4 \times 3 = 12$(개)
(iii) □□5인 경우
백의 자리에 올 수 있는 숫자는 5를 제외한 4개, 십의 자리에 올 수 있는 숫자는 5와 백의 자리의 숫자를 제외한 3개이므로
$4 \times 3 = 12$(개)
따라서 (i)~(iii)에 의해 구하는 홀수의 개수는
$12+12+12=36$

14 짝수가 되려면 일의 자리에 올 수 있는 숫자는 0 또는 6 또는 8 이다.
(i) □□0인 경우
백의 자리에 올 수 있는 숫자는 0을 제외한 4개, 십의 자리에 올 수 있는 숫자는 0과 백의 자리의 숫자를 제외한 3개이므로
$4 \times 3 = 12$(개)
(ii) □□6인 경우
백의 자리에 올 수 있는 숫자는 0, 6을 제외한 3개, 십의 자리에 올 수 있는 숫자는 6과 백의 자리의 숫자를 제외한 3개이므로
$3 \times 3 = 9$(개)
(iii) □□8인 경우
백의 자리에 올 수 있는 숫자는 0, 8을 제외한 3개, 십의 자리에 올 수 있는 숫자는 8과 백의 자리의 숫자를 제외한 3개이므로
$3 \times 3 = 9$(개)
따라서 (i)~(iii)에 의해 구하는 짝수의 개수는
$12+9+9=30$

15 $\dfrac{8 \times 7 \times 6}{6} = 56$

7 확률

148~158쪽

001 답 ① 10 ② 1 ③ $\frac{1}{10}$

002 답 $\frac{2}{5}$

$\frac{4}{10} = \frac{2}{5}$

003 답 $\frac{1}{2}$

$\frac{5}{10} = \frac{1}{2}$

004 답 $\frac{2}{5}$

$\frac{60}{150} = \frac{2}{5}$

005 답 $\frac{1}{10}$

$\frac{15}{150} = \frac{1}{10}$

006 답 $\frac{3}{8}$

8등분된 부분 1개의 넓이를 1이라 하면 전체 원판의 넓이는 8이고, 1이 적힌 부분의 넓이는 3이다.

따라서 구하는 확률은 $\frac{3}{8}$

007 답 $\frac{1}{4}$

8등분된 부분 1개의 넓이를 1이라 하면 전체 원판의 넓이는 8이고, 2가 적힌 부분의 넓이는 2이다.

따라서 구하는 확률은 $\frac{2}{8} = \frac{1}{4}$

008 답 ① 16 ② 4, 8, 12, 16 / 4 ③ $\frac{1}{4}$

009 답 $\frac{1}{2}$

모든 경우의 수는 16

짝수가 적힌 공이 나오는 경우는 2, 4, 6, 8, 10, 12, 14, 16의 8가지

따라서 구하는 확률은 $\frac{8}{16} = \frac{1}{2}$

010 답 $\frac{3}{8}$

모든 경우의 수는 16

12의 약수가 적힌 공이 나오는 경우는 1, 2, 3, 4, 6, 12의 6가지

따라서 구하는 확률은 $\frac{6}{16} = \frac{3}{8}$

011 답 $\frac{1}{5}$

모든 경우의 수는 25

5의 배수가 적힌 카드가 나오는 경우는 5, 10, 15, 20, 25의 5가지

따라서 구하는 확률은 $\frac{5}{25} = \frac{1}{5}$

012 답 $\frac{9}{25}$

모든 경우의 수는 25

소수가 적힌 카드가 나오는 경우는
2, 3, 5, 7, 11, 13, 17, 19, 23의 9가지

따라서 구하는 확률은 $\frac{9}{25}$

013 답 $\frac{6}{25}$

모든 경우의 수는 25

20의 약수가 적힌 카드가 나오는 경우는 1, 2, 4, 5, 10, 20의 6가지

따라서 구하는 확률은 $\frac{6}{25}$

014 답 ① 2, 2, 4 ② 앞면, 앞면, 1 ③ $\frac{1}{4}$

015 답 $\frac{1}{2}$

모든 경우의 수는 $2 \times 2 = 4$

앞면이 1개 나오는 경우는 (앞면, 뒷면), (뒷면, 앞면)의 2가지

따라서 구하는 확률은 $\frac{2}{4} = \frac{1}{2}$

016 답 $\frac{1}{2}$

모든 경우의 수는 $2 \times 2 = 4$

모두 같은 면이 나오는 경우는 (앞면, 앞면), (뒷면, 뒷면)의 2가지

따라서 구하는 확률은 $\frac{2}{4} = \frac{1}{2}$

017 답 $\frac{3}{8}$

모든 경우의 수는 $2 \times 2 \times 2 = 8$

뒷면이 1개 나오는 경우는
(뒷면, 앞면, 앞면), (앞면, 뒷면, 앞면), (앞면, 앞면, 뒷면)의 3가지

따라서 구하는 확률은 $\frac{3}{8}$

018 답 $\frac{3}{8}$

모든 경우의 수는 $2 \times 2 \times 2 = 8$

뒷면이 2개 나오는 경우는
(뒷면, 뒷면, 앞면), (뒷면, 앞면, 뒷면), (앞면, 뒷면, 뒷면)의 3가지

따라서 구하는 확률은 $\frac{3}{8}$

019 답 $\frac{1}{4}$

모든 경우의 수는 $2 \times 2 \times 2 = 8$

모두 같은 면이 나오는 경우는
(앞면, 앞면, 앞면), (뒷면, 뒷면, 뒷면)의 2가지

따라서 구하는 확률은 $\dfrac{2}{8}=\dfrac{1}{4}$

020 답 ❶ 6, 6, 36 ❷ (4, 5), (5, 4), (6, 3) / 4 ❸ $\dfrac{1}{9}$

021 답 $\dfrac{1}{6}$

모든 경우의 수는 $6 \times 6 = 36$

두 눈의 수가 같은 경우는

(1, 1), (2, 2), (3, 3), (4, 4), (5, 5), (6, 6)의 6가지

따라서 구하는 확률은 $\dfrac{6}{36}=\dfrac{1}{6}$

022 답 $\dfrac{5}{36}$

모든 경우의 수는 $6 \times 6 = 36$

두 눈의 수의 합이 8인 경우는

(2, 6), (3, 5), (4, 4), (5, 3), (6, 2)의 5가지

따라서 구하는 확률은 $\dfrac{5}{36}$

023 답 $\dfrac{1}{6}$

모든 경우의 수는 $6 \times 6 = 36$

두 눈의 수의 차가 3인 경우는

(1, 4), (2, 5), (3, 6), (4, 1), (5, 2), (6, 3)의 6가지

따라서 구하는 확률은 $\dfrac{6}{36}=\dfrac{1}{6}$

024 답 $\dfrac{1}{9}$

모든 경우의 수는 $6 \times 6 = 36$

두 눈의 수의 곱이 6인 경우는

(1, 6), (2, 3), (3, 2), (6, 1)의 4가지

따라서 구하는 확률은 $\dfrac{4}{36}=\dfrac{1}{9}$

025 답 ❶ 4, 3, 2, 1, 24 ❷ 3, 2, 1, 6 ❸ $\dfrac{1}{4}$

026 답 $\dfrac{1}{4}$

모든 경우의 수는 $4 \times 3 \times 2 \times 1 = 24$

C가 앞에서 두 번째에 서는 경우의 수는 $3 \times 2 \times 1 = 6$

따라서 구하는 확률은 $\dfrac{6}{24}=\dfrac{1}{4}$

027 답 $\dfrac{1}{2}$

모든 경우의 수는 $4 \times 3 \times 2 \times 1 = 24$

A와 B가 이웃하여 서는 경우의 수는 $(3 \times 2 \times 1) \times 2 = 12$

따라서 구하는 확률은 $\dfrac{12}{24}=\dfrac{1}{2}$

028 답 ❶ 4, 3, 12 ❷ 32, 34, 41, 42, 43 / 6 ❸ $\dfrac{1}{2}$

029 답 $\dfrac{5}{12}$

모든 경우의 수는 $4 \times 3 = 12$

24 미만인 경우는 12, 13, 14, 21, 23의 5가지

따라서 구하는 확률은 $\dfrac{5}{12}$

030 답 $\dfrac{1}{2}$

모든 경우의 수는 $4 \times 3 = 12$

홀수가 되려면 일의 자리에 올 수 있는 숫자는 1 또는 3이다.

(i) □1인 경우: 십의 자리에 올 수 있는 숫자는 1을 제외한 3개

(ii) □3인 경우: 십의 자리에 올 수 있는 숫자는 3을 제외한 3개

(i), (ii)에 의해 홀수의 개수는 $3+3=6$

따라서 구하는 확률은 $\dfrac{6}{12}=\dfrac{1}{2}$

031 답 3, $\dfrac{3}{7}$

032 답 7, 1

033 답 0, 0

034 답 $\dfrac{2}{5}$

모든 경우의 수는 5

짝수가 적힌 카드가 나오는 경우는 2, 4의 2가지

따라서 구하는 확률은 $\dfrac{2}{5}$

035 답 1

6보다 작은 수가 적힌 카드는 반드시 나오므로 구하는 확률은 1이다.

036 답 0

두 자리의 자연수가 적힌 카드가 나오는 경우는 없으므로 구하는 확률은 0이다.

037 답 1

한 개의 주사위를 던질 때, 6 이하의 눈은 반드시 나오므로 구하는 확률은 1이다.

038 답 0

한 개의 주사위를 던질 때, 7의 눈이 나오는 경우는 없으므로 구하는 확률은 0이다.

039 답 0

서로 다른 두 개의 주사위를 동시에 던질 때, 나오는 두 눈의 수의 차가 6인 경우는 없으므로 구하는 확률은 0이다.

040 답 1

서로 다른 두 개의 주사위를 동시에 던질 때, 나오는 두 눈의 수의 합은 반드시 2 이상이므로 구하는 확률은 1이다.

041 답 0

서로 다른 두 개의 동전을 동시에 던질 때, 앞면이 3개 나오는 경우는 없으므로 구하는 확률은 0이다.

042 답 $\dfrac{1}{3}$

$1-\dfrac{2}{3}=\dfrac{1}{3}$

043 답 $\dfrac{2}{5}$

$1-\dfrac{3}{5}=\dfrac{2}{5}$

044 답 $\dfrac{3}{8}$

$1-\dfrac{5}{8}=\dfrac{3}{8}$

045 답 $\dfrac{3}{4}$

$1-\dfrac{1}{4}=\dfrac{3}{4}$

046 답 16, 1, 2, 4, 8, 16, 5, $\dfrac{5}{16}$, $\dfrac{5}{16}$, $\dfrac{11}{16}$

047 답 $\dfrac{4}{5}$

모든 경우의 수는 15

4의 배수가 적힌 카드가 나오는 경우는 4, 8, 12의 3가지이므로 그 확률은 $\dfrac{3}{15}=\dfrac{1}{5}$

∴ (카드에 적힌 수가 4의 배수가 아닐 확률)

  =1-(카드에 적힌 수가 4의 배수일 확률)

  =$1-\dfrac{1}{5}=\dfrac{4}{5}$

048 답 $\dfrac{5}{6}$

모든 경우의 수는 $6\times6=36$

두 눈의 수가 서로 같은 경우는 (1, 1), (2, 2), (3, 3), (4, 4), (5, 5), (6, 6)의 6가지이므로 그 확률은 $\dfrac{6}{36}=\dfrac{1}{6}$

∴ (두 눈의 수가 서로 다를 확률)

  =1-(두 눈의 수가 서로 같을 확률)

  =$1-\dfrac{1}{6}=\dfrac{5}{6}$

049 답 $\dfrac{8}{9}$

모든 경우의 수는 $6\times6=36$

두 눈의 수의 곱이 12인 경우는 (2, 6), (3, 4), (4, 3), (6, 2)의 4가지이므로 그 확률은 $\dfrac{4}{36}=\dfrac{1}{9}$

∴ (두 눈의 수의 곱이 12가 아닐 확률)

  =1-(두 눈의 수의 곱이 12일 확률)

  =$1-\dfrac{1}{9}=\dfrac{8}{9}$

050 답 $\dfrac{3}{4}$

모든 경우의 수는 $4\times3\times2\times1=24$

A가 맨 앞에 서는 경우의 수는 $3\times2\times1=6$이므로 그 확률은 $\dfrac{6}{24}=\dfrac{1}{4}$

∴ (A가 맨 앞에 서지 않을 확률)=1-(A가 맨 앞에 설 확률)

  =$1-\dfrac{1}{4}=\dfrac{3}{4}$

051 답 $\dfrac{3}{5}$

모든 경우의 수는 $5\times4\times3\times2\times1=120$

B와 C가 이웃하여 서는 경우의 수는 $(4\times3\times2\times1)\times2=48$이므로 그 확률은 $\dfrac{48}{120}=\dfrac{2}{5}$

∴ (B와 C가 이웃하여 서지 않을 확률)

  =1-(B와 C가 이웃하여 설 확률)

  =$1-\dfrac{2}{5}=\dfrac{3}{5}$

052 답 2, 2, 2, 8, 1, $\dfrac{1}{8}$, $\dfrac{1}{8}$, $\dfrac{7}{8}$

053 답 $\dfrac{3}{4}$

모든 경우의 수는 $6\times6=36$

모두 홀수의 눈이 나오는 경우의 수는 $3\times3=9$이므로 그 확률은 $\dfrac{9}{36}=\dfrac{1}{4}$

∴ (적어도 하나는 짝수의 눈이 나올 확률)

  =1-(모두 홀수의 눈이 나올 확률)

  =$1-\dfrac{1}{4}=\dfrac{3}{4}$

054 답 $\dfrac{7}{8}$

모든 경우의 수는 $2\times2\times2=8$

3문제 모두 틀리는 경우의 수는 1이므로 그 확률은 $\dfrac{1}{8}$

∴ (적어도 한 문제는 맞힐 확률)

  =1-(3문제 모두 틀릴 확률)

  =$1-\dfrac{1}{8}=\dfrac{7}{8}$

055 답 $\dfrac{25}{28}$

모든 경우의 수는 $\dfrac{8\times7}{2}=28$

대표 2명 모두 남학생이 뽑히는 경우의 수는 $\dfrac{3\times2}{2}=3$이므로 그 확률은 $\dfrac{3}{28}$

$\therefore$ (적어도 한 명은 여학생이 뽑힐 확률)

$\quad =1-$(대표 2명 모두 남학생이 뽑힐 확률)

$\quad =1-\dfrac{3}{28}=\dfrac{25}{28}$

056 답 $\dfrac{4}{9}$

모든 경우의 수는 $8+6+4=18$

따라서 파란 공을 꺼낼 확률은 $\dfrac{8}{18}=\dfrac{4}{9}$

057 답 $\dfrac{2}{9}$

모든 경우의 수는 $8+6+4=18$

따라서 빨간 공을 꺼낼 확률은 $\dfrac{4}{18}=\dfrac{2}{9}$

058 답 $\dfrac{2}{3}$

$\dfrac{4}{9}+\dfrac{2}{9}=\dfrac{6}{9}=\dfrac{2}{3}$

059 답 $\dfrac{2}{5}$

$\dfrac{6}{25}+\dfrac{4}{25}=\dfrac{10}{25}=\dfrac{2}{5}$

060 답 $\dfrac{13}{20}$

모든 경우의 수는 20

소수가 적힌 카드가 나오는 경우는 2, 3, 5, 7, 11, 13, 17, 19의 8 가지이므로 그 확률은 $\dfrac{8}{20}$

4의 배수가 적힌 카드가 나오는 경우는 4, 8, 12, 16, 20의 5가지이므로 그 확률은 $\dfrac{5}{20}$

따라서 구하는 확률은 $\dfrac{8}{20}+\dfrac{5}{20}=\dfrac{13}{20}$

061 답 $\dfrac{1}{3}$

모든 경우의 수는 $6\times6=36$

두 눈의 수의 차가 2인 경우는 $(1, 3)$, $(2, 4)$, $(3, 1)$, $(3, 5)$, $(4, 2)$, $(4, 6)$, $(5, 3)$, $(6, 4)$의 8가지이므로 그 확률은 $\dfrac{8}{36}$

두 눈의 수의 차가 4인 경우는 $(1, 5)$, $(2, 6)$, $(5, 1)$, $(6, 2)$의 4가지이므로 그 확률은 $\dfrac{4}{36}$

따라서 구하는 확률은 $\dfrac{8}{36}+\dfrac{4}{36}=\dfrac{12}{36}=\dfrac{1}{3}$

062 답 $\dfrac{2}{5}$

모든 경우의 수는 $5\times4\times3\times2\times1=120$

정국이가 맨 앞에 서는 경우의 수는 $4\times3\times2\times1=24$이므로 그 확률은 $\dfrac{24}{120}$

수지가 맨 앞에 서는 경우의 수는 $4\times3\times2\times1=24$이므로 그 확률은 $\dfrac{24}{120}$

따라서 구하는 확률은 $\dfrac{24}{120}+\dfrac{24}{120}=\dfrac{48}{120}=\dfrac{2}{5}$

063 답 $\dfrac{11}{16}$

모든 경우의 수는 $4\times4=16$

20 이하인 경우는 10, 12, 13, 14, 20의 5가지이므로 그 확률은 $\dfrac{5}{16}$

32 이상인 경우는 32, 34, 40, 41, 42, 43의 6가지이므로 그 확률은 $\dfrac{6}{16}$

따라서 구하는 확률은 $\dfrac{5}{16}+\dfrac{6}{16}=\dfrac{11}{16}$

064 답 $\dfrac{1}{2}$

065 답 $\dfrac{1}{2}$

모든 경우의 수는 6

소수의 눈이 나오는 경우는 2, 3, 5의 3가지

따라서 구하는 확률은 $\dfrac{3}{6}=\dfrac{1}{2}$

066 답 $\dfrac{1}{4}$

$\dfrac{1}{2}\times\dfrac{1}{2}=\dfrac{1}{4}$

067 답 $\dfrac{1}{6}$

동전에서 뒷면이 나올 확률은 $\dfrac{1}{2}$

주사위에서 3의 배수의 눈이 나오는 경우는 3, 6의 2가지이므로 그 확률은 $\dfrac{2}{6}=\dfrac{1}{3}$

따라서 구하는 확률은 $\dfrac{1}{2}\times\dfrac{1}{3}=\dfrac{1}{6}$

068 답 $\dfrac{1}{3}$

A 주사위에서 짝수의 눈이 나오는 경우는 2, 4, 6의 3가지이므로 그 확률은 $\dfrac{3}{6}=\dfrac{1}{2}$

B 주사위에서 6의 약수의 눈이 나오는 경우는 1, 2, 3, 6의 4가지이므로 그 확률은 $\dfrac{4}{6}=\dfrac{2}{3}$

따라서 구하는 확률은 $\dfrac{1}{2}\times\dfrac{2}{3}=\dfrac{1}{3}$

069 답 $\dfrac{1}{40}$

$\dfrac{1}{10}\times\dfrac{1}{4}=\dfrac{1}{40}$

070 답 $\dfrac{5}{8}$

$\dfrac{3}{4}\times\dfrac{5}{6}=\dfrac{5}{8}$

071 답 $\dfrac{12}{25}$

$\dfrac{3}{5} \times \dfrac{4}{5} = \dfrac{12}{25}$

072 답 $\dfrac{1}{5}$

원판 A의 바늘이 짝수가 적힌 부분을 가리킬 확률은 $\dfrac{2}{4} = \dfrac{1}{2}$

원판 B의 바늘이 짝수가 적힌 부분을 가리킬 확률은 $\dfrac{2}{5}$

따라서 구하는 확률은 $\dfrac{1}{2} \times \dfrac{2}{5} = \dfrac{1}{5}$

073 답 $\dfrac{3}{16}$

$\dfrac{3}{4} \times \left(1 - \dfrac{3}{4}\right) = \dfrac{3}{4} \times \dfrac{1}{4} = \dfrac{3}{16}$

074 답 $\dfrac{1}{16}$

$\left(1 - \dfrac{3}{4}\right) \times \left(1 - \dfrac{3}{4}\right) = \dfrac{1}{4} \times \dfrac{1}{4} = \dfrac{1}{16}$

075 답 $\dfrac{15}{16}$

(오늘과 내일 중 적어도 한 번은 지각할 확률)
=1−(오늘과 내일 모두 지각하지 않을 확률)
$= 1 - \dfrac{1}{16} = \dfrac{15}{16}$

076 답 $\dfrac{2}{15}$

$\left(1 - \dfrac{4}{5}\right) \times \dfrac{2}{3} = \dfrac{1}{5} \times \dfrac{2}{3} = \dfrac{2}{15}$

077 답 $\dfrac{1}{15}$

$\left(1 - \dfrac{4}{5}\right) \times \left(1 - \dfrac{2}{3}\right) = \dfrac{1}{5} \times \dfrac{1}{3} = \dfrac{1}{15}$

078 답 $\dfrac{14}{15}$

(적어도 한 문제는 맞힐 확률)=1−(두 문제 모두 틀릴 확률)
$= 1 - \dfrac{1}{15} = \dfrac{14}{15}$

079 답 $\dfrac{1}{6}$

$\dfrac{5}{6} \times \left(1 - \dfrac{4}{5}\right) = \dfrac{5}{6} \times \dfrac{1}{5} = \dfrac{1}{6}$

080 답 $\dfrac{4}{15}$

$\dfrac{2}{5} \times \left(1 - \dfrac{1}{3}\right) = \dfrac{2}{5} \times \dfrac{2}{3} = \dfrac{4}{15}$

081 답 $\dfrac{4}{15}$

$\left(1 - \dfrac{3}{5}\right) \times \left(1 - \dfrac{1}{3}\right) = \dfrac{2}{5} \times \dfrac{2}{3} = \dfrac{4}{15}$

082 답 0.36

두 번 모두 안타를 치지 못할 확률은
$(1 - 0.2) \times (1 - 0.2) = 0.8 \times 0.8 = 0.64$
∴ (적어도 한 번은 안타를 칠 확률)
=1−(두 번 모두 안타를 치지 못할 확률)
$= 1 - 0.64 = 0.36$

083 답 $\dfrac{7}{8}$

두 선수 모두 성공하지 못할 확률은
$\left(1 - \dfrac{5}{6}\right) \times \left(1 - \dfrac{1}{4}\right) = \dfrac{1}{6} \times \dfrac{3}{4} = \dfrac{1}{8}$
∴ (적어도 한 선수는 성공할 확률)
=1−(두 선수 모두 성공하지 못할 확률)
$= 1 - \dfrac{1}{8} = \dfrac{7}{8}$

084 답 (1) $9, 4, \dfrac{4}{9}, \dfrac{4}{9}, \dfrac{16}{81}$

(2) $8, 3, \dfrac{3}{8}, \dfrac{3}{8}, \dfrac{1}{6}$

085 답 $\dfrac{4}{9}$

첫 번째에 꺼낸 구슬이 흰 구슬일 확률은 $\dfrac{6}{9} = \dfrac{2}{3}$

두 번째에 꺼낸 구슬이 흰 구슬일 확률은 $\dfrac{6}{9} = \dfrac{2}{3}$

따라서 구하는 확률은 $\dfrac{2}{3} \times \dfrac{2}{3} = \dfrac{4}{9}$

086 답 $\dfrac{5}{12}$

첫 번째에 꺼낸 구슬이 흰 구슬일 확률은 $\dfrac{6}{9} = \dfrac{2}{3}$

두 번째에 꺼낸 구슬이 흰 구슬일 확률은 $\dfrac{5}{8}$

따라서 구하는 확률은 $\dfrac{2}{3} \times \dfrac{5}{8} = \dfrac{5}{12}$

087 답 $\dfrac{1}{25}$

첫 번째에 꺼낸 카드에 적힌 수가 5의 배수일 확률은 $\dfrac{3}{15} = \dfrac{1}{5}$

두 번째에 꺼낸 카드에 적힌 수가 5의 배수일 확률은 $\dfrac{3}{15} = \dfrac{1}{5}$

따라서 구하는 확률은 $\dfrac{1}{5} \times \dfrac{1}{5} = \dfrac{1}{25}$

088 답 $\dfrac{1}{35}$

첫 번째에 꺼낸 카드에 적힌 수가 5의 배수일 확률은 $\dfrac{3}{15} = \dfrac{1}{5}$

두 번째에 꺼낸 카드에 적힌 수가 5의 배수일 확률은 $\dfrac{2}{14} = \dfrac{1}{7}$

따라서 구하는 확률은 $\dfrac{1}{5} \times \dfrac{1}{7} = \dfrac{1}{35}$

089 답 $\dfrac{6}{25}$

A가 당첨 제비를 뽑을 확률은 $\dfrac{4}{10}=\dfrac{2}{5}$

B가 당첨 제비를 뽑지 않을 확률은 $\dfrac{6}{10}=\dfrac{3}{5}$

따라서 구하는 확률은 $\dfrac{2}{5}\times\dfrac{3}{5}=\dfrac{6}{25}$

090 답 $\dfrac{4}{15}$

A가 당첨 제비를 뽑을 확률은 $\dfrac{4}{10}=\dfrac{2}{5}$

B가 당첨 제비를 뽑지 않을 확률은 $\dfrac{6}{9}=\dfrac{2}{3}$

따라서 구하는 확률은 $\dfrac{2}{5}\times\dfrac{2}{3}=\dfrac{4}{15}$

091 답 $\dfrac{3}{16}$

첫 번째에 불량품이 나오지 않을 확률은 $\dfrac{15}{20}=\dfrac{3}{4}$

두 번째에 불량품이 나올 확률은 $\dfrac{5}{20}=\dfrac{1}{4}$

따라서 구하는 확률은 $\dfrac{3}{4}\times\dfrac{1}{4}=\dfrac{3}{16}$

092 답 $\dfrac{15}{76}$

첫 번째에 불량품이 나오지 않을 확률은 $\dfrac{15}{20}=\dfrac{3}{4}$

두 번째에 불량품이 나올 확률은 $\dfrac{5}{19}$

따라서 구하는 확률은 $\dfrac{3}{4}\times\dfrac{5}{19}=\dfrac{15}{76}$

기본 문제 ✕ 확인하기   159~160쪽

1 (1) $\dfrac{23}{100}$ (2) $\dfrac{2}{5}$ **2** (1) $\dfrac{1}{2}$ (2) $\dfrac{1}{2}$

3 (1) 36 (2) $\dfrac{1}{6}$ (3) $\dfrac{5}{18}$ (4) $\dfrac{1}{18}$

4 (1) 0 (2) 1 (3) 0 (4) 1   **5** (1) $\dfrac{5}{7}$ (2) $\dfrac{1}{6}$

6 (1) $\dfrac{5}{12}$ (2) $\dfrac{7}{12}$ **7** (1) $\dfrac{1}{4}$ (2) $\dfrac{3}{4}$

8 (1) $\dfrac{2}{5}$ (2) $\dfrac{1}{3}$ (3) $\dfrac{11}{15}$ **9** (1) $\dfrac{7}{25}$ (2) $\dfrac{1}{5}$ (3) $\dfrac{9}{25}$

10 (1) $\dfrac{2}{5}$ (2) $\dfrac{4}{15}$

11 (1) $\dfrac{4}{15}$ (2) $\dfrac{1}{15}$ (3) $\dfrac{2}{15}$ (4) $\dfrac{13}{15}$

12 (1) $\dfrac{4}{81}$ (2) $\dfrac{1}{36}$

---

1 (2) $\dfrac{40}{100}=\dfrac{2}{5}$

2 모든 경우의 수는 6
(1) 짝수의 눈이 나오는 경우는 2, 4, 6의 3가지
    따라서 구하는 확률은 $\dfrac{3}{6}=\dfrac{1}{2}$
(2) 4의 약수의 눈이 나오는 경우는 1, 2, 4의 3가지
    따라서 구하는 확률은 $\dfrac{3}{6}=\dfrac{1}{2}$

3 (1) $6\times6=36$
(2) 두 눈의 수의 합이 7인 경우는
    $(1, 6)$, $(2, 5)$, $(3, 4)$, $(4, 3)$, $(5, 2)$, $(6, 1)$의 6가지
    따라서 구하는 확률은 $\dfrac{6}{36}=\dfrac{1}{6}$
(3) 두 눈의 수의 차가 1인 경우는
    $(1, 2)$, $(2, 1)$, $(2, 3)$, $(3, 2)$, $(3, 4)$, $(4, 3)$, $(4, 5)$, $(5, 4)$,
    $(5, 6)$, $(6, 5)$의 10가지
    따라서 구하는 확률은 $\dfrac{10}{36}=\dfrac{5}{18}$
(4) 두 눈의 수의 곱이 15인 경우는 $(3, 5)$, $(5, 3)$의 2가지
    따라서 구하는 확률은 $\dfrac{2}{36}=\dfrac{1}{18}$

4 (1) 주머니에서 노란 공이 나오는 경우는 없으므로 구하는 확률은 0이다.
(2) 한 자리의 자연수가 적힌 카드는 반드시 나오므로 구하는 확률은 1이다.
(3) 한 개의 주사위를 던질 때, 1 미만의 눈이 나오는 경우는 없으므로 구하는 확률은 0이다.
(4) 서로 다른 두 개의 주사위를 동시에 던질 때, 나오는 두 눈의 수의 합은 반드시 12 이하이므로 구하는 확률은 1이다.

5 (1) $1-\dfrac{2}{7}=\dfrac{5}{7}$
(2) $1-\dfrac{5}{6}=\dfrac{1}{6}$

6 (1) 모든 경우의 수는 12
    소수가 나오는 경우는 2, 3, 5, 7, 11의 5가지이므로 그 확률은
    $\dfrac{5}{12}$
(2) (카드에 적힌 수가 소수가 아닐 확률)
    $=1-$(카드에 적힌 수가 소수일 확률)
    $=1-\dfrac{5}{12}=\dfrac{7}{12}$

7 (1) 모든 경우의 수는 $2\times2=4$
    두 문제를 모두 틀리는 경우의 수는 1이므로 그 확률은 $\dfrac{1}{4}$
(2) (적어도 한 문제는 맞힐 확률)
    $=1-$(두 문제를 모두 틀릴 확률)
    $=1-\dfrac{1}{4}=\dfrac{3}{4}$

8 모든 경우의 수는 $6+4+5=15$

(1) 빨간 공을 꺼낼 확률은 $\dfrac{6}{15}=\dfrac{2}{5}$

(2) 노란 공을 꺼낼 확률은 $\dfrac{5}{15}=\dfrac{1}{3}$

(3) 빨간 공 또는 노란 공을 꺼낼 확률은

$\dfrac{2}{5}+\dfrac{1}{3}=\dfrac{11}{15}$

9 모든 경우의 수는 25

(1) 4 이하의 수가 적힌 카드가 나오는 경우는 1, 2, 3, 4의 4가지이

므로 그 확률은 $\dfrac{4}{25}$

23 이상의 수가 적힌 카드가 나오는 경우는 23, 24, 25의 3가지

이므로 그 확률은 $\dfrac{3}{25}$

따라서 구하는 확률은 $\dfrac{4}{25}+\dfrac{3}{25}=\dfrac{7}{25}$

(2) 7의 배수가 적힌 카드가 나오는 경우는 7, 14, 21의 3가지이므로

그 확률은 $\dfrac{3}{25}$

9의 배수가 적힌 카드가 나오는 경우는 9, 18의 2가지이므로 그

확률은 $\dfrac{2}{25}$

따라서 구하는 확률은 $\dfrac{3}{25}+\dfrac{2}{25}=\dfrac{5}{25}=\dfrac{1}{5}$

(3) 6의 배수가 적힌 카드가 나오는 경우는 6, 12, 18, 24의 4가지이

므로 그 확률은 $\dfrac{4}{25}$

16의 약수가 적힌 카드가 나오는 경우는 1, 2, 4, 8, 16의 5가지

이므로 그 확률은 $\dfrac{5}{25}$

따라서 구하는 확률은 $\dfrac{4}{25}+\dfrac{5}{25}=\dfrac{9}{25}$

10 (1) A 주머니에서 흰 공을 꺼낼 확률은 $\dfrac{3}{5}$

B 주머니에서 검은 공을 꺼낼 확률은 $\dfrac{4}{6}=\dfrac{2}{3}$

따라서 구하는 확률은 $\dfrac{3}{5}\times\dfrac{2}{3}=\dfrac{2}{5}$

(2) A 주머니에서 검은 공을 꺼낼 확률은 $\dfrac{2}{5}$

B 주머니에서 검은 공을 꺼낼 확률은 $\dfrac{4}{6}=\dfrac{2}{3}$

따라서 구하는 확률은 $\dfrac{2}{5}\times\dfrac{2}{3}=\dfrac{4}{15}$

11 (1) $\dfrac{4}{5}\times\dfrac{1}{3}=\dfrac{4}{15}$

(2) $\left(1-\dfrac{4}{5}\right)\times\dfrac{1}{3}=\dfrac{1}{5}\times\dfrac{1}{3}=\dfrac{1}{15}$

(3) $\left(1-\dfrac{4}{5}\right)\times\left(1-\dfrac{1}{3}\right)=\dfrac{1}{5}\times\dfrac{2}{3}=\dfrac{2}{15}$

(4) (적어도 한 사람은 합격할 확률)

$=1-$(두 사람 모두 불합격할 확률)

$=1-\dfrac{2}{15}=\dfrac{13}{15}$

12 (1) 첫 번째에 뽑은 제비가 당첨 제비일 확률은 $\dfrac{2}{9}$

두 번째에 뽑은 제비가 당첨 제비일 확률은 $\dfrac{2}{9}$

따라서 구하는 확률은 $\dfrac{2}{9}\times\dfrac{2}{9}=\dfrac{4}{81}$

(2) 첫 번째에 뽑은 제비가 당첨 제비일 확률은 $\dfrac{2}{9}$

두 번째에 뽑은 제비가 당첨 제비일 확률은 $\dfrac{1}{8}$

따라서 구하는 확률은 $\dfrac{2}{9}\times\dfrac{1}{8}=\dfrac{1}{36}$

학교 시험 문제 × 확인하기 161~162쪽

1 $\dfrac{7}{16}$	2 ③	3 $\dfrac{1}{9}$	4 ①	5 ③
6 ③, ⑤	7 ⑤	8 ③	9 $\dfrac{7}{36}$	10 $\dfrac{5}{36}$
11 ⑤	12 ③	13 ④	14 $\dfrac{1}{22}$	

1 16등분된 부분 1개의 넓이를 1이라 하면 전체 과녁의 넓이는 16

이고, 색칠된 부분의 넓이는 7이다.

따라서 구하는 확률은 $\dfrac{7}{16}$

2 모든 경우의 수는 $2\times2\times2=8$

앞면이 2개 나오는 경우는

(앞면, 앞면, 뒷면), (앞면, 뒷면, 앞면), (뒷면, 앞면, 앞면)의 3가지

따라서 구하는 확률은 $\dfrac{3}{8}$

3 모든 경우의 수는 $6\times6=36$

두 눈의 수의 곱이 25 이상인 경우는

$(5, 5), (5, 6), (6, 5), (6, 6)$의 4가지

따라서 구하는 확률은 $\dfrac{4}{36}=\dfrac{1}{9}$

4 모든 경우의 수는 $5\times4\times3\times2\times1=120$

영우가 한가운데 서는 경우의 수는 $4\times3\times2\times1=24$

따라서 구하는 확률은 $\dfrac{24}{120}=\dfrac{1}{5}$

5 모든 경우의 수는 $3\times3=9$

20 이하인 경우는 10, 12, 13, 20의 4가지

따라서 구하는 확률은 $\dfrac{4}{9}$

6 ① 0이 적힌 카드가 나올 확률은 0이다.

② 홀수가 적힌 카드가 나오는 경우는 1, 3, 5, 7, 9의 5가지이므로

그 확률은 $\dfrac{5}{9}$이다.

③ 9의 약수가 적힌 카드가 나오는 경우는 1, 3, 9의 3가지이므로 그 확률은 $\dfrac{3}{9}=\dfrac{1}{3}$이다.

④ 9 이상의 수가 적힌 카드가 나오는 경우는 9의 1가지이므로 그 확률은 $\dfrac{1}{9}$이다.

따라서 옳은 것은 ③, ⑤이다.

7 모든 경우의 수는 30

카드에 적힌 수가 6의 배수인 경우는 6, 12, 18, 24, 30의 5가지이 므로 그 확률은 $\dfrac{5}{30}=\dfrac{1}{6}$

따라서 구하는 확률은 $1-\dfrac{1}{6}=\dfrac{5}{6}$

8 모든 경우의 수는 $\dfrac{7\times6}{2}=21$

모두 여학생이 뽑히는 경우의 수는 $\dfrac{4\times3}{2}=6$이므로 그 확률은

$\dfrac{6}{21}=\dfrac{2}{7}$

∴ (적어도 한 명은 남학생이 뽑힐 확률)

　　$=1-$(대표 2명 모두 여학생이 뽑힐 확률)

　　$=1-\dfrac{2}{7}=\dfrac{5}{7}$

9 모든 경우의 수는 $6\times6=36$

두 눈의 수의 합이 4인 경우는 $(1, 3), (2, 2), (3, 1)$의 3가지이므로 그 확률은 $\dfrac{3}{36}$

두 눈의 수의 합이 9인 경우는 $(3, 6), (4, 5), (5, 4), (6, 3)$의 4가지 이므로 그 확률은 $\dfrac{4}{36}$

따라서 구하는 확률은 $\dfrac{3}{36}+\dfrac{4}{36}=\dfrac{7}{36}$

10 첫 번째에 소수가 나오는 경우는 2, 3, 5, 7, 11의 5가지이므로 그 확률은 $\dfrac{5}{12}$

두 번째에 10의 약수가 나오는 경우는 1, 2, 5, 10의 4가지이므로 그 확률은 $\dfrac{4}{12}=\dfrac{1}{3}$

따라서 구하는 확률은 $\dfrac{5}{12}\times\dfrac{1}{3}=\dfrac{5}{36}$

11 $\dfrac{3}{4}\times\left(1-\dfrac{2}{5}\right)=\dfrac{3}{4}\times\dfrac{3}{5}=\dfrac{9}{20}$

12 $\left(1-\dfrac{5}{6}\right)\times\left(1-\dfrac{3}{7}\right)=\dfrac{1}{6}\times\dfrac{4}{7}=\dfrac{2}{21}$

13 두 사람 모두 표적을 맞히지 못할 확률은

$\left(1-\dfrac{3}{5}\right)\times\left(1-\dfrac{1}{4}\right)=\dfrac{2}{5}\times\dfrac{3}{4}=\dfrac{3}{10}$

∴ (적어도 한 명은 경품을 받을 확률)

　　$=1-$(두 사람 모두 표적을 맞히지 못할 확률)

　　$=1-\dfrac{3}{10}=\dfrac{7}{10}$

14 첫 번째에 꺼낸 장난감이 불량품일 확률은 $\dfrac{3}{12}=\dfrac{1}{4}$

두 번째에 꺼낸 장난감이 불량품일 확률은 $\dfrac{2}{11}$

따라서 구하는 확률은 $\dfrac{1}{4}\times\dfrac{2}{11}=\dfrac{1}{22}$

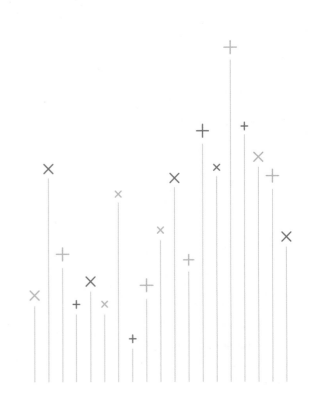

memo

memo